BAND 21

HEFT 5–7

Zeitschrift für Meteorologie

im Auftrage der Meteorologischen Gesellschaft in der Deutschen Demokratischen Republik

herausgegeben von

H. ERTEL, BERLIN und E. A. LAUTER, KÜHLUNGSBORN

AKADEMIE-VERLAG GMBH · BERLIN

ZfMet. Bd. 21 Heft 5–7 S. 129–224 Berlin 1970

Inhaltsverzeichnis

Aufsätze

Besprechungen

Berichtigung

zu Heft 1/2, Band 21 der Zeitschrift für Meteorologie

Auf Seite 43, Zeile 2 der deutschen Zusammenfassung
muß es heißen

Mai statt May

In Tabelle 2.2, Seite 44
liegt das Maximum an der Küste

nicht im Mai sondern im *Juni*.

Z. f. Met. 1013/21/5–7

Zeitschrift für Meteorologie

BAND 21 · HEFT 5–7

Zum Geleit

Am 7. Oktober 1969 jährt sich zum 20. Male der Jahrestag der Gründung der Deutschen Demokratischen Republik. Er gibt Anlaß, auch die Entwicklung der Meteorologie rückblickend zu betrachten und den Weg zu verfolgen, den sie gegangen ist. Dabei kommt es weniger auf eine historische Betrachtung an. Es muß vielmehr Klarheit darüber gewonnen werden, inwieweit die Meteorologie an der gesellschaftlichen und volkswirtschaftlichen Gesamtentwicklung aktiv fördernd teilgenommen hat. Eine solche Rückschau hilft aber auch, die Probleme deutlicher zu erkennen, deren Lösung die Aufgabe der näheren und ferneren Zukunft sein wird.

Die Beiträge des vorliegenden Heftes der „Zeitschrift für Meteorologie" dienen diesem Zweck. Es war nicht die Absicht, eine Biographie der meteorologischen Entwicklung in der DDR vorzulegen. Wir hoffen aber, daß die wichtigsten Teilgebiete zu Wort gekommen sind und daß die mannigfachen Hilfen sichtbar werden, die die meteorologischen Institutionen Staat und Gesellschaft geleistet haben und die sie bei zielstrebigem Einbau in die gesellschaftliche und volkswirtschaftliche Entwicklung in der Zukunft zu leisten vermögen.

A. Mäde

551.509.5
551.509.323.2

Wie kann die meteorologische Betreuung der Volkswirtschaft optimiert werden?

Von **K. Balzer**

Mit 1 Abbildung

Zusammenfassung: Ausgehend von der *Monin*schen Arbeit „Über die Ausnutzung unsicherer Prognosen" werden an Hand eines Algorithmus Aufgaben, Probleme und Ziel einer optimalen meteorologischen Betreuung der Volkswirtschaft entwickelt. Ein konkretes Beispiel aus der Praxis – 24stündige Frostprognosen – zeigt die Möglichkeiten und Schwierigkeiten des Modells auf und schätzt den Nutzeffekt kurzfristiger Frostprognosen ab.

Summary: Starting from Monin's study "On the utilization of uncertain forecasts" an algorithm is used to develop the problems and the purposes of an optimal meteorological advisory service to the national economy. A selected case taken from routine operations – 24-hour forecasts of frost – shows the potentialities and problems of the model and gives an assessment of the efficiency of short-term forecasts of frost.

I

Die Abhängigkeit großer Teile der Wirtschaft vom Wetter ist eine Tatsache, die ausschlaggebend für den Aufbau von Wetterdiensten und deren staatliche Unterstützung war und ist. Dieser Realität, nämlich der Verknüpfung von Wetter und ökonomischer Leistung kann nur mit 2 Zielstellungen begegnet werden: erstens durch Maßnahmen der Wirtschaft, sich immer mehr dem Einfluß negativ wirkender Wettererscheinungen zu entziehen und zweitens durch Anstrengungen des Wetterdienstes, die Effektivität seiner Leistungen insbesondere im Hinblick auf die praxisverbundene Beratung zu erhöhen. Während den meisten langfristigen Planungen (Monate, Jahre) noch bzw. nur Mittel- bzw. Wahrscheinlichkeitswerte aus klimatologischer Sicht zugrunde gelegt werden können, genügen sie bei kurzfristigem Zwang (Stunden, 1 bis 2 Tage) zu Entscheidungen in der Regel nicht mehr. Im zeitlichen Zwischenbereich der sog. Mittelfristvorhersagen (Woche) ist ein Vergleich von klimatologischen mit prognostischen Methoden z. Zt. noch nicht abgeschlossen, so daß hier noch keine Angaben über den Nutzeffekt – von sporadischen Einzelbeispielen abgesehen – vorliegen. Wenn auch die Leistungsfähigkeit mittelfristiger Prognosen z. Zt. noch nicht exakt vorliegt, so scheint doch die ständig wachsende Anzahl der Abonnenten einen mehr oder weniger großen Nutzen für die Wirtschaft zu dokumentieren. Ihn für spezielle Kurzfristprognosen quantitativ zu berechnen, ist Aufgabe einer Forschungsarbeit, aus der im folgenden an Hand eines Beispieles berichtet werden soll.

II

Ausgangspunkt der Überlegung ist ein von *Monin* [1] entwickeltes System der „Ausnutzung unsicherer Prognosen", dessen Wirkungsweise an einem Flußdiagramm mit zyklischem Charakter dargestellt werden könnte (Abb. 1). Der Einfluß des Wetters auf ökonomische Prozesse, die Ursache aller Bemühungen, ist in seinen Auswirkungen auf Grund vergangener und gegenwärtiger Erfahrungen bekannt, das Wirken in der Zukunft aber weitgehend unsicher. Diesem Problem nimmt sich die meteorologische Wissenschaft, insbesondere die Klimatologie und die synoptische Meteorologie an (spezifische Probleme der technischen bzw. Industriemeteorologie können in diesem Beitrag nicht näher erörtert werden). Verbleiben wir zunächst in der oberen Hälfte des algorithmischen Modells, die die Beiträge der Klimatologie zur Lösung des Problems darstellt. Das wichtigste Resultat stellen spezielle Häufigkeitsverteilungen mit dem Charakter von Wahrscheinlichkeitstabellen dar. Um damit optimal weiterarbeiten zu können, muß parallel dazu eine sog. ökonomische Matrix aufgestellt werden, die letzten Endes den quantitativen Ausdruck der Wetterabhängigkeit des Verbrauchers von einem bestimmten meteorologischen Element darstellt, indem für jede sinnvolle Kombination von zugrunde gelegten oder vorhergesagten Intervallen des Wetterelements (z. B. „leichter Frost" oder „Windböen zwischen 20 und 25 m/s") mit den tatsächlich eingetretenen Intervallen der durchschnittliche Schaden bzw. Nutzen berechnet wird. Mittels der optimalen Strategie kann jetzt entschieden werden, welcher Wert des Wetterparameters der Planung zugrundegelegt werden muß, um im Durchschnitt genügend vieler Fälle den geringsten Schaden bzw. den höchsten Nutzen zu erzielen. Diese optimalen „Anweisungen" können von Ort zu Ort und für verschiedene Zeitabschnitte (z. B. „Winter" oder „Herbst") unterschiedlich lauten. Die Summe aller optimierten Teilschäden oder -nutzen wird einstweilen in „*A*" gespeichert.

Die untere Hälfte des Algorithmus zeigt invers dazu den Weg der Optimierung prognostischer Aussagen, gleichgültig, ob es sich um Kurz-, Mittel- oder Langfristprognosen handelt oder ob sie synoptischen, statistischen

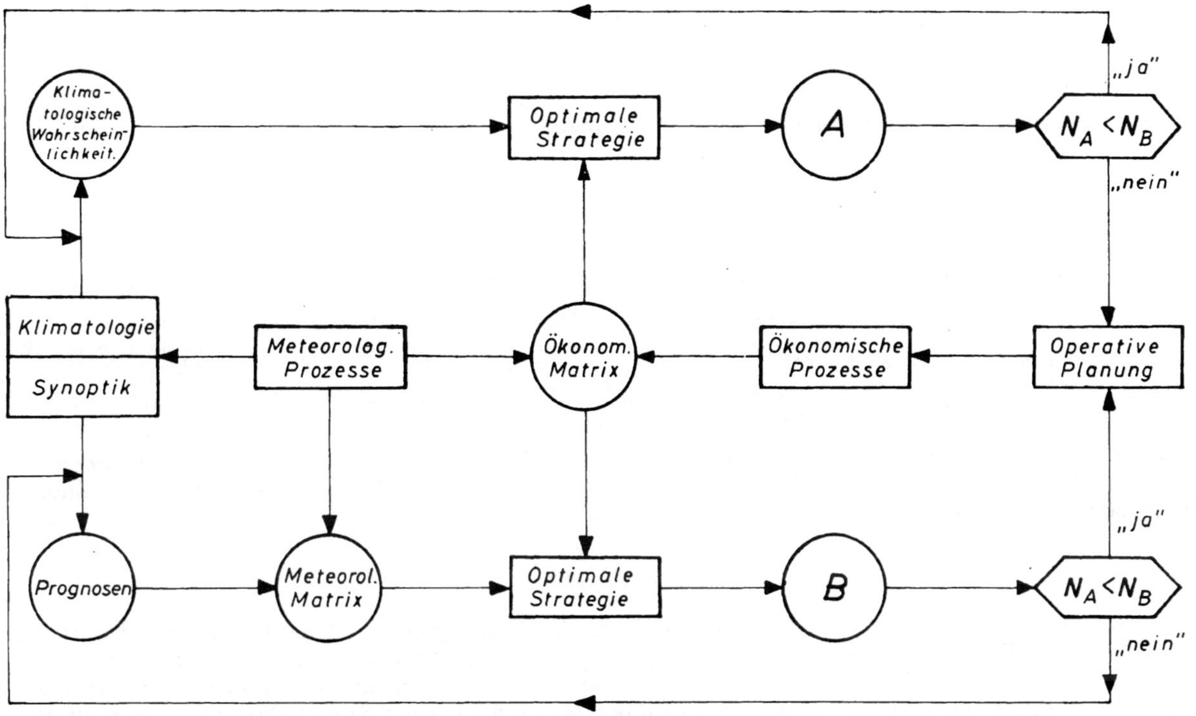

Abb. 1. Flußdiagramm zur Wirkungsweise des Systems der Ausnutzung unsicherer Prognosen nach *Monin*

oder numerischen Ursprungs sind. Anfangspunkt ist die Ausgabe von Vorhersagen, mit der in der Regel die Arbeit des vorhersagenden Meteorologen abgeschlossen ist. Der Vergleich mit der Realität führt zum Aufbau einer meteorologischen Matrix, die u. a. Auskunft über die bedingten Eintreffwahrscheinlichkeiten der Prognosen gibt. Sie ist die Grundlage verschiedener Prognoseprüfverfahren, die die Leistungsfähigkeit beliebiger Vorhersagen messen und damit vergleichen wollen (s. hierzu etwa [2]). Wenn überhaupt, so bleiben einschlägige Untersuchungen meist an diesem Punkt stehen, an dem noch gar kein endgültiges Urteil über den Wert einer Vorhersagemethode abgegeben werden kann. Das entscheidet sich erst später im Alternativkästchen (rechts unten und oben). Meteorologische und ökonomische Matrix kombiniert ergeben das System der optimalen Strategie für die Verwendung der Prognosen. Sie entscheidet mittels eines Unterprogramms unter Berücksichtigung der Prognosenqualität und der in Betracht kommenden durchschnittlichen Schadens- oder Nutzensziffern, ob die Prognose P_1, was die Regel ist, beibehalten werden kann oder ob sie zugunsten einer anderen Aussage P_2 modifiziert werden muß. Um dies deutlicher zu machen: Es tauchen doch bei jeder Entscheidung 2 Arten von Risiken auf, die eine, wenn der Verbraucher der Prognose vertraut, sie aber nicht eintrifft (Schaden 1. Art), die andere, wenn er der Prognose keinen Glauben schenkt, sie aber doch „recht" hatte (Schaden 2. Art). Das System der optimalen Strategie wägt sukzessive für jede sinnvolle Kombination ab, bei welcher Art Risiko der Schaden im Mittel geringer ist. Normalerweise, d. h. bei einigermaßen zuverlässigen Prognosen und bei einer typischen ökonomischen Matrix wird der Verbraucher immer den meisten Nutzen aus einer unveränderten Übernahme der Prognose ziehen.

Der durchschnittliche Nutzen des gesamten Vorhersagesystems N_B wird in „B" gespeichert und mit N_A verglichen. Das System mit höherem Nutzen („A" oder „B") wird zur Unterstützung der operativen Planung herangezogen, die jetzt ihrerseits steuernd auf die ökonomischen Prozesse eingreifen kann. Diese wiederum können sich mit der Zeit ändern, in dem Sinne, daß ihre anfängliche Wetterabhängigkeit verringert oder vergrößert wird, so daß eine neue ökonomische Matrix berechnet werden muß. Ist im Falle „A" N_A kleiner als N_B, so gehen die Informationen des Speichers „A" wieder zurück zum Ausgangspunkt. Dort kann versucht werden, N_A durch Lösung wirklich problemgerechter Aufgabenformulierungen (beispielsweise durch Berechnung neuer bedingter oder mehrfach bedingter Wahrscheinlichkeiten) zu erhöhen. Andererseits gelangen im Falle „B" bei N_B kleiner als N_A die Prognosen zurück zum „Hersteller", der versuchen muß, ihre Qualität zu erhöhen, was nicht unbedingt mit einer Erhöhung der Gesamttrefferwahrscheinlichkeit verbunden sein muß. Denn eines wird doch ganz deutlich: Alle Prognosen von Wetterelementen sind nicht Selbstzweck, sondern sollen letztlich bei den Empfängern dieser Vorhersagen der Erhöhung des ökonomischen Nutzens in irgendeiner Form dienen. Deshalb können noch so gute und leistungsfähige Prognosen nicht darüber hinwegtäuschen, daß erst im Alternativkästchen, beim Vergleich mit optimierten Klimaunterlagen über das Können oder Noch-Nicht-Können, über Erfolg oder Nicht-Erfolg eines Vorhersageunternehmens entschieden wird.

III

Das eben beschriebene algorithmische Modell soll nun auf ein konkretes Beispiel aus der Vorhersagepraxis – 24stündige Frostprognosen im Binnentiefland – angewandt werden. Frostprognosen beanspruchen nächst den Wind- und Sturmwarnungen das größte Interesse seitens der Volkswirtschaft, wie die Anzahl der Dauerkunden bei der Wetterdienststelle Leipzig ausweist.

Klimatologische Wahrscheinlichkeiten

Eine Stichprobe von 5 Wintern der Jahre 1963/64 . . . 1967/68 liefert folgende Häufigkeitsverteilung:

Tabelle 1. *Wahrscheinlichkeitstabelle von Frostgraden (Leipzig, Dezember bis Febr.)* Ereignis $a = E_a$

frostfrei $a = 0$	leichter 1	mäßiger 2	strenger 3	sehr strenger 4	äußerst strenger Frost 5
38,1%	34,9	15,6	8,3	2,6	0,5

Diese Wahrscheinlichkeiten sind – wie statistische Prüfverfahren zeigten – repräsentativ für Standorte im mittel- und ostdeutschen Binnenlandklima [3] und unterscheiden sich nicht signifikant von langjährigen Beobachtungsergebnissen.

Ökonomische Matrix

Der komplizierteste und noch nicht realisierte Punkt des Flußdiagramms ist die Aufstellung einer ökonomischen Matrix. Unsere Bemühungen laufen dahin, in Zusammenarbeit mit langjährigen Kunden des Wetterdienstes diese Matrix aufzubauen. Leider ist dieses Vorhaben bis zum Zeitpunkt der Niederschrift dieser Zeilen auf wenig Interesse bei einschlägigen Betrieben gestoßen. Deshalb müssen wir uns vorläufig mit einer fiktiven, aber sehr wahrscheinlich realistischen Matrix begnügen. Wir denken dabei etwa an einen großen Betrieb der Bauindustrie, dessen Arbeiten bei leichtem Frost noch nicht gestört werden. Das Unterschreiten des 1. Schwellenwertes von -5 °C läßt nur noch 50% des Gewinns zu, unter -10 °C kann keine gewinnbringende Arbeit mehr verrichtet werden. Die restlichen Kombinationen sollen dann folgende durchschnittliche Nutzens- bzw. Schadensziffern aufweisen:

Tabelle 2. *Ökonomische Matrix mit Angaben über den durchschnittlichen (vermeidbaren und unvermeidbaren) Schaden relativ zum ungestörten Gewinnvolumen 100%*

V_b	E_a 0/1	2	3/4/5	
0/1	+100	−20	−200	Vorhersage $b = V_b$
2	+ 50	+50	−100	
3/4/5	−100	−50	0	

Optimale Strategie

Die Optimierungsrechnung ergibt, daß der Abnehmer *dann* den geringsten Schaden erleidet, wenn er sich stets auf das Ereignis $E_{0/1}$ (= höchstens Frost bis -5 °C) einrichtet.

Speicher „*A*“

Die durchschnittliche Minderung des „ungestörten Gewinnvolumens“ von +100% beträgt 53% (= 19% unvermeidbarer Schaden auf Grund winterlicher Verhältnisse plus 34% „vermeidbarer“ Schaden infolge „nicht eingeplanten“ Auftretens ungünstiger Verhältnisse in 27% aller Tage).

Meteorologische Matrix

Tabelle 3. *Die bedingten Wahrscheinlichkeiten 24stündiger Frostprognosen für Leipzig* Ausgabezeit: 6 Uhr (Winter)

V_b	E_a 0	1	2	3	4	5	p_b	
0	84,2	15,8	–	–	–	–	36,6%	
1	19,8	70,5	8,8	0,9	–	–	36,2	
2	0,6	20,1	61,0	16,4	1,9	–	18,0	
3	–	–	20,0	63,1	16,9	–	7,4	
4	–	–	–	18,8	56,2	25,0	1,8	
5	–	–	–	–	–	–	0,0	
p_a	38,1	34,9	15,6	,3	2,6	0,5	100,0	$N = 441$

Neben dieser Tabelle existieren noch 17 weitere Matrizen, je nach Jahreszeit (Herbst, Winter, Frühjahr), Ort (Leipzig, Halle und Cottbus) und Ausgabezeit der Prognosen (6 Uhr und 16 bzw. 18 Uhr). So interessant eine meteorologische Auswertung dieser Prognosen auch ist, so soll uns hier nur ihre Kombination mit der vorgegebenen ökonomischen Matrix interessieren. Dazu mußte natürlich Tabelle 3 zusammengefaßt werden.

Optimale Strategie

Jede Prognose V_b wird unverändert in ihrer Aussage übernommen!

Speicher „B“

Die durchschnittliche Minderung des „ungestörten Gewinnvolumens“ von $+100\%$ beträgt für das gesamte Vorhersagesystem 29% ($= 19\%$ unvermeidbarer Schaden plus 10% vermeidbarer Schaden infolge Fehlprognosen).

Alternativentscheidung

$$N_A = 100 - 53 = 47\%; \quad N_B \doteq 100 - 29 = 71\% \qquad \text{d. h. } N_A < N_B$$

Entscheidung: Für die kurzfristige operative Planung werden Frostprognosen vom Typ des Systems „B“ verwendet, die gegenüber klimatologischen Aussagen einen mittleren Nutzeffekt von $(N_B - N_A) : N_A = 51\%$ erzielen.

Dieser relative Nutzen beträgt dagegen im Frühjahr 7, im Herbst nur 2%, natürlich unter der Voraussetzung, daß die ökonomische Matrix (Tabelle 2) unverändert bleibt. Ist dies nicht der Fall, muß vom Verbraucher eine andere Matrix aufgestellt werden.

Nach der Alternativentscheidung zuungunsten des Systems „A“ wird jetzt versucht werden müssen – wie vom Flußdiagramm vorgeschrieben und weiter oben erörtert – die Information von „A“ zu erhöhen. Das Maximum an Information wird in diesem Fall zweifellos eine „Erhaltungsmatrix“ mit „Trägheitsprognosen“ liefern, d. h. für das Temperaturminimum des Tages $t + 1$ wird dasselbe des Tages t angesetzt oder mit anderen Worten: „Keine Änderung!“

Wird so verfahren, dann läßt sich ein $N_{A(neu)}$ von $64{,}5\%$ erzielen gegenüber $N_{A(alt)}$ von 47%. Wird dieser neue Wert erneut der Alternativentscheidung zugeführt, ergibt sich wieder $N_A < N_B$, d. h. die Information 24stündiger Frostprognosen ist höher als die der Erhaltungsmatrix. Der mittlere Nutzeffekt der Prognosen gegenüber der Erhaltungsneigung geht natürlich jetzt zurück auf 10%.

Abschließend sei noch darauf verwiesen, daß die Berechnung des ökonomischen Nutzens von Vorhersagen ganz wesentlich erleichtert wird, wenn den Verbraucher nur *eine* Schadensgrenze oder *ein* Schwellenwert interessiert. In diesem theoretischen Spezialfall, der aber praktisch sehr oft gegeben sein wird, verwandeln sich Tab. 1 und 2 in Vierfelder-Matrizen, und es ist möglich, den ökonomischen Nutzeffekt der Vorhersagen als Funktion *einer* ökonomischer Kennziffer darzustellen. Damit entfällt dann der Zwang, von vornherein bestimmte Annahmen über die Struktur der ökonomischen Matrix machen zu müssen. Ausführungen zu diesem Thema, dem im wesentlichen die Arbeit von *J. C. Thompson* [4] zugrunde liegt, werden in einer Sonderschrift des Meteorologischen Dienstes der DDR enthalten sein, die etwa gleichzeitig mit vorliegendem Aufsatz erscheinen wird.

Literatur

[1] *Monin, A. S.*, Über die Ausnutzung unsicherer Prognosen. Izv. Akad. nauk SSSR, Ser. geofiz. Moskau (1962) 2, S. 218–228.
[2] *Balzer, K.*, Über die Leistungsfähigkeit von Vorhersagen kategorial gegliederter Parameter (Ein Beitrag zum Problem der Prognosenbewertung). Z. f. M. 20 (1968) 7–8, S. 227–230.
[3] Klima-Atlas für das Gebiet der DDR. Akademie-Verlag, Berlin, 1953/1957.
[4] *Thompson, J. C.*, On the Operational Deficiences in Categorial Weather Forecasts. Bull. Amer. Met. Soc., 33 (1952) 6, S. 223–226.

Anschrift: Dipl.-Met. Konrad Balzer, z. Zt. Meteorologischer Dienst der DDR, Wetterdienststelle Leipzig, 7027 Leipzig, Leninstr. 169

551.509.314

Ein Beitrag zur Aufstellung mesometeorologischer Vorhersagen mittels einer objektiven statistischen Methode

Von **M. Buttenberg**

Zusammenfassung: Es wird versucht, zeitlich stärker untergliederte Wettervorhersagen für bestimmte Orte der DDR durch Kombination von synoptischen und statistischen Methoden aufzustellen. Bei der Aufstellung der statistischen Prognose mittels ähnlicher Fälle wird der Ablauf der wichtigsten meteorologischen Elemente speziell dieser Orte stärker berücksichtigt.

Summary: By combining statistical synoptic methods the attempt is made to prepare forecasts more detailed by time for some selected places in the GDR.

In preparing statistically made forecasts using "similar cases", the development of the more significant meteorological elements of these selected places is taken into consideration in more detail.

Untersuchungen und Betrachtungen in Mesoräumen beziehen sich auf Größenordnungen von einigen 10 km, wobei diese Räume nicht notwendigerweise immer an der Erdoberfläche liegen müssen. Die Zeitabschnitte, für die die Messungen und Vorhersagen gelten sollen, betragen einige Stunden. Die räumlichen und zeitlichen Abgrenzungen, die zur Definition des Begriffs Mesometeorologie im Gegensatz zur Makro- und Mikrometeorologie führen, werden in der Literatur verschieden angegeben. Es soll hier nicht entschieden werden, welcher Aufteilung der Vorzug zu geben ist. Vielmehr soll versucht werden, auch bei der Wettervorhersage mesometeorologische Gesichtspunkte in den Vordergrund zu stellen. Aus dem Widerspruch, daß die über Rundfunk, Fernsehen und Presse verbreiteten Vorhersagen für größere Gebiete und oftmals auch für Zeitabschnitte von 24 Stunden gelten, andererseits aber die Verbraucher in den allermeisten Fällen diese Vorhersagen auf ihren jeweiligen Standort beziehen, ergibt sich dazu eine zwingende Notwendigkeit.

Eine zeitlich untergliederte Prognose für eine Stadt oder für einen Kreis ist jedoch für den synoptisch arbeitenden Vorhersagemeteorologen schwieriger aufzustellen als eine Gebietsvorhersage, die für mehrere Bezirke der DDR zusammengefaßt wird. Der Schwierigkeitsgrad der Punktvorhersage hängt von der Wetterlage und von orografischen Besonderheiten ab. In bestimmten Fällen, z. B. bei Schauerwetterlagen oder scharfen Wettergrenzen, ist die Forderung der Volkswirtschaft nach detaillierten Kurzfristvorhersagen (12–48 Stunden) für bestimmte Orte nur schwer zu erfüllen.

An der Zentralen Wetterdienststelle in Potsdam ist man daher seit August 1968 dazu übergegangen, die synoptische Arbeitsweise durch eine statistische Methode, die den mesometeorologischen Aspekt der Vorhersage mehr in den Vordergrund stellt, zu ergänzen. Mit Hilfe einer Reihe von Parametern, die sowohl die mitteleuropäische Wetterlage als auch im besonderen die Wetterlage über der DDR charakterisieren, z. B. Strömungsrichtungen, Geschwindigkeiten und Wirbelgrößen aus verschiedenen Niveaus sowie Angaben über die thermische Advektion, über absolute und relative Geopotentiale, über die Höhe der Schneedecke und die 24-stündigen Tendenzen dieser Größen werden ähnliche Wetterlagen der betreffenden Jahreszeit aus einem Speicher herausgesucht, der diese Parameter für die letzten 10 Jahre enthält. Der Umfang des Speichers ist z. Z. noch nicht ausreichend und wird deshalb ständig erweitert. Um die Suche der ähnlichen Fälle zu beschleunigen, sind die einzelnen Fälle im Speicher nach 3 wichtigen Parametern maschinell vorsortiert. Die Anzahl der ähnlichen Fälle ist je nach Häufigkeit der Wetterlage unterschiedlich und schwankt in der Regel zwischen 2 und 10. Für die ähnlichen Fälle ist der Wetterablauf für Orte, an denen sich eine meteorologische Station befindet, bekannt. Durch Mittelbildung oder Häufigkeitsbetrachtungen kann aus den Wetterabläufen der ähnlichen Fälle ein Wetterablauf für die Ausgangswetterlage für einen bestimmten Ort ermittelt werden. Auf diese Weise werden z. Z. Vorhersagen für Rostock-Warnemünde, für den Berliner Raum mit Potsdam und für Erfurt aufgestellt und verbreitet. Die statistische Vorhersage für Dresden wird vorbereitet. Bei Verwendung von 24-stündigen Vorhersagekarten werden die Vorhersagen am Tage n um 10 Uhr ausgegeben und beinhalten:

Für die folgende Nacht:

Minimumtemperatur, Niederschlagssumme und Terminwert 01 Uhr des Bodenwindes

Für den nächsten Tag $(n + 1)$*:*

Maximumtemperatur, Niederschlagssumme, Terminwert 13 Uhr des Bodenwindes und Sonnenscheindauer

Für die darauffolgende Nacht:

Minimumtemperatur und Niederschlagssumme

Das bedeutet, daß in 12-Stundenintervalle untergliederte Vorhersagen der wichtigsten Wetterelemente für verschiedene Orte zur Verfügung stehen, die die unterschiedlichen Wetterabläufe bei gleicher großräumiger Wetterlage berücksichtigen.

Die Eintreffwahrscheinlichkeit wurde über einen längeren Zeitraum mit synoptisch erarbeiteten Punktvorhersagen verglichen. Sie liegt bei einem strengen Bewertungsschema nur um 1–2% unter den synoptischen Vorhersagen. Der Unterschied läßt sich statistisch nicht sichern. Faßt man beide Vorhersagen – die synoptische und die statistische – zusammen und entscheidet bei Zweifelsfällen in einer Absprache nach synoptischen und statistischen Gesichtspunkten, so erreicht man mit dieser Kombinationsmethode eine Verbesserung der Vorhersage um 1–2% gegenüber der synoptischen Punktvorhersage (gemittelt über einen längeren Zeitraum). Bei Vergrößerung des Speichers, d. h. wenn die ausgewählten Vergleichsfälle noch ähnlicher werden, wird eine Verbesserung der statistischen Vorhersagen und damit auch eine Verbesserung der Kombinationsvorhersage erwartet. Die Punktvorhersagen lassen sich speziell für die Beratung der Industrie in den entsprechenden Orten anwenden, darüber hinaus können sie über den telefonischen Wetterauskunftsdienst der Deutschen Post der Allgemeinheit zugänglich gemacht werden.

Anschrift: M. Buttenberg, Meteorologischer Dienst der DDR, Zentrale Wetterdienststelle Potsdam, 15 Potsdam, Michendorfer Chaussee 23

551.501.45
551.510.42
551.521.3
551.593.7

Logarithmische Gauss-Verteilungen beim atmosphärischen Aerosol. Extinktion und Streuvorgänge

Von **L. Foitzik** und **D. Spänkuch**

Mit 11 Abbildungen

Zusammenfassung: Durch logarithmische Gauss-Verteilungen oder Kombinationen von ihnen läßt sich die Größenverteilung des atmosphärischen Aerosols beschreiben. Die spektrale Extinktion sowie die Streu- und Polarisations-Funktion jeder logarithmischen Gauss-Verteilung können formal so behandelt werden wie die entsprechenden Größen für monodisperse Systeme. Die dazugehörigen Zahlenwerte liegen tabelliert vor.

Summary: It is possible to describe the size distribution of the atmospheric aerosol by logarithmic Gaussian distributions or by combinations of them. The spectral extinction and the scattering function and the polarization function of each of the logarithmic Gaussian distributions can be described as the analogous size for monodisperse systems. The corresponding data are available in the form of Tables.

Logarithmische Gauss-Verteilungen konnten herangezogen werden, um die Tropfenverteilung in Wolken zu beschreiben [1]. In Abb. 1a ist die relative Größenverteilung von Wolkentröpfchen nach Messungen von *Hagemann* [2] im logarithmischen Radienmaßstab, bezogen auf den häufigsten Radius, dargestellt, während Abb. 1b logarithmische Gauss-Verteilungen mit verschiedenen Parametern A nach der Beziehung

$$dn\,(r) = n_{r_0}\, e^{-A\,(\log r/r_0)^2}\, d\log r \tag{1}$$

wiedergibt [3]. Es bedeuten $dn\,(r)$ die Anzahl der Tröpfchen vom Radius r pro logarithmisches Radienintervall und n_{r_0} die Anzahl der Tröpfchen beim häufigsten Radius r_0. Einem kleinen A entspricht eine flache, einem großen A eine steile Verteilung; durch $A = \infty$ wird eine Verteilung mit gleichgroßen Teilchen wiedergegeben. Der Vergleich der Abbildungen zeigt, daß die Größenverteilung der ausgemessenen Wolkentröpfchen durch logarithmische Gauss-Verteilungen mit A-Werten zwischen 25 und 100 gut beschrieben wird.

Penndorf [4] konnte zeigen, daß sich die Größenverteilung von Aerosolpartikeln, die das Entstehen der „blauen Sonne" veranlaßt hatten, ebenfalls durch eine logarithmische Gauss-Verteilung beschreiben ließ. Aus direkten Raketenmessungen hat neuerdings *Friend* [5] geschlossen, daß für die Größenverteilung der stratosphärischen Aerosolteilchen eine logarithmische Gauss-Verteilung mit einem häufigsten Radius von 0,30 μm angenommen werden müßte. Aus Messungen der spektralen Extinktion über eine 2 × 360 m lange horizontale Strecke schloß *Mücket* [6], daß das bodennahe Aerosol am Meßort bezüglich der Größenverteilung durch eine oder mehrere Gruppen von Partikeln gemäß logarithmischen Gauss-Verteilungen beschrieben werden kann, von

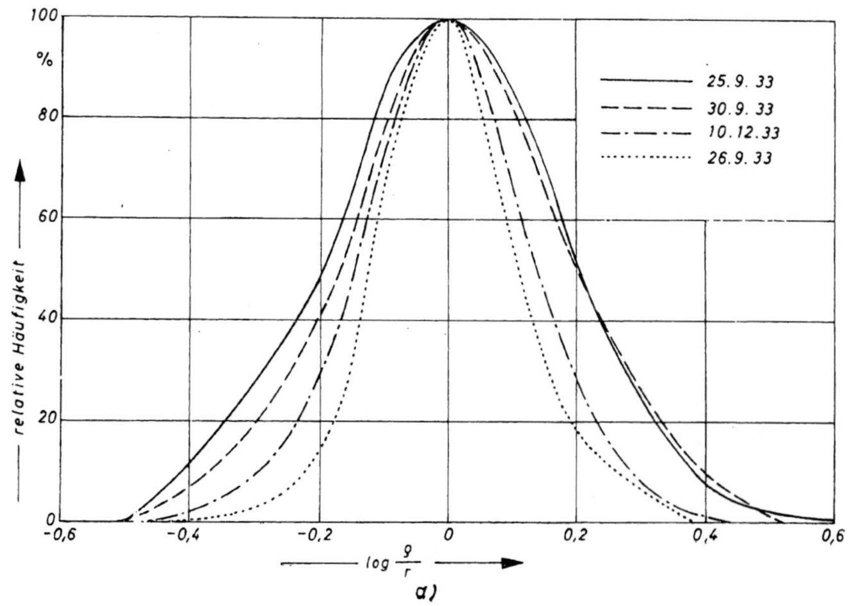

Abb. 1a. Relative logarithmische Tropfenverteilungen in Wolken

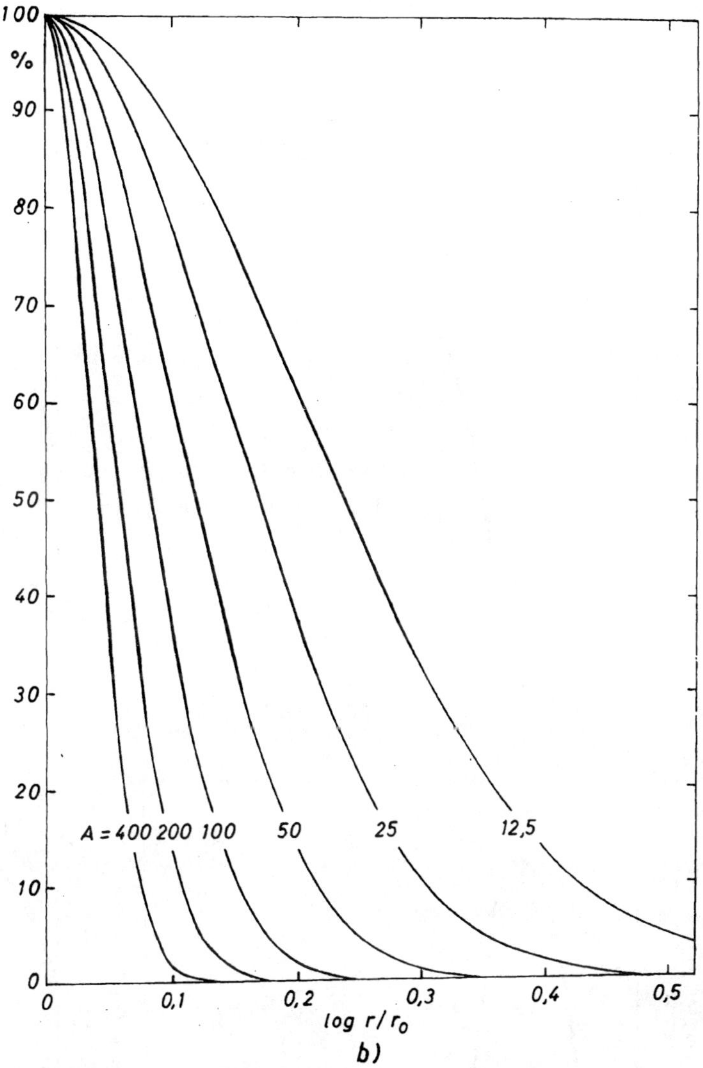

Abb. 1b. Logarithmische Gauss-Verteilungen verschiedener Steilheit

denen einige in Abb. 2 wiedergegeben sind. Diese Größenverteilungen stellen Modelle dar, durch die sich die gemessene spektrale Extinktion bei den verschiedenen Wettertypen beschreiben ließ.

Bei Abb. 2 wurde eine doppellogarithmische Darstellung gewählt, wie sie sich auch im allgemeinen hierbei als zweckmäßig erweist. Die logarithmischen Gauss-Verteilungen der Abb. 1b sind daher in Abb. 3 ebenfalls in dieser Darstellung bezogen auf das gleiche r_0 wiedergegeben, wobei die Gesamtzahl der Teilchen n_G in einer logarithmischen Gauss-Verteilung gemäß [7] nach

$$n_G = \int_{-\infty}^{+\infty} dn\,(r) = n_{r_0} \sqrt{\frac{\pi}{A}} \tag{2}$$

für jede einzelne Verteilung zugrunde gelegt und gleich 1 gesetzt wurde.

Sonst werden zur Beschreibung der mittleren Größenverteilung des atmosphärischen Aerosols im allgemeinen Potenzverteilungen nach *Junge* [8] herangezogen; um hierbei eine bessere Übereinstimmung mit den wahren Verhältnissen zu erzielen, wurden von *Bullrich* und *de Bary* [9] untere und obere Grenzradien eingeführt.

Aus Streulichtmessungen am Himmel schloß jedoch *Fenn* [10], daß die mittlere Potenzverteilung des atmosphärischen Aerosols der Gesamtatmosphäre, vor allem bei Radien um 0,5 μm Lücken aufweisen müßte. Direkte Messungen der Größenverteilung des bodennahen Aerosols von *Fenn* bestätigten diese Aussage für zahlreiche Einzelfälle. Es konnte gezeigt werden, daß sich diese von *Fenn* gemessenen Größenverteilungen durch logarithmische Gauss-Verteilungen wiedergeben lassen [11], die jeweils durch die drei Parameter n_{r_0}, r_0 und A festgelegt werden. In Abb. 4 sind einige Beispiele wiedergegeben, aus denen hervorgeht, daß sich die Größenverteilung des bodennahen atmosphärischen Aerosols aus einzelnen Gruppen von logarithmischen

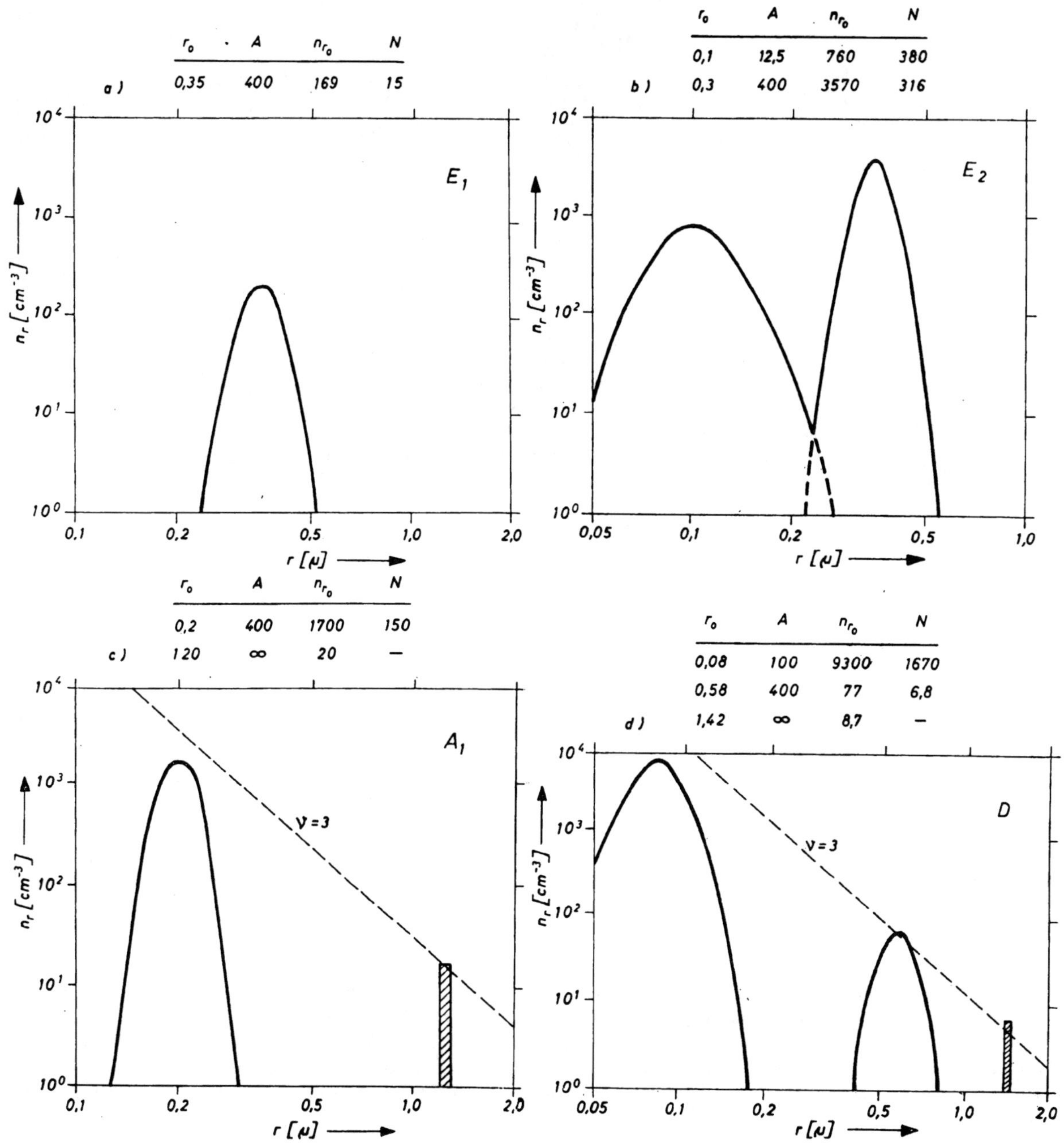

Abb. 2. Aus spektralen Extinktionsmessungen abgeleitete Größenverteilungen des bodennahen atmosphärischen Aerosols gemäß logarithmischen Gauss-Verteilungen. Nach *Mücket* [6]

Gauss-Verteilungen zusammensetzt, die sich mehr oder weniger gut durch Potenzverteilungen mit verschiedener Potenz v^* wiedergeben lassen.

Neuerdings schloß auch *Rozenberg* [12] aus einer Vielzahl von unabhängigen optischen Messungen (spektrale Extinktion, Polarisationsfunktion, elliptische Polarisation usw.) auf das Vorherrschen gewisser Größengruppen im atmosphärischen Aerosol. Für Dunst liegt danach der optisch effektive Radius zwischen 0,01 und 0,07 μm, und es existiert ein von der Trübung abhängiger oberer Grenzradius. Nebeldunst zeichnet sich dagegen durch gleichzeitiges Auftreten von Teilchen mit Radien zwischen 1 bis 5 μm und 12 bis 15 μm aus.

Wie Abb. 5 zeigt, läßt sich z. B. durch 4 logarithmische Gaussverteilungen mit dem Parameter $A = 25$ eine Potenzverteilung mit der Potenz $v^* = 2{,}5$ und den Grenzradien $r_1 = 0{,}04\,\mu$m, $r_2 = 10\,\mu$m annähern; hierbei lassen sich weiterhin Variationen der Größenverteilung in der Weise vornehmen, daß je eine dieser Verteilungsgruppen wegfällt (gestrichelte Kurven in der Abbildung) oder je eine dieser Verteilungsgruppen um

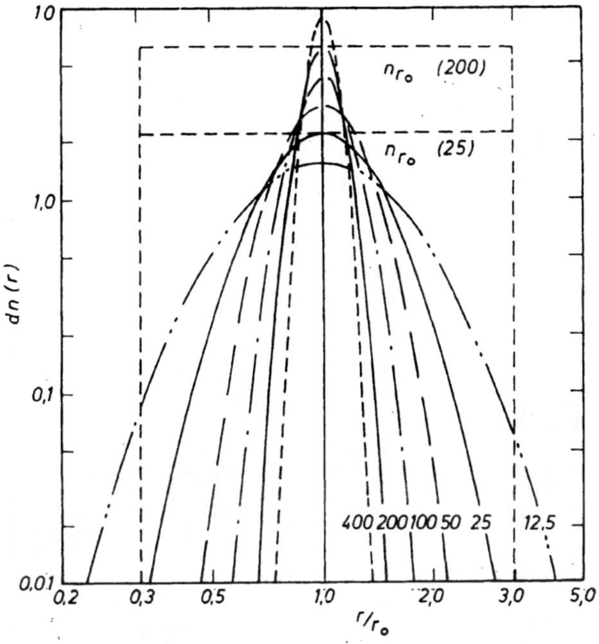

Abb. 3. Logarithmische Gauss-Verteilungen, bezogen auf $n_G = 1$

einen Faktor, etwa 2 oder 5, überhöht wird (strichpunktierte Kurven). Es lassen sich ganz allgemein durch logarithmische Gauss-Verteilungen die verschiedenartigsten Größenverteilungen wiedergeben, insbesondere auch solche, die in Verbindung mit Potenzverteilungen von Interesse sein dürften.

Der praktische Vorteil von logarithmischen Gauss-Verteilungen liegt darin, daß sich die Behandlung von spektralen Extinktions-, Streu-, und Polarisationsvorgängen für die Gesamtzahl der in einer solchen Verteilung enthaltenen Teilchen mathematisch so durchführen läßt, als wenn alle Teilchen gleiche Größe hätten. Die mühsamen numerischen Rechenverfahren, die im allgemeinen notwendig sind, wenn die Mie'sche Theorie der Streuung an kleinen Partikeln auf ein polydisperses System angewandt werden soll, vereinfachen sich bei den logarithmischen Gauss-Verteilungen in der Weise, daß jeder solchen Verteilung formal eine monodisperse Verteilung zugeordnet werden kann.

Der spektrale Extinktionskoeffizient d_{r_λ} von n gleichgroßen kugelförmigen Teilchen vom Radius r beträgt nach der Mie'schen Theorie

(3) $$d_{r_\lambda} = n\pi r^2 K(\alpha)$$

Hierin ist $n\pi r^2$ der geometrische Querschnitt der n extingierenden Teilchen und $K(\alpha)$ der Streuquerschnitt. Der Streuparameter oder Größenparameter α verbindet die Wellenlänge λ mit dem Radius r durch die Beziehung

(4) $$\alpha = \frac{2\pi r}{\lambda}$$

Nach der Mie'schen Theorie wurden die $K(\alpha)$-Werte für den Brechungsexponenten $m = 1{,}50$ der atmosphärischen Aerosolpartikeln in feinen Abstufungen von *Giese* u. a. [3] berechnet. Für den spektralen Extinktionskoeffizienten $d_{G\lambda}$ von n_G Teilchen, die eine logarithmische Gauss-Verteilung bilden, gilt die ganz analoge Beziehung

(5) $$d_{G\lambda} = n_G \pi r_0^2 K_G(\alpha_0)$$

mit

(6) $$\alpha_0 = \frac{2\pi r_0}{\lambda}.$$

$K(\alpha_0)$, der kollektive Streuquerschnitt einer logarithmischen Gaussverteilung, kann aus den $K(\alpha)$-Werten nach der Beziehung

(7) $$K_G(\alpha_0) = 0{,}434 \frac{A}{\pi} \int_0^\infty \frac{\alpha}{\alpha_0^2} K(\alpha)\, e^{-A(\log \alpha/\alpha_0)^2} d\alpha$$

berechnet werden. Das Ergebnis dieser Berechnung liegt für 6 Parameterwerte A tabelliert in [7] vor und ist in Abb. 6 wiedergegeben.

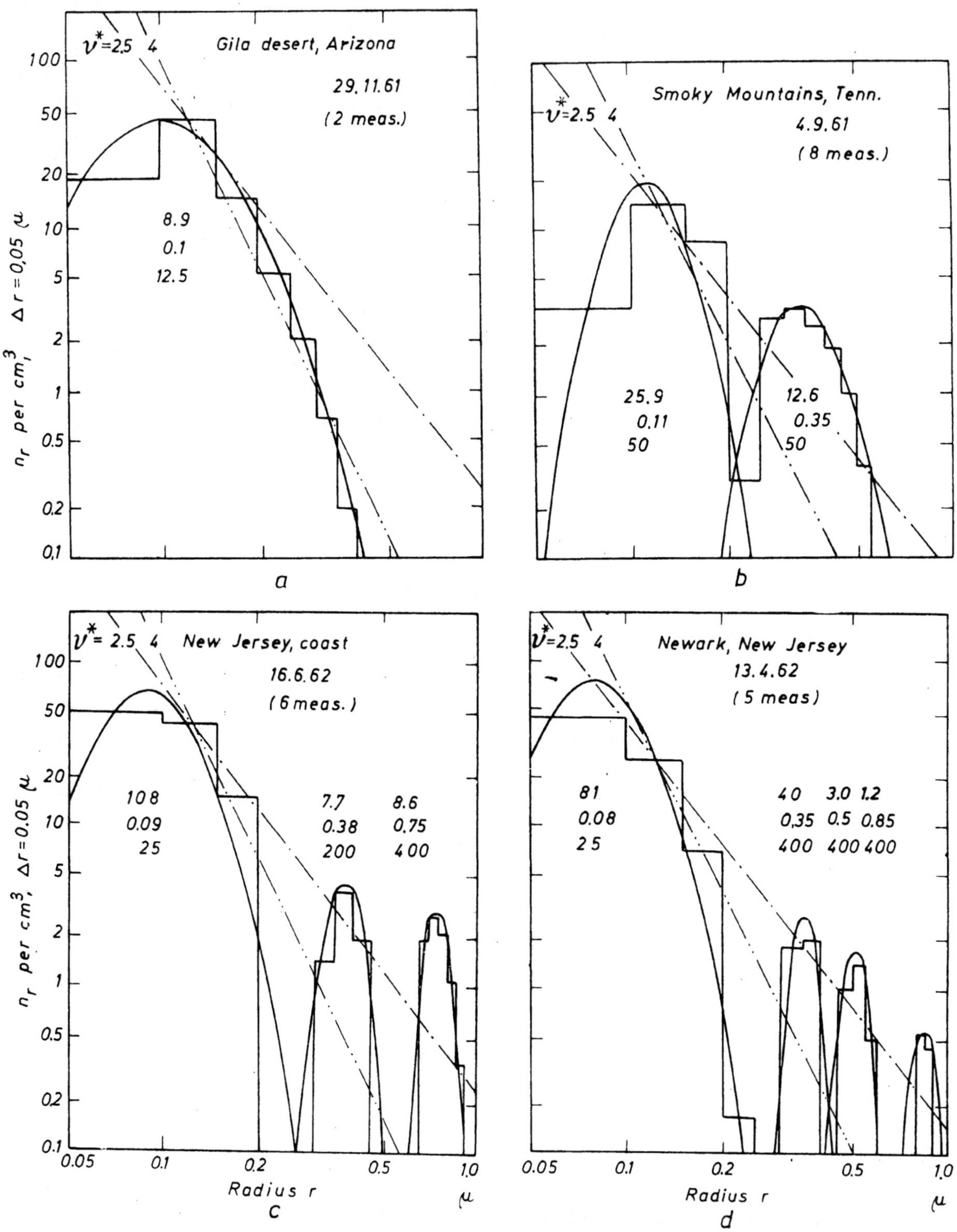

Abb. 4. Messungen der Größenverteilung des bodennahen atmosphärischen Aerosols von *Fenn* [10], angenähert durch logarithmische Gauss-Verteilungen

In Abb. 7 ist demonstriert, wie unter Verwendung dieser Berechnungen für ein Aerosolmodell, das aus 4 logarithmischen Gauss-Verteilungen besteht, die spektrale Extinktion $d_{G\lambda}$ unter Verwendung von Gleichung (5) für die einzelnen Verteilungsgruppen sowie für Kombinationen aus diesen unter Berücksichtigung der in Abb. 7a angegebenen Parameter n_G, r_0 und A dargestellt werden kann.

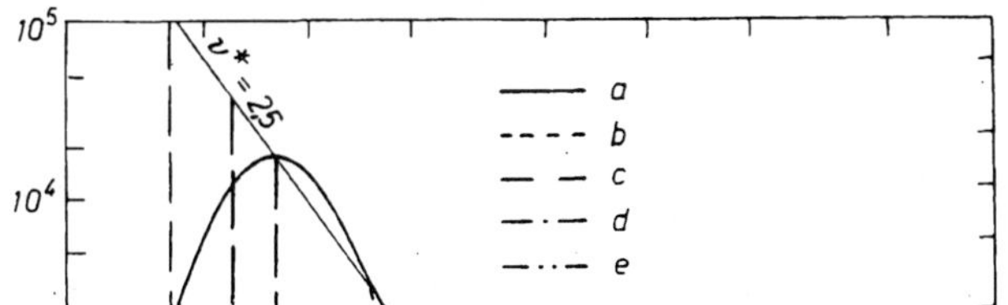

Abb. 5. Aerosol-Modell mit logarithmischen Gauss-Verteilungen zur Annäherung einer Potenzverteilung

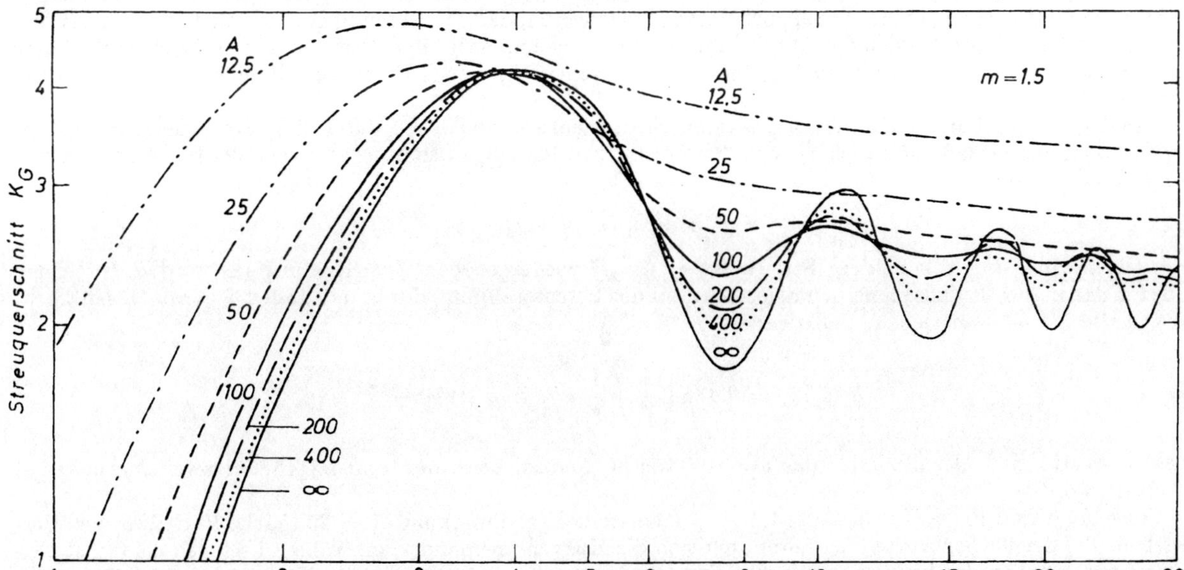

Abb. 6. Kollektiver Streuquerschnitt K_G für logarithmische Gauss-Verteilungen

In umgekehrter Richtung wurde bei den in Abb. 2 dargestellten logarithmischen Verteilungen von *Mücket* [6] vorgegangen. Für die in Abb. 8 wiedergegebenen mittleren Meßwerte der spektralen Extinktion für einzelne Wettertypen wurden diejenigen Kombinationen von logarithmischen Gauss-Verteilungen sukzessiv ausfindig gemacht, deren spektrale Extinktionswerte denen der Abb. 8 am besten entsprachen. In diesem Zusammenhang sei bemerkt, daß sich keine der zahlreichen experimentellen Einzelkurven sowie der Mittelwertskurven für

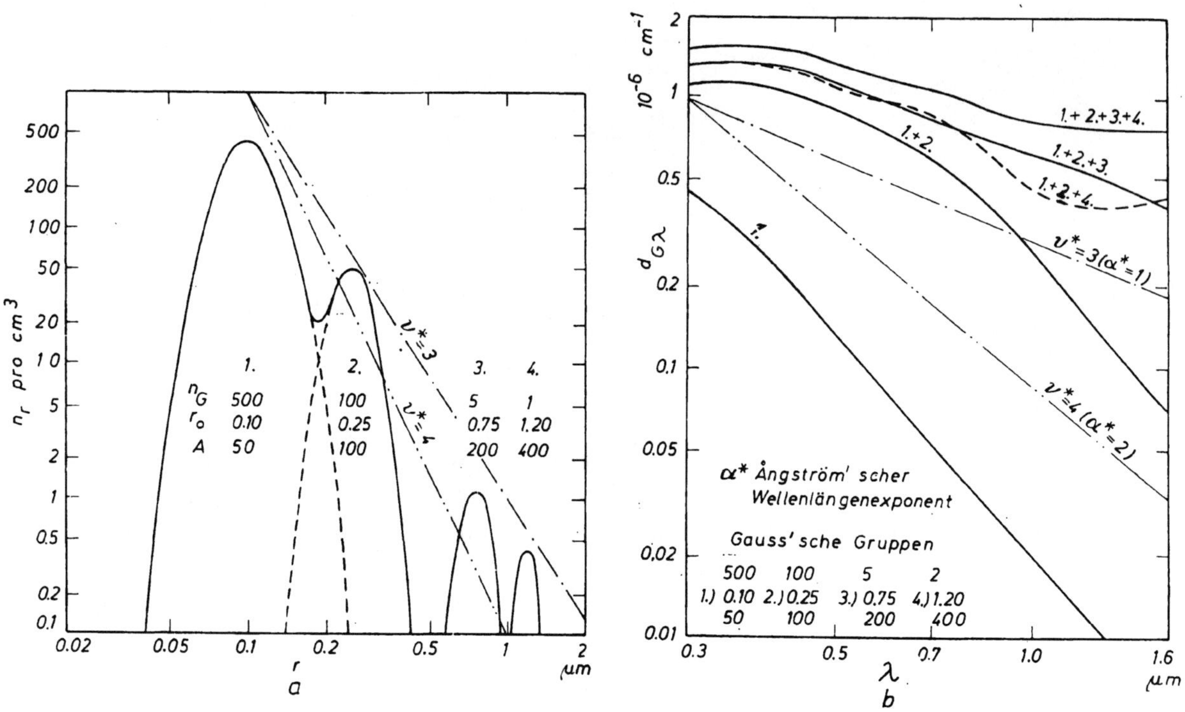

Abb. 7. a) Aerosol-Modell mit vier logarithmischen Gauss-Verteilungen (ausgezogene Kurven) bzw. mit Potenzverteilungen b) zugehörige spektrale Extinktionskoeffizienten

einheitliche Wettertypen für die spektrale Extinktion durch eine Potenzverteilung deuten ließ; das mag wohl darauf hinweisen, daß die Feinstruktur der Größenverteilung des atmosphärischen Aerosols nicht oder nur grob durch Potenzverteilungen wiedergegeben werden kann, sich jedoch als aus logarithmischen Gaussverteilungen zusammengesetzt erklären läßt. Es sei noch darauf hingewiesen, daß die Beziehungen zwischen den Kurven der Abb. 2 und den entsprechenden der Abb. 8 in jeder Richtung eindeutig sind. Das erweist sich jedenfalls bei dem angewandten Verfahren. Jedoch auch in einer theoretischen Untersuchung wurde diese Eindeutigkeit nachgewiesen [4].

Analog zu der Darstellung des kollektiven Streuquerschnitts $K_G(\alpha_0)$ durch den Streuquerschnitt $K(\alpha)$ gemäß Gleichung (7) läßt sich auch die vom Streuwinkel φ abhängige Streuung, die nach der Mie'schen Theorie durch die Streuwerte

$$i(\alpha, \varphi) = i_1(\alpha, \varphi) + i_2(\alpha, \varphi) \tag{8}$$

angegeben wird, durch kollektive Streuwerte $i_{G_0}(\alpha, {}_0\varphi)$ wiedergegeben. In Gleichung (8) werden durch den Index 1 der in der Einfallsebene polarisierte Anteil der Streustrahlung, durch den Index 2 der dazu senkrecht polarisierte Anteil beschrieben. Und zwar ist

$$i_G(\alpha_0, \varphi) = 0{,}434 \sqrt{\frac{\pi}{A}} \int_0^\infty \frac{1}{\alpha}\, i(\alpha, \varphi)\, e^{-A(\log \alpha/\alpha_0)^2 d\alpha}\,. \tag{9}$$

Diese i_G-Werte sind gleichfalls für das atmosphärische Aerosol berechnet und in [15] für zwei Parameter A tabelliert worden.

In Abb. 9 sind die $i_G(\alpha_0, \varphi)$-Werte für $A = 200$ (steile Verteilung) und $A = 25$ (flache Verteilung) wiedergegeben. Bei der flachen Verteilung schmiegen sich die Kurven aneinander an, während sie sich bei der steilen Verteilung vor allem bei kleinen und großen Streuwinkeln vielfach überschneiden. Für $A = \infty$, also für monodisperse Verteilungen, ist der Verlauf der Streuwerte $i(\alpha, \varphi)$ sehr unübersichtlich, wie in einigen Abbildungen in [15] demonstriert wurde.

Zu dem in Abb. 5 dargestellten Aerosolmodell aus logarithmischen Gauss-Verteilungen mit $A = 25$ ohne Lücken und Überhöhungen gibt Abb. 10a die Streufunktionen an, das sind die entsprechenden Streuwerte der Abb. 9b, multipliziert mit der Partikelzahl n_{r_0}. Eine einfache Addition dieser Streufunktionen ergibt dann die Streufunktion des Gesamtmodells. In Abb. 10b, Kurve 1, ist diese Streufunktion des Gesamtmodells dargestellt. Die übrigen Kurven der Abb. 10b geben nach [16] entsprechende Streufunktionen an, jedoch für Modelle, bei denen gemäß Abb. 5 die zweite, dritte bzw. vierte logarithmische Gauss-Verteilung weggelassen wurde. Man kann hier deutlich erkennen, wie sich Lücken an verschiedenen Stellen in der Aerosolgrößenverteilung auf die

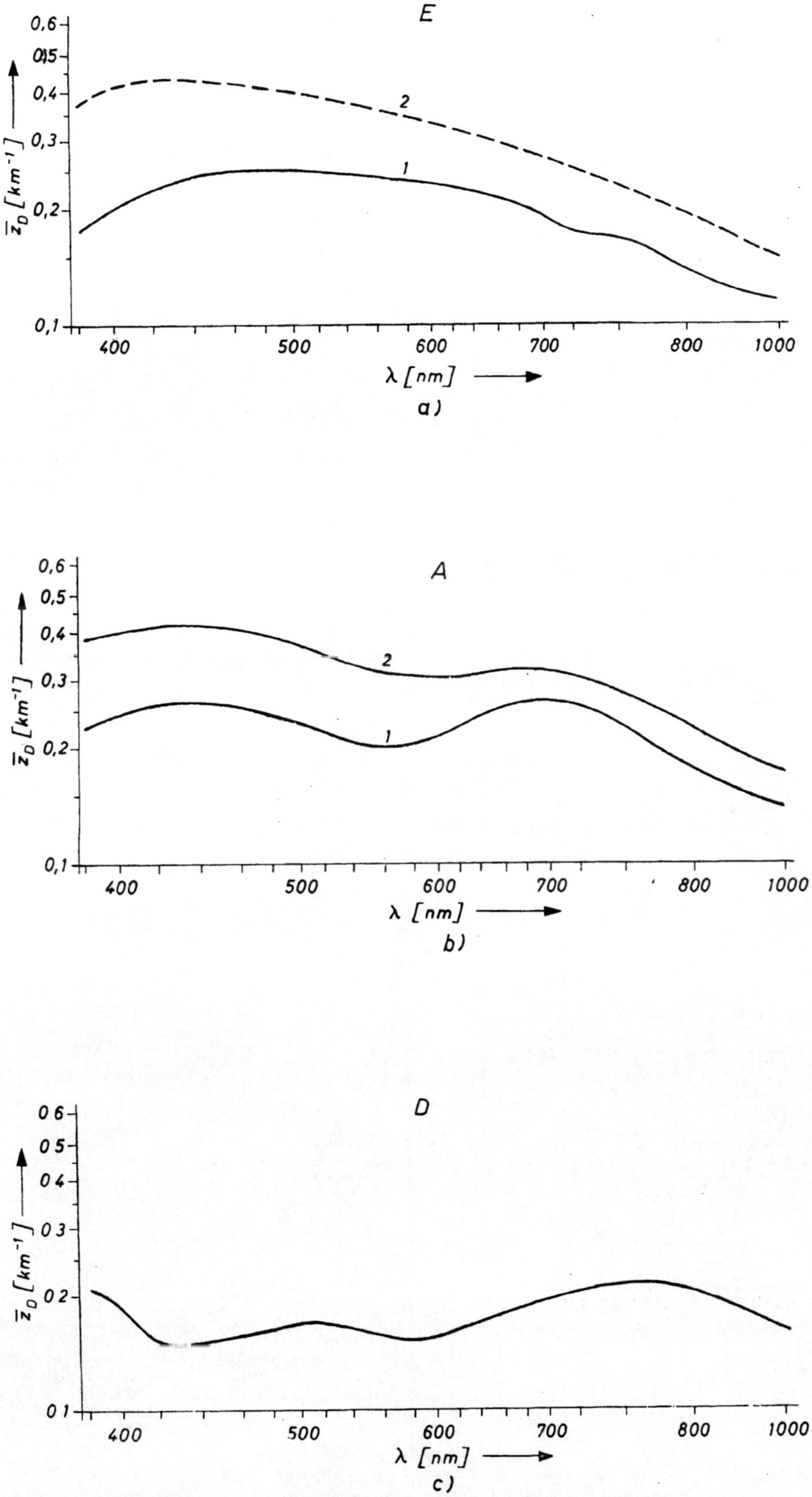

Abb. 8. **Mittelwerte der spektralen Extinktion für einzelne Wetterlagen nach Messungen von *Mücket* [6]**

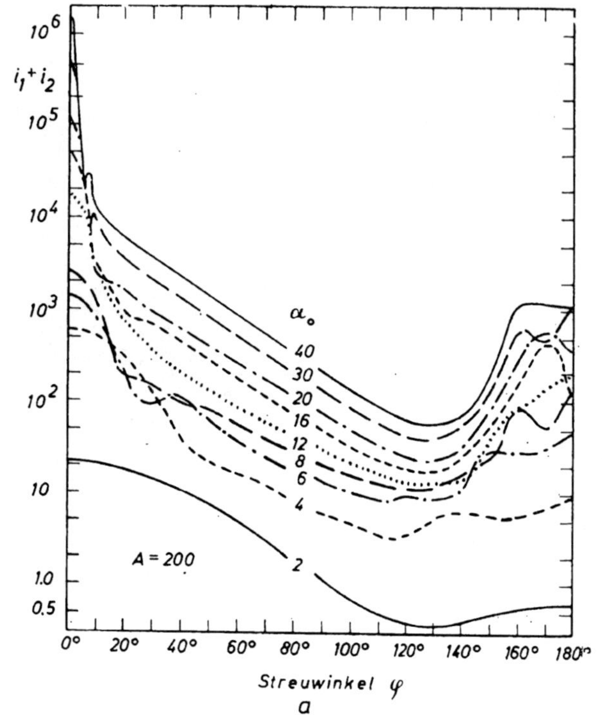

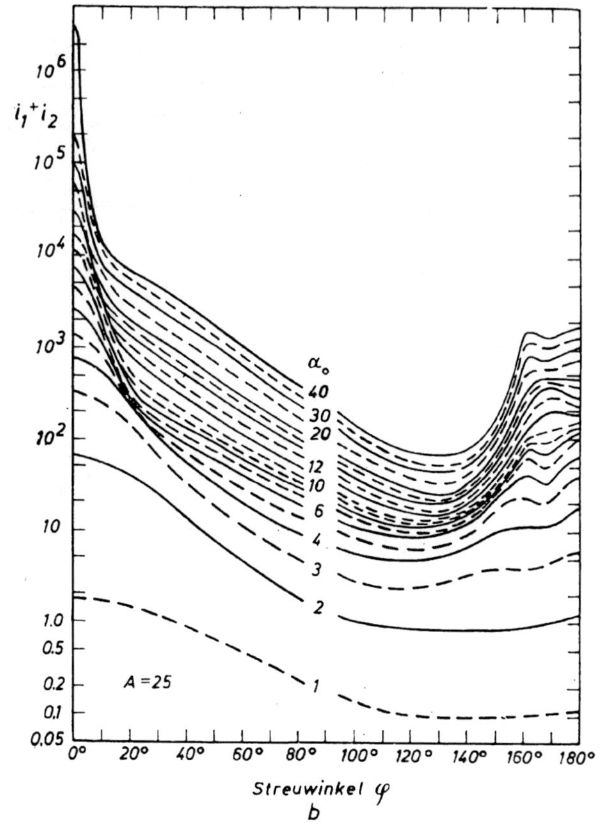

Abb. 9. Kollektive Streufunktion i_G (α_0, φ) für logarithmische Gauss-Verteilungen. a) steile Verteilung (A = 100), b) flache Verteilung (A = 25)

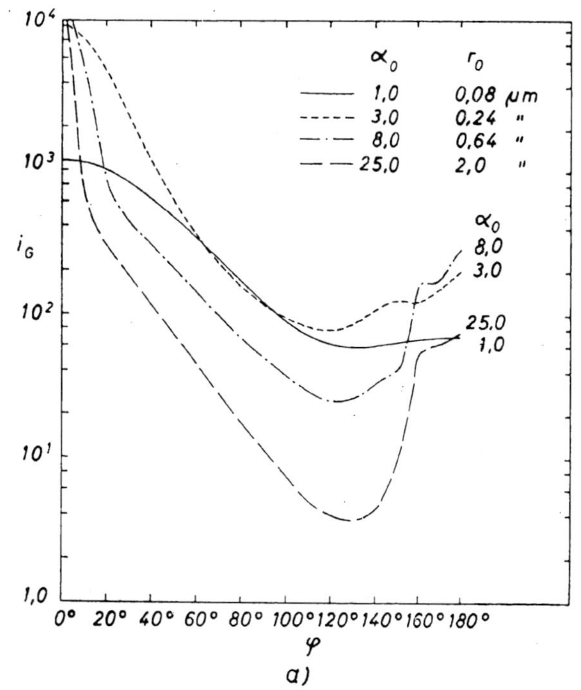

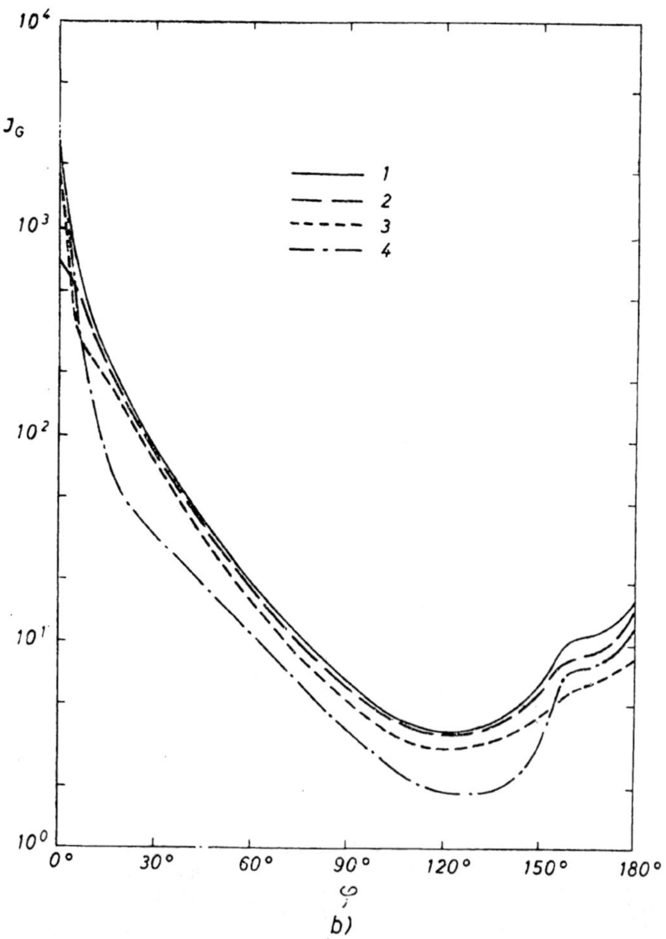

Abb. 10. Streufunktionen für die logarithmischen Gauss-Verteilungen der Abb. 5. a) für jede einzelne Verteilung, b) für das Gesamtmodell ohne Lücken (Kurve 1) bzw. unter Weglassung der zweiten bis vierten Verteilung (Kurve 2 bis 4)

Streufunktion auswirken. Analoge Ergebnisse erhält man nach [16] auch aus den Streuwerten der Abb. 9 für Modelle mit Überhöhungen der Aerosolgrößenverteilung an verschiedenen Stellen, wie sie in Abb. 5 für die vierte logarithmische Gauss-Verteilung angedeutet sind.

Diese Überhöhungen wirken sich besonders auf die Polarisationsfunktion von logarithmischen Gauss-Verteilungen aus, die für jeden α_0-Wert definiert ist durch

$$P_G(\varphi) = \frac{i_{G1}(\varphi) - i_{G2}(\varphi)}{i_{G1}(\varphi) + i_{G2}(\varphi)} \tag{10}$$

In Abb. 11 sind derartige Polarisationsfunktionen nach [16] wiedergegeben, und zwar für das Modell der Abb. 5 ohne Überhöhungen sowie mit fünffachen Überhöhungen der zweiten, dritten bzw. vierten logarithmischen Gauss-Verteilung.

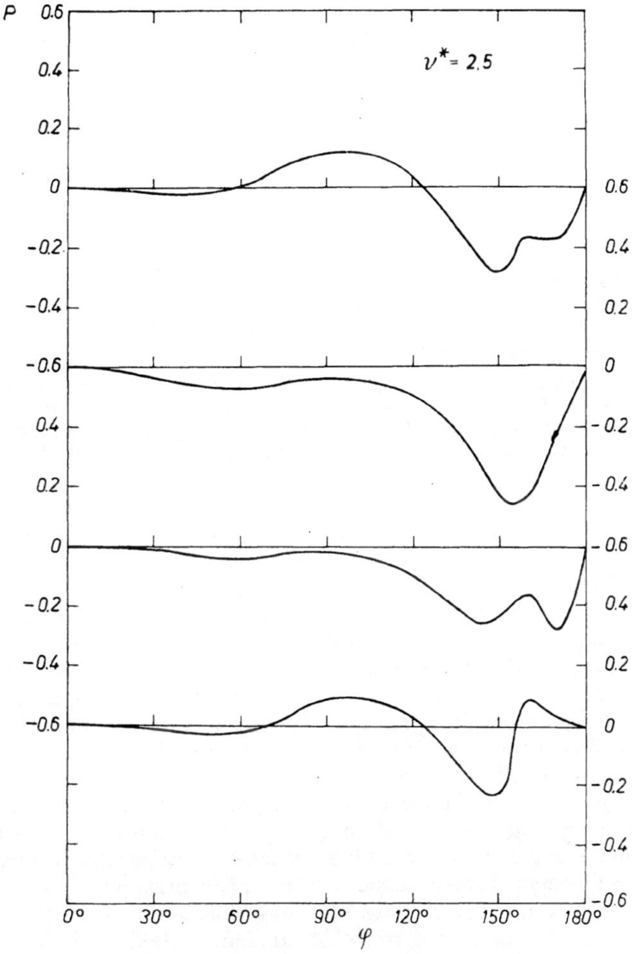

Abb. 11. Polarisationsfunktionen für die logarithmischen Gauss-Verteilungen der Abb. 5 für das Gesamtmodell von vier Verteilungen (Kurve 1) bzw. mit fünffachen Überhöhungen der zweiten bis vierten Verteilung (Kurve 2 bis 4)

Literatur

[1] *L. Foitzik*, Zur meteorologischen Optik von Dunst und Nebel, Teil II, Z. f. Met. *4* (1950), 321.

[2] *V. Hagemann*, Eine Methode zur Bestimmung der Größe der Nebel- und Wolkenelemente. Gerl. Beitr. 46 (1936), 261.

[3] *L. Foitzik, G. Hebermehl* und *D. Spänkuch*, Über die spektrale Extinktion und die spektrale Streuung von Mie-Partikeln bei Vorliegen logarithmischer Gauss-Verteilungen. Optik *23* (1966), 268.

[4] *R. Penndorf*, On the phenomenon of the colored sun especially the "blue" sun of September 1950, Geophys. Res. Pap. No. 20 (1953).

[5] *J. P. Friend*, Properties of the stratospheric aerosol. Tellus *18* (1966), 465.

[6] *Mücket, G.*, Messungen zur spektralen Extinktion des Lichts in der bodennahen Atmosphäre im Bereich 385 bis 1000 nm. Dissertation Humboldt-Universität Berlin 1968.

[7] *L. Foitzik, G. Hebermehl* und *D. Spänkuch*, Kollektiver Streuquerschnitt und kollektive spektrale Extinktion der Mie Streuung bei logarithmischen Gauss-Verteilungen. Gerl. Beitr. *75* (1966) 447.

[8] *Chr. Junge*, Gesetzmäßigkeiten der Größenverteilung atmosphärischer Aerosole über dem Kontinent. Ber. d. dtsch. Wetterd. US-Zone Nr. *35* (1961) 55.

[9] *E. de Bary, K. Bullrich*, Einfluß der Aerosolgrößenverteilung auf die Intensität der gestreuten Strahlung eines Luftvolumens. Z. f. Met. *15* (1961), 55.

[10] *R. W. Fenn*, Aerosolverteilungen und atmosphärisches Streulicht. Beitr. Phys. Atmosphäre *37* (1964) 69.

[11] *L. Foitzik*, The spectral extinction of the atmospheric aerosol by MIE particles with different GAUSSIAN Distributions. Gerl. Beitr. *74* (1965), 199.

[12] *G. V. Rozenberg*, Svojstva atmosfernogo aerozolja po dannym optičeskogo issledovanija. Izv. Akad. Nauk, Ser. Fiz. Atmosf. i Okeana *3* (1967), 936.

[13] *R.-H. Giese, E. de Bary, K. Bullrich, C. D. Vinnemann*, Tabellen der Streufunktionen $i_1(\varphi)$, $i_2(\varphi)$ und des Streuquerschnittes $K(\alpha, m)$ homogener Kügelchen nach der Mieschen Theorie. Abh. Dtsch. Akad. Wiss. Berlin, Kl. Math. Phys. Tech. Nr. 6 (1962).

[14] *V. G. Bakthtiyarov, L. Foitzik, A. Perelman* und *K. S. Shifrin*, The inversion of accurate data on the extinction coefficient by the transparency method. Pure and Appl. Geophys. *64* (1966), 204.

[15] *L. Foitzik, G. Hebermehl* und *D. Spänkuch*, Kollektive Streufunktion und kollektive Polarisation der Mie-Streuung bei logarithmischen Gauss-Verteilungen. Gerl. Beitr. 77 (1968), 265.

[16] *L. Foitzik, G. Scheithauer* und *D. Spänkuch*, Theoretische Streu- und Polarisationsfunktionen des atmosphärischen Aerosols unter Zugrundelegung logarithmischer Gaussverteilungen. Zt. f. Met. (im Druck).

Anschriften: Prof. Dr. L. Foitzik, Deutsche Akademie der Wissenschaften zu Berlin, Institut für Optik und Spektroskopie 1199 Berlin, Rudower Chaussee 5

Dr. D. Spänkuch, Meteorologischer Dienst der DDR, Meteorologisches Hauptobservatorium, 15 Potsdam, Telegrafenberg

551.521

Die Berechnung des langwelligen Strahlungshaushalts der Atmosphäre bei Vorhandensein einer durchbrochenen Wolkenschicht

Von **W. Gerstmann**

Mit 3 Abbildungen

Zusammenfassung: Für ein geometrisches Wolkenmuster in bekannter Höhe werden exakte Ausdrücke für Aus- und Gegenstrahlung und Strahlungsdivergenz angegeben. Das Verfahren wird auf einen konkreten Radiosondenaufstieg angewandt und die Bilanz wird für die Schichten: Atmosphäre unterhalb der Wolkenschicht, Atmosphäre oberhalb der Wolkenschicht, Wolkenschicht und Atmosphäre 1000 bis 500 mb gebildet. Diese Größen werden auch für Bewölkungsgrade bestimmt, die in dem Beispielaufstieg ursprünglich nicht vorhanden waren.

Summary: For a geometrically shaped cloud pattern of known height the precise terms for outgoing radiation, downward atmospheric radiation and radiation divergence are given. This procedure is applied for a specific radiosonde ascent. The balance is found for the sub-cloud layer, the atmosphere above cloud, and the layer between 1000 and 500 mb. The parameters are also determined for cloud amounts which were not available during the case ascent.

Bei der Aufgabe, die langwellige Ausstrahlung, Gegenstrahlung und Strahlungsdivergenz in verschiedenen Höhen der Atmosphäre zu berechnen, stößt man sehr bald auf die Tatsache mangelnder Information über die Wolkenverteilung im Raum. Da die langwellige Strahlung sich praktisch geradlinig fortpflanzt, könnte man, die Wolken als Schwarzstrahler voraussetzend, die Strahlungswirkung beliebiger Wolkengebilde zusammen mit der Eigenstrahlung der Atmosphäre berechnen. Man brauchte nur $I(\mathfrak{r})$ für jede Richtung $\mathfrak{r}$ bestimmen, durch ε_I, das Emissionsvermögen für eine Säule (column) ausdrücken, und über alle Raumwinkel zu integrieren, je nachdem, welche Strahlungsgröße gewünscht wird. Will man eine solche Rechnung mit synoptischen Informationen durchführen, hat man Schwierigkeiten. Im synoptischen Schlüssel sind bekanntlich nur Informationen über Gesamtbedeckung, Bedeckung mit tiefen Wolken, Wolkenarten (soweit sichtbar) vorhanden, die Höhe wird nur bis 2500 m gemeldet. Über Vertikalerstreckung und Überlappungen können keine Angaben gemacht werden, d. h. der Zustand der Atmosphäre bezüglich der Wolkenverteilung ist nur unvollständig bekannt. Bei der Frage, auf welche Informationen man eventuell verzichten könnte, wenn man bestimmte Genauigkeitsanforderungen stellt, oder bis zu welchem Grade sich die durch die Wolkenlücken durchgreifende Strahlung in verschiedenen Höhen bemerkbar macht, könnte ein Wolkenmodell helfen. Die prinzipiell mangelhafte Information kann natürlich auch ein Wolkenmodell nicht vermehren.

Der Verfasser hat zunächst ein sehr einfaches Modell konstruiert. Die Wolken in den drei Niveaus a_i $(i = 1, 2, 3)$ einer horizontal gleichförmig geschichteten Atmosphäre seien verteilt, wie in Abb. 1 angegeben. Um eine vertikale Achse denke man sich in jedem Niveau Kreise gezogen. Die entstehenden Kreisringe werden in t_i Sektoren geteilt und jeder Sektor im Verhältnis p_i geteilt. Verdreht man die Scheiben zueinander, kann man auch verschiedene Überlappungen modellieren.

In der vorliegenden Arbeit wird die Integration für eine einzelne Schicht durchgeführt. Die Größen U, G und $\frac{\partial F}{\partial z}$ werden angegeben und die Integration über alle gewünschten Wellenlängen in bekannter Weise auf das Emissionsvermögen für den gesamten Spektralbereich zurückgeführt.

Abb. 1. Bei der Integration benutztes Wolkenmuster

Bezeichnungen

$I_\nu(z, \vartheta)$	Strahlungsintensität in der Höhe z in der Richtung ϑ
ϱ	Dichte des Wasserdampfes
α_ν	Absorptionskoeffizient bei der Frequenz ν
E_ν	Schwarzstrahlung der Frequenz ν in den Raumwinkel 1
$0 \leqq p \leqq 1$	Bewölkung
η, ζ	Integrationsvariable (Höhe)
z	Bezugshöhe
T_W	Strahlungstemperatur der Wolkenschicht
T_E	Strahlungstemperatur des Erdbodens
I_ν^E	Strahlungsintensität in der Höhe z, der Richtung ϑ mit Grenzbedingung am Erdboden

I_ν^W Strahlungsintensität in der Höhe z, der Richtung ϑ mit Grenzbedingung an der Wolkenschicht

I_ν^H Strahlungsintensität in der Höhe z, der Richtung ϑ mit Grenzbedingung am oberen Rand der strahlenden Schicht

$F = U - G$ langwellige Strahlungsbilanz oder Effektivstrahlung

ϑ Winkel zwischen Vertikalachse und Richtung von I_ν $0 \leqq \vartheta \leqq \pi$

φ Azimutwinkel $0 \leqq \varphi \leqq 2\pi$

s Koordinate auf einem Strahl zählend

$S_\nu = \pi E_\nu$ $\int\limits_0^\infty S_\nu d\nu = \sigma T^4$

Ist die Verteilung von I_ν (z, ϑ) für alle z und ϑ bekannt, lassen sich durch Integration über alle Raumwinkel und Frequenzen U, G und $\frac{\partial F}{\partial z}$ berechnen. Die Integration $\int\limits_0^\infty d\nu \ldots$ bedeute Integration über alle in der Tropo- und Stratosphäre wichtigen langwelligen Teile des Wasserdampfspektrums.

Die Strahlungsintensität I_ν ist eine Lösung der bekannten [1] Differentialgleichung

$$\frac{1}{\varrho}\frac{\partial I_\nu}{\partial s} = \alpha_\nu E_\nu - \alpha_\nu I_\nu \tag{1}$$

$$U = \int\limits_0^\infty d\nu \int\limits_{\text{oben}} I_\nu \cos\vartheta \, d\omega \tag{2}$$

$$G = -\int\limits_0^\infty d\nu \int\limits_{\text{unten}} I_\nu \cos\vartheta \, d\omega \tag{3}$$

$$\frac{1}{\varrho} \operatorname{div} F = 4\pi \int\limits_0^\infty \alpha_\nu E_\nu \, d\nu - \int\limits_0^\infty \alpha_\nu d\nu \oint I_\nu \, d\omega \tag{4}$$

$\int\limits_{\text{oben}} d\omega \ldots$ bedeute Integration über alle oberhalb einer Horizontalebene durch z gelegenen Raumwinkel

$\int\limits_{\text{unten}} d\omega \ldots$ bedeute Integration über alle unterhalb einer Horizontalebene durch z gelegenen Raumwinkel

$\oint d\omega \ldots$ bedeute Integration über alle Raumwinkel

Durch Integration der Differentialgleichung (1) längs eines Strahles s der Richtung ϑ bekommt man die folgenden Lösungen I_ν^E, I_ν^W und I_ν^H je nachdem, ob der Strahl von einer schwarzen Fläche der Temperatur T_E im Bodenniveau, oder von einer schwarzen Fläche der Temperatur T_W im Wolkenniveau, oder vom Rande der strahlenden Atmosphäre kommt. Nach Einführung von z als Höhenkoordinate bekommt man unter Beachtung von $ds = dz/\cos\vartheta$ für alle ϑ

(5a)

$$z \leqq z_W$$

$$0 \leqq \vartheta < \frac{\pi}{2}$$

$$I_\nu^E = E_\nu(T_E) \exp\left[-\int\limits_0^z \frac{\alpha_\nu \varrho(\zeta)}{\cos\vartheta} d\zeta\right] + \int\limits_0^z \frac{\alpha_\nu \varrho(\eta)}{\cos\vartheta} E_\nu(\eta) \exp\left[-\int\limits_\eta^z \frac{\alpha_\nu \varrho(\zeta)}{\cos\vartheta} d\zeta\right] d\eta$$

$$\frac{\pi}{2} < \vartheta \leqq \pi$$

$$I_\nu^W = E_\nu(T_W) \exp\left[-\int\limits_{z_W}^z \frac{\alpha_\nu \varrho(\zeta)}{\cos\vartheta} d\zeta\right] - \int\limits_z^{z_W} \frac{\alpha_\nu \varrho(\eta)}{\cos\vartheta} E_\nu(\eta) \exp\left[-\int\limits_\eta^z \frac{\alpha_\nu \varrho(\zeta)}{\cos\vartheta} d\zeta\right] d\eta$$

$$I_\nu^H = -\int\limits_z^\infty \frac{\alpha_\nu \varrho(\eta)}{\cos\vartheta} E_\nu(\eta) \exp\left[-\int\limits_\eta^z \frac{\alpha_\nu \varrho(\zeta)}{\cos\vartheta} d\zeta\right] d\eta$$

(5b)

$$z \geqq z_W$$

$$0 \leqq \vartheta < \frac{\pi}{2}$$

$$I_\nu^W = E_\nu(T_W) \exp\left[-\int\limits_{z_W}^z \frac{\alpha_\nu \varrho(\zeta)}{\cos\vartheta} d\zeta\right] + \int\limits_{z_W}^z \frac{\alpha_\nu \varrho(\eta)}{\cos\vartheta} E_\nu(\eta) \exp\left[-\int\limits_\eta^z \frac{\alpha_\nu \varrho(\zeta)}{\cos\vartheta} d\zeta\right] d\eta$$

$$I_\nu^E = E_\nu(T_E)\exp\left[-\int_0^z \frac{\alpha_\nu \varrho(\zeta)}{\cos\vartheta}\right] + \int_0^z \frac{\alpha_\nu \varrho(\eta)}{\cos\vartheta} E_\nu(\eta)\exp\left[-\int_\eta^z \frac{\alpha_\nu \varrho(\zeta)}{\cos\vartheta}\,d\zeta\right] d\eta$$

$$\frac{\pi}{2} < \vartheta \leqq \pi$$

$$I_\nu^H = -\int_z^\infty \frac{\alpha_\nu \varrho(\eta)}{\cos\vartheta} E_\nu(\eta)\exp\left[-\int_\eta^z \frac{\alpha_\nu \varrho(\zeta)}{\cos\vartheta}\,d\zeta\right] d\eta$$

Wenn man beachtet, daß wegen der horizontalen Homogenität I_ν^E, I_ν^W und I_ν^H nicht von φ abhängen, lauten die Formeln (2), (3) und (4) jetzt für unser gewähltes Wolkenmuster sinngemäß wie folgt. Dabei ist zu beachten, daß $d\omega = \sin\vartheta\, d\vartheta\, d\varphi = \varDelta\varphi \sin\vartheta\, d\vartheta$ mit $\varDelta\varphi = 2\pi \cdot p$ bzw. $2\pi \cdot (1-p)$ ist.

$$z \leqq z_w$$

$$U = \int_0^\infty d\nu\, 2\pi \int_0^{\frac{\pi}{2}} I_\nu^E \sin\vartheta \cos\vartheta\, d\vartheta$$

(6a)
$$G = \int_0^\infty d\nu \left\{-2\pi p \int_{\frac{\pi}{2}}^{\pi} I_\nu^W \sin\vartheta\cos\vartheta\, d\vartheta - 2\pi(1-p)\int_{\frac{\pi}{2}}^{\pi} I_\nu^H \sin\vartheta\cos\vartheta\, d\vartheta\right\}$$

$$\frac{1}{\varrho}\, div\, F = 4\pi \int_0^\infty \alpha_\nu E_\nu\, d\nu - \int_0^\infty \alpha_\nu\, d\nu \left\{2\pi \int_0^{\frac{\pi}{2}} I_\nu^E \sin\vartheta\, d\vartheta + 2\pi p \int_{\frac{\pi}{2}}^{\pi} I_\nu^W \sin\vartheta\, d\vartheta + 2\pi(1-p)\int_{\frac{\pi}{2}}^{\pi} I_\nu^H \sin\vartheta\, d\vartheta\right\}$$

$$z \geqq z_w$$

$$U = \int_0^\infty d\nu \left\{2\pi p \int_0^{\frac{\pi}{2}} I_\nu^W \sin\vartheta\cos\vartheta\, d\vartheta + 2\pi(1-p)\int_0^{\frac{\pi}{2}} I_\nu^E \sin\vartheta\cos\vartheta\, d\vartheta\right\}$$

(6b)
$$G = -\int_0^\infty d\nu\, 2\pi \int_{\frac{\pi}{2}}^{\pi} I_\nu^H \sin\vartheta\cos\vartheta\, d\vartheta$$

$$\frac{1}{\varrho}\, div\, F = 4\pi \int_0^\infty \alpha_\nu E_\nu\, d\nu - \int_0^\infty \alpha_\nu\, d\nu \left\{2\pi p \int_0^{\frac{\pi}{2}} I_\nu^W \sin\vartheta\, d\vartheta + 2\pi(1-p)\int_0^{\frac{\pi}{2}} I_\nu^E \sin\vartheta\, d\vartheta + 2\pi \int_{\frac{\pi}{2}}^{\pi} I_\nu^H \sin\vartheta\, d\vartheta\right\}.$$

In diese Gleichungen werden die Lösungen (5a) und (5b) eingesetzt, und man bekommt für die Größen U, G und $\frac{\partial F}{\partial z}$ unter Beachtung der bekannten Beziehungen für die H_n-Funktionen [2]

$$H_n(x) = \int_0^{\frac{\pi}{2}} \exp\left[-\frac{x}{\cos\vartheta}\right] \sin\vartheta \cos^{n-2}\vartheta\, d\vartheta = (-1)^n \int_{\frac{\pi}{2}}^{\pi} \exp\left[+\frac{x}{\cos\vartheta}\right] \sin\vartheta\cos^{n-2}\vartheta\, d\vartheta$$

und

$$\frac{dH_n}{dx} = -\mathrm{H}_{n-1} \qquad H_n(0) = \frac{1}{n-1}$$

und unter Benutzung von

$$\frac{\partial}{\partial\eta}\int_\eta^z \alpha_\nu \varrho(\zeta)\, d\zeta = -\alpha_\nu \varrho(\eta) \quad \frac{\partial}{\partial\eta}\int_z^\eta \alpha_\nu \varrho(\zeta)\, d\zeta = \alpha_\nu \varrho(\eta)$$

und partieller Integration einiger Ausdrücke

$$z \leqq z_w$$

(7a)
$$U = \int_0^\infty d\nu\, 2 S_\nu(T_E)\, H_3\left(\int_0^z \alpha_\nu \varrho(\zeta)\, d\zeta\right) + \int_0^\infty d\nu \int_0^z 2 S_\nu(\eta)\, \alpha_\nu \varrho(\eta)\, H_2\left(\int_\eta^z \alpha_\nu \varrho(\zeta)\, d\zeta\right) d\eta$$

$$= \int_0^\infty S_\nu(z)\, d\nu + \int_0^\infty d\nu\, 2\left\{S_\nu(T_E) - S_\nu(0)\right\} H_3\left(\int_0^z \alpha_\nu \varrho(\zeta)\, d\zeta\right) - \int_0^\infty d\nu \int_0^z d\eta\, 2\frac{\partial S_\nu}{\partial\eta} H_3\left(\int_\eta^z \alpha_\nu \varrho(\zeta)\, d\zeta\right)$$

$$
\begin{aligned}
G = {} & p\int_0^\infty d\nu\, 2\, S_\nu(T_W)\, H_3\left(\int_z^{z_w} \alpha_\nu\, \varrho\,(\zeta)\, d\zeta\right) - p\int_0^\infty d\nu \int_{z_w}^\infty 2\, S_\nu\,(\eta)\, \alpha_\nu\, \varrho\,(\eta)\, H_2\left(\int_z^\eta \alpha_\nu\, \varrho\,(\zeta)\, d\zeta\right) d\eta \\
& + \int_0^\infty d\nu \int_z^\infty 2\, S_\nu\,(\eta)\, \alpha_\nu\, \varrho\,(\eta)\, H_2\left(\int_z^\eta \alpha_\nu\, \varrho\,(\zeta)\, d\zeta\right) d\eta \\
= {} & p\int_0^\infty d\nu\, 2\left\{S_\nu\,(T_W) - S_\nu\,(z_W)\right\} H_3\left(\int_z^{z_w} \alpha_\nu\, \varrho\,(\zeta)\, d\zeta\right) - (1-p)\int_0^\infty d\nu\, 2\, S_\nu\,(\infty)\, H_3\left(\int_0^\infty \alpha_\nu\, \varrho(\zeta)\, d\zeta\right) \\
& + \int_0^\infty S_\nu\,(z)\, d\nu - p\int_0^\infty d\nu \int_{z_w}^\infty d\eta\, 2\,\frac{\partial S_\nu}{\partial\eta}\, H_3\left(\int_z^\eta \alpha_\nu\, \varrho\,(\zeta)\, d\zeta\right) + \int_0^\infty d\nu \int_z^\infty d\eta\, 2\,\frac{\partial S_\nu}{\partial\eta}\, H_3\left(\int_z^\eta \alpha_\nu\, \varrho\,(\zeta)\, d\zeta\right)
\end{aligned}
\tag{8a}
$$

$$
\begin{aligned}
\frac{1}{\varrho}\operatorname{div} F = {} & (1-p)\int_0^\infty d\nu\, 2\, \alpha_\nu\, S_\nu\,(\infty)\, H_2\left(\int_z^\infty \alpha_\nu\, \varrho\,(\zeta)\, d\zeta\right) - \int_0^\infty d\nu\, 2\, \alpha_\nu \left\{S_\nu\,(T_E) - S_\nu\,(0)\right\} H_2\left(\int_0^z \alpha_\nu\, \varrho\,(\zeta)\, d\zeta\right) \\
& - p\int_0^\infty d\nu\, 2\, \alpha_\nu \left\{S_\nu\,(T_W) - S_\nu\,(z_W)\right\} H_2\left(\int_z^{z_w} \alpha_\nu\, \varrho\,(\zeta)\, d\zeta\right) + \int_0^\infty d\nu \int_0^z d\eta\, 2\, \alpha_\nu\,\frac{\partial S_\nu}{\partial\eta}\, H_2\left(\int_\eta^z \alpha_\nu\, \varrho\,(\zeta)\, d\zeta\right) \\
& - \int_0^\infty d\nu \int_z^\infty d\eta\, 2\, \alpha_\nu\,\frac{\partial S_\nu}{\partial\eta}\, H_2\left(\int_z^\eta \alpha_\nu\, \varrho\,(\zeta)\, d\zeta\right) + p\int_0^\infty d\nu \int_{z_w}^\infty d\eta\, 2\, \alpha_\nu\,\frac{\partial S_\nu}{\partial\eta}\, H_2\left(\int_z^\eta \alpha_\nu\, \varrho\,(\zeta)\, d\zeta\right)
\end{aligned}
\tag{9a}
$$

$$z \geqq z_w$$

$$
\begin{aligned}
U = {} & p\int_0^\infty d\nu\, 2\, S_\nu\,(T_W)\, H_3\left(\int_{z_w}^z \alpha_\nu\, \varrho\,(\zeta)\, d\eta\right) + (1-p)\int_0^\infty d\nu\, 2\, S_\nu\,(T_E)\, H_3\left(\int_0^z \alpha_\nu\, \varrho\,(\zeta)\, d\zeta\right) \\
& + \int_0^\infty d\nu \int_0^z d\eta\, 2\, S_\nu\,(\eta)\, \alpha_\nu\, \varrho\,(\eta)\, H_2\left(\int_\eta^z \alpha_\nu\, \varrho\,(\zeta)\, d\zeta\right) - p\int_0^\infty d\nu \int_0^{z_w} d\eta\, 2\, S_\nu\,(\eta)\, \alpha_\nu\, \varrho(\eta)\, H_2\left(\int_\eta^z \alpha_\nu\, \varrho\,(\zeta)\, d\zeta\right) \\
= {} & \int_0^\infty S_\nu\,(z)\, d\nu + p\int_0^\infty d\nu\, 2\left\{S_\nu\,(T_W) - S_\nu\,(z_W)\right\} H_3\left(\int_{z_w}^z \alpha_\nu\, \varrho\,(\zeta)\, d\zeta\right) \\
& + (1-p)\int_0^\infty d\nu\, 2\left\{S_\nu\,(T_E) - S_\nu\,(o)\right\} H_3\left(\int_0^z \alpha_\nu\, \varrho\,(\zeta)\, d\zeta\right) \\
& - \int_0^\infty d\nu \int_0^z d\eta\, 2\,\frac{\partial S_\nu}{\partial\eta}\, H_3\left(\int_\eta^z \alpha_\nu\, \varrho\,(\zeta)\, d\zeta\right) + p\int_0^\infty d\nu \int_z^{z_w} d\eta\, 2\,\frac{\partial S_\nu}{\partial\eta}\, H_3\left(\int_\eta^z \alpha_\nu\, \varrho\,(\zeta)\, d\zeta\right)
\end{aligned}
\tag{7b}
$$

$$
\begin{aligned}
G = {} & \int_0^\infty d\nu \int_z^\infty 2\, S_\nu\,(\eta)\, \alpha_\nu\, \varrho\,(\eta)\, H_2\left(\int_z^\eta \alpha_\nu\, \varrho(\zeta)\, d\zeta\right) d\eta \\
= {} & \int_0^\infty S_\nu\,(z)\, d\nu - \int_0^\infty d\nu\, 2\, S_\nu\,(\infty)\, H_3\left(\int_z^\infty \alpha_\nu\, \varrho(\zeta)\, d\zeta\right) + \int_0^\infty d\nu \int_z^\infty d\eta\, 2\,\frac{\partial S_\nu}{\partial\eta}\, H_3\left(\int_z^\eta \alpha_\nu\, \varrho(\zeta)\, d\zeta\right)
\end{aligned}
\tag{8b}
$$

$$\frac{1}{\varrho}\operatorname{div}F = \int_0^\infty d\nu\, 2\,\alpha_\nu S_\nu(\infty)\, H_2\left(\int_z^\infty \alpha_\nu\,\varrho(\zeta)\,d\zeta\right) - (1-p)\int_0^\infty d\nu\, 2\,\alpha_\nu \left\{S_\nu(T_E) - S_\nu(0)\right\} H_2\left(\int_0^z \alpha_\nu\,\varrho(\zeta)\,d\zeta\right)$$

(9b)
$$- p\int_0^\infty d\nu\, 2\,\alpha_\nu \left\{S_\nu(T_W) - S_\nu(z_W)\right\} H_2\left(\int_{z_W}^z \alpha_\nu\,\varrho(\zeta)\,d\zeta\right) + \int_0^\infty d\nu \int_0^z d\eta\, 2\,\alpha_\nu \frac{\partial S_\nu}{\partial \eta} H_2\left(\int_\eta^z \alpha_\nu\,\varrho(\zeta)\,d\zeta\right)$$

$$- \int_0^\infty d\nu \int_z^\infty d\eta\, 2\,\alpha_\nu \frac{\partial S_\nu}{\partial \eta} H_2\left(\int_z^\eta \alpha_\nu\,\varrho(\zeta)\,d\zeta\right) - p\int_0^\infty d\nu \int_0^{z_W} d\eta\, 2\,\alpha_\nu \frac{\partial S_\nu}{\partial \eta} H_2\left(\int_\eta^z \alpha_\nu\,\varrho(\zeta)\,d\zeta\right)$$

Das Emissionsvermögen ε_f für eine Schicht (slab) bestimmt sich mit unserer Bezeichnungsweise zu

(10)
$$\varepsilon_f = \frac{1}{\sigma T^4}\int_0^\infty d\nu\, S_\nu \left\{1 - 2H_3\left(\int_0^z \alpha_\nu\,\varrho(\zeta)\,d\zeta\right)\right\}$$

daraus folgt

$$\left|\frac{\partial}{\partial\eta}\varepsilon_f\left(\int_\eta^z \varrho(\zeta)\,d\zeta\right)\right| = \left|\frac{\partial}{\partial\eta}\varepsilon_f\left(\int_z^\eta \varrho(\zeta)\,d\zeta\right)\right|$$

(11a)
$$= \frac{1}{\sigma T^4}\int_0^\infty d\nu\, 2\,S_\nu\,\alpha_\nu\,\varrho(\eta)\,H_2\left(\int_\eta^z \alpha_\nu\,\varrho(\zeta)\,d\zeta\right) \qquad \eta \leqq z$$

(11b)
$$= \frac{1}{\sigma T^4}\int_0^\infty d\nu\, 2\,S_\nu\,\alpha_\nu\,\varrho(\eta)\,H_2\left(\int_z^\eta \alpha_\nu\,\varrho(\zeta)\,d\zeta\right) \qquad \eta \geqq z$$

und

$$\frac{d(\sigma T^4)}{dT}(1-\varepsilon_f) = \int_0^\infty d\nu \frac{\partial S_\nu}{\partial T}\, 2\,H_3\left(\int \alpha_\nu\,\varrho(\zeta)\,d\zeta\right).$$

Die Grenzen des Integrals über den optischen Weg müssen auf beiden Seiten gleich sein und werden entsprechend dem umzuformenden Ausdruck gewählt.

Außerdem gilt

$$\frac{d(\sigma T^4)}{dT}\left|\frac{\partial}{\partial w}\varepsilon_f\left(\int_\eta^z \varrho(\zeta)\,d\zeta\right)\right| = \frac{d(\sigma T^4)}{dT}\left|\frac{\partial}{\partial w}\varepsilon_f\left(\int_z^\eta \varrho(\zeta)\,d\zeta\right)\right|$$

$$= \int_0^\infty d\nu \frac{\partial S_\nu}{\partial T} 2\alpha_\nu\, H_2\left(\int_\eta^z \alpha_\nu\,\varrho(\zeta)\,d\zeta\right) \qquad \eta \leqq z$$

$$= \int_0^\infty d\nu \frac{\partial S_\nu}{\partial T} 2\,\alpha_\nu\, H_2\left(\int_z^\eta \alpha_\nu\,\varrho(\zeta)\,d\zeta\right) \qquad \eta \geqq z$$

sowie
$$\frac{\partial S_\nu}{\partial \eta} d\eta = \frac{\partial S_\nu}{\partial T} dT.$$

Führt man diese Ausdrücke in die Formeln (8) bis (10) ein, so erhält man die Endformeln und kann mit Hilfe von Tafeln, z. B. von *Zdunkowski* und *Johnson* [3, 4] die Strahlungsgrößen aus dem Aufstieg bestimmen, bzw. die Größenordnung der einzelnen Terme abschätzen. Die oben eingeführte Größe w bedeutet den Wasserdampfweg, das heißt in der Praxis den effektiven Wasserdampfweg. Benutzt man, wie bisher stets bei derartigen Rechnungen, einen pauschalen, von der Wellenlänge unabhängigen, für den gesamten langwelligen Spektralbereich gültigen Druckkorrektionsfaktor, so kann man diesen eigentlich bei α_ν stehenden Faktor zur Dichte ziehen und bekommt so bei der Integration den effektiven Wasserdampfweg. Die Größe von ε_f oder dessen Ableitung ist also stets für den effektiven Wasserdampfweg aufzusuchen. Bei der Strahlungsdivergenz, Formel (4), ist zu beachten, daß in α_ν der Korrektionsfaktor in der Höhe z enthalten ist.

Es ist fernerhin noch zu bemerken, daß man mit Hilfe der angegebenen Formeln die Strahlungsströme U und G auch mit Hilfe von $\partial\varepsilon_f/\partial w$ berechnen kann.

$$z \leqq z_w$$

(7c)
$$U = \sigma T_E^4 - (\sigma T_E^4 - \sigma T_0^4)\, \varepsilon_f\left(\int_0^z \varrho(\zeta)\, d\zeta\right) + \int_0^z d(\sigma T^4)\, \varepsilon_f\left(\int_\eta^z \varrho(\zeta)\, d\zeta\right)$$

(8c)
$$\begin{aligned} G = {} & p\,\sigma\, T_W^4 - p\,(\sigma\, T_W^4 - \sigma T^4(z_w))\, \varepsilon_f\left(\int_z^{z_w} \varrho(\zeta)\, d\zeta\right) \\ & + (1-p)\,\sigma\, T_\infty^4\, \varepsilon_f\left(\int_z^\infty \varrho(\zeta)\, d\zeta\right) + p\int_{z_w}^\infty d(\sigma\, T^4)\, \varepsilon_f\left(\int_z^\eta \varrho(\zeta)\, d\zeta\right) \\ & - \int_z^\infty d(\sigma\, T^4)\, \varepsilon_f\left(\int_z^\eta \varrho(\zeta)\, d\zeta\right) \end{aligned}$$

(9c)
$$\begin{aligned} \frac{1}{\varrho}\operatorname{div} F = {} & (1-p)\,\sigma\, T_\infty^4 \frac{\partial}{\partial w}\varepsilon_f\left(\int_z^\infty \varrho(\zeta)\, d\zeta\right) - (\sigma\, T_E^4 - \sigma\, T_0^4)\frac{\partial}{\partial w}\varepsilon_f\left(\int_0^z \varrho(\zeta)\, d\zeta\right) \\ & - p\,(\sigma\, T_W^4 - \sigma\, T^4(z_w))\frac{\partial}{\partial w}\varepsilon_f\left(\int_z^{z_w} \varrho(\zeta)\, d\zeta\right) \\ & + \int_0^z d(\sigma\, T^4)\left|\frac{\partial}{\partial w}\varepsilon_f\left(\int_\eta^z \varrho(\zeta)\, d\zeta\right)\right| - \int_z^\infty d(\sigma\, T^4)\left|\frac{\partial}{\partial w}\varepsilon_f\left(\int_z^\eta \varrho(\zeta)\, d\zeta\right)\right| \\ & + p\int_{z_w}^\infty d(\sigma\, T^4)\left|\frac{\partial}{\partial w}\varepsilon_f\left(\int_z^\eta \varrho(\zeta)\, d\zeta\right)\right| \end{aligned}$$

$$z \geqq z_w$$

(7d)
$$\begin{aligned} U = {} & \sigma\, T_E^4 + p\,(\sigma\, T_W^4 - \sigma\, T_E^4) - p\,(\sigma\, T_W^4 - \sigma\, T^4(z_w))\, \varepsilon_f\left(\int_{z_w}^z \varrho(\zeta)\, d\zeta\right) \\ & - (1-p)\,(\sigma\, T_E^4 - \sigma\, T_0^4)\, \varepsilon_f\left(\int_0^z \varrho(\zeta)\, d\zeta\right) \\ & + \int_0^z d(\sigma T^4)\, \varepsilon_f\left(\int_\eta^z \varrho(\zeta)\, d\zeta\right) - p\int_0^{z_w} d(\sigma\, T^4)\, \varepsilon_f\left(\int_\eta^z \varrho(\zeta)\, d\zeta\right) \end{aligned}$$

(8d)
$$G = \sigma\, T_\infty^4\, \varepsilon_f\left(\int_z^\infty \varrho(\zeta)\, d\zeta\right) - \int_z^\infty d(\sigma\, T^4)\, \varepsilon_f\left(\int_z^\eta \varrho(\zeta)\, d\zeta\right)$$

(9d)
$$\begin{aligned} \frac{1}{\varrho}\operatorname{div} F = {} & \sigma\, T_\infty^4 \frac{\partial}{\partial w}\varepsilon_f\left(\int_z^\infty \varrho(\zeta)\, d\zeta\right) - (1-p)\,(\sigma\, T_E^4 - \sigma\, T_0^4)\frac{\partial}{\partial w}\varepsilon_f\left(\int_0^z \varrho(\zeta)\, d\zeta\right) \\ & - p\,(\sigma\, T_W^4 - \sigma\, T_{(z_w)}^4)\frac{\partial}{\partial w}\varepsilon_f\left(\int_{z_w}^z \varrho(\zeta)\, d\zeta\right) \\ & + \int_0^z d(\sigma\, T^4)\left|\frac{\partial}{\partial w}\varepsilon_f\left(\int_\eta^z \varrho(\zeta)\, d\zeta\right)\right| - \int_z^\infty d\,(\sigma\, T^4)\left|\frac{\partial}{\partial w}\varepsilon_f\left(\int_z^\eta \varrho(\zeta)\, d\zeta\right)\right| \\ & - p\int_0^{z_w} d(\sigma\, T^4)\left|\frac{\partial}{\partial w}\varepsilon_f\left(\int_\eta^z \varrho(\zeta)\, d\zeta\right)\right|. \end{aligned}$$

In dem folgenden Beispiel wurden die Größen U, G und die div F entsprechende Temperaturänderung mit Hilfe der Tafeln von *Zdunkowski-Johnson* [3, 4] für einen Aufstieg mit der Wolkengruppe 32600 berechnet (Abb. 2). Die Terme, die eine Differenz von Strahlungstemperatur und Lufttemperatur in den Niveaus 0 und z_w vorsehen, wurden dabei noch nicht berücksichtigt. Die Bestimmung obengenannter Größen erfolgte für $p = 0$ 0,3 0,6 und 1 (Abb. 3). Um den Einfluß der Wolkenschicht ganz deutlich heraustreten zu lassen, wurde in Tab. 1 die langwellige Bilanz $F = U - G$ für 500 mb, 850 mb (oberer bzw. unterer Grenzwert) und 1000 mb gebildet. Daraus lassen sich die Bilanzen der einzelnen Schichten, d. h. eigentlich $\int$ div $F\,dz$, das Volumenintegral einer Säule vom Querschnitt 1 cm² über div F, unmittelbar bestimmen. Negatives Vorzeichen bedeutet

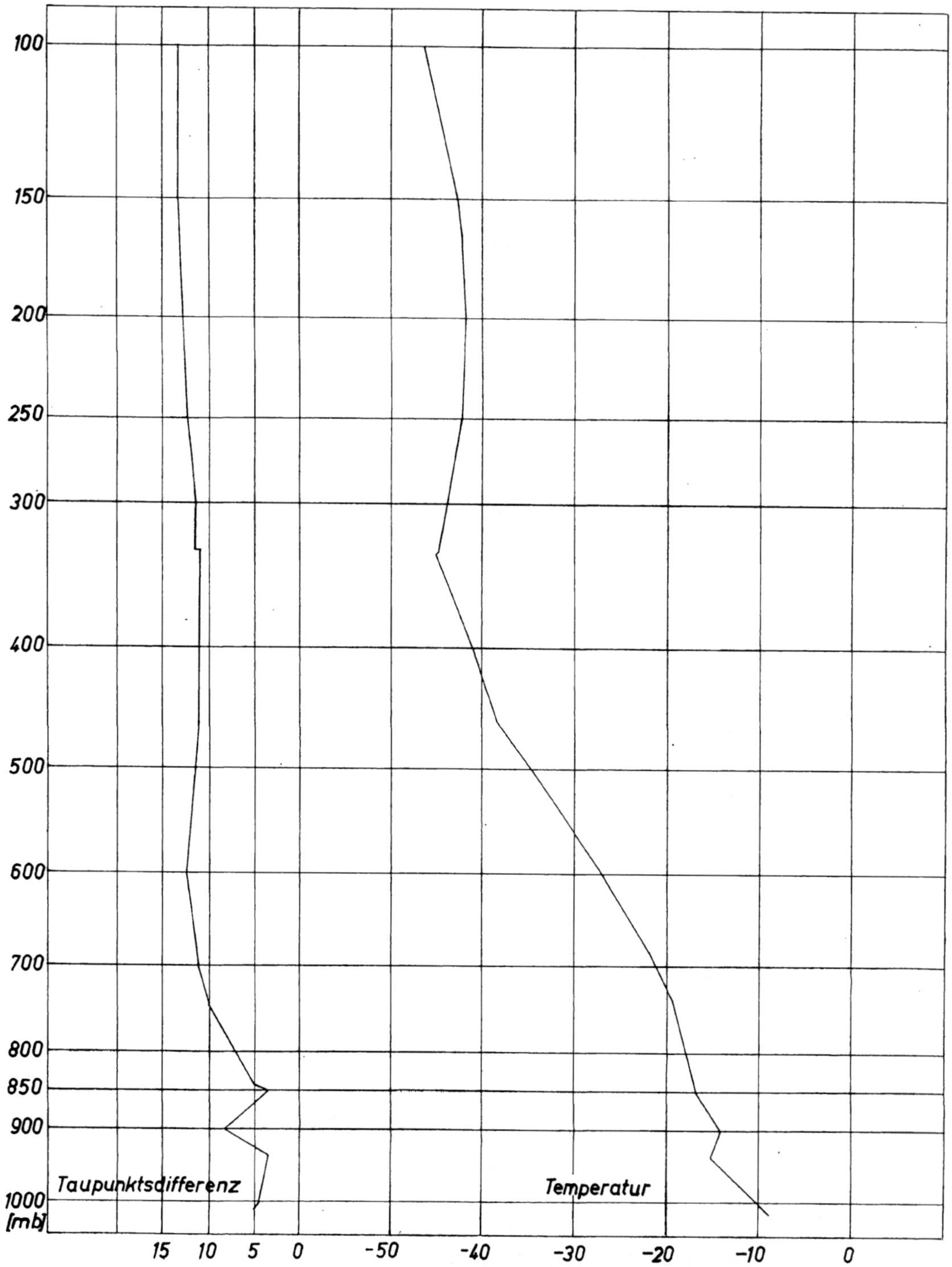

Abb. 2. Temp mit einer Wolkenschicht als Berechnungsbeispiel

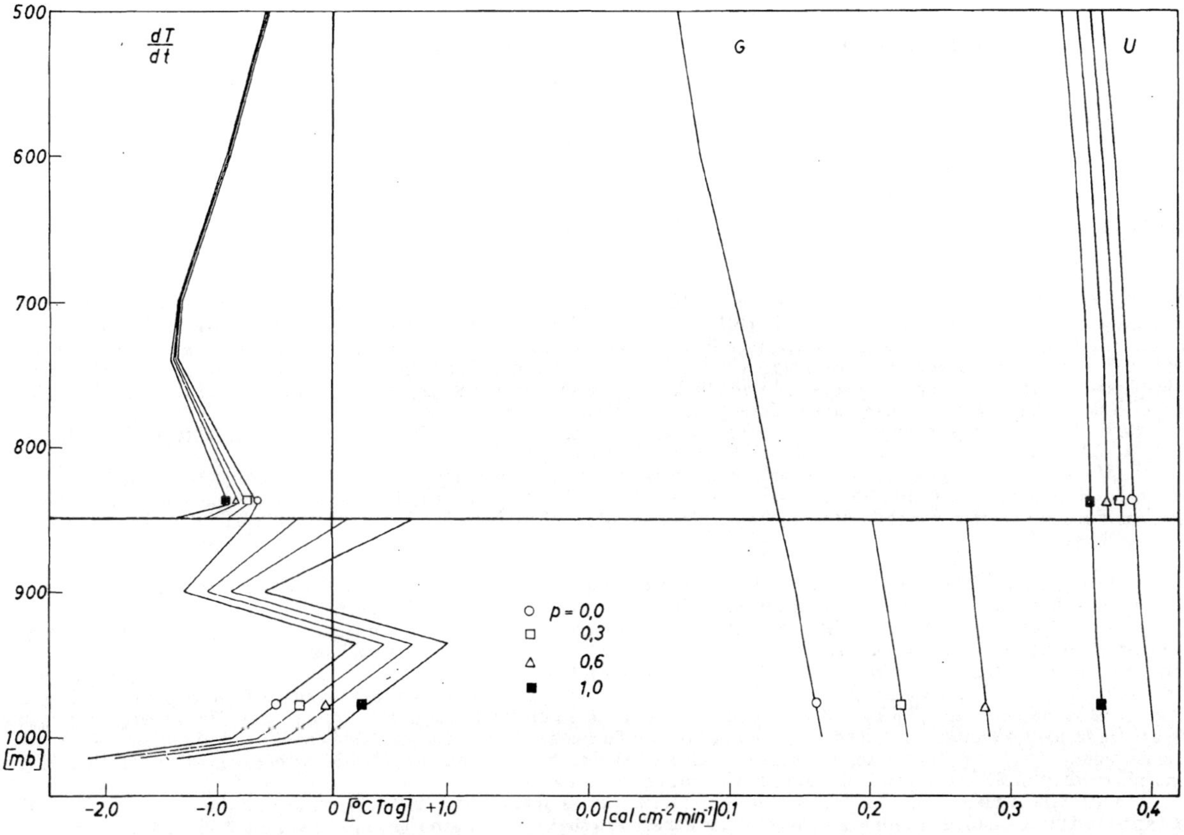

Abb. 3. Ergebnisse der Berechnung, links Temperaturänderung, rechts U (Ausstrahlung) und G (Gegenstrahlung) für die angegebenen Parameter. Die beobachtete Bewölkung entspricht etwa dem Parameter $p = 0,3$.

einen Energiegewinn. Die Ergebnisse sind keineswegs durch einfache Plausibilitätsbetrachtungen zu erklären und zeigen erneut die Bedeutung einer richtigen Berücksichtigung der Bewölkung, obwohl der Einfluß bei der Kurve der Temperaturänderung verhältnismäßig gering zu sein scheint.

Tabelle 1. *Ergebnisse der Bilanzierung für die Schichten: Atmosphäre oberhalb, unterhalb, 500 bis 1000 mb und Wolkenschicht*

U–G [cal · cm⁻² · min⁻¹]	$p = 0$	0,3	0,6	1
500 [mb]	0,300	0,292	0,284	0,273
850 Obergrenze	0,253	0,243	0,234	0,221
850 Untergrenze	0,253	0,187	0,120	0,032
1000	0,235	0,176	0,116	0,036
Bilanz der Atmosphäre unterhalb	0,018	0,011	0,004	–0,004
Atmosphäre oberhalb	0,047	0,049	0,050	0,052
Wolkenschicht	0,000	0,056	0,114	0,189
Schicht 500–1000	0,065	0,116	0,168	0,237

Literatur

[1] *Goody, R. M.*, Atmospheric radiation I. Theoretical basis. Oxford 1964
[2] *Chandrasekhar, S.*, Radiative transfer. Oxford 1950
[3] *Zdunkowski, W. G.*, und *F. G. Johnson*, Infrared flux divergence calculations with newly constructed radiation tables. J. of Appl. Met., June 1965, S. 371
[4] –, Water vapor emissivity slope tables. Bull. of the Univ. of Utah, Vol. 56, No. 25 Salt Lake City, Oct. 1965

Anschrift: Dipl.-Met. Werner Gerstmann, Meteorologischer Dienst der DDR, Meteorologisches Hauptobservatorium Potsdam, 15 Potsdam, Telegrafenberg

551.510.534
551.524.735
551.557.2

Einige Kopplungserscheinungen zwischen der oberen Stratosphäre und der Mesosphäre während stratosphärischer Erwärmungen*

Von **Karl-Heinz Grasnick**

Mit 3 Abbildungen

Zusammenfassung: Der Höhenbereich zwischen 40 und 90 km ist für meteorologische Energieumsetzungen recht interessant. Es erscheint äußerst zweckmäßig, alle Hilfsmittel für die indirekte Erforschung dieses Höhenbereiches zu nutzen. Die Untersuchung befaßt sich mit einigen Fällen plötzlicher stratosphärischer Erwärmungen über Mitteleuropa der Jahre 1958 bis 1966, bei welchen mit Hilfe der meteorologischen Daten von Radiosondenaufstiegen im 10 mbar-Niveau einerseits und von ionosphärischen Driftmessungen in der Schicht von 95 km andererseits von anderen Autoren gewisse Anzeichen einer Kopplung zwischen der Stratosphäre und der unteren Ionosphäre gefunden wurden.

Diese Untersuchungen werden nun erweitert durch die Hinzunahme der Messungen des Ozongehaltes während dieser Periode und die verfügbaren meteorologischen Daten der 5 mbar-Fläche.

Die Untersuchung zeigt, daß kein strenger Zusammenhang zwischen den Temperatur- und den Strömungsverhältnissen der Stratosphäre mit den Anomalien des totalen Ozongehaltes besteht. Dagegen wurde bei allen untersuchten Fällen eine bemerkenswerte Koinzidenz zwischen den Anomalien der ionosphärischen Drift in 95 km Höhe und den Anomalien des totalen Ozonbetrages gefunden.

Summary: The height interval between 40 and 90 km is rather interesting for meteorological energy transformations. It appears to be fairly useful to utilize any means for the indirect research of this height range.

This investigation is concerned with some sudden stratospheric warmings over Central Europe from 1958–1966, for which from direct soundings of the atmosphere by means of radiosondes meteorological observations in the 10 mbar level, on the one hand, and from ionospheric drift measurements in the 95 km level, on the other hand, certain indications of coupling between the stratosphere and the lower ionosphere had been found by other authors. Now these investigations were extended by including ozone measurements during this period and available meteorological data of the 5 mbar level. The investigation shows that there is no close relation between the temperature and flow conditions of the stratosphere and the anomalies of the total ozone amount. However, in each of the cases investigated there was a reasonable coincidence between the anomalies of the ionospheric drift at 95 km and the anomalies of the total ozone amount.

The attempt is made to offer a potential interpretation for the obvious coupling between the total ozone amount and the ionospheric drift anomalies. There is evidence from other studies that the ozone in the 40 to 90 km interval plays a certain role.

Die für meteorologische Betrachtungen wichtigen energetischen Umsetzungen im Höhenbereich zwischen 40 und 90 km sind z. Z. nur durch Raketenaufstiege zu erfassen, die bisher nur sporadisch durchgeführt werden. Indirekte Meßmethoden der Ionosphäre gestatten Einblicke in die physikalischen Prozesse im oberen Teil dieses Höhenbereiches. So konnten kürzlich *Lauter* u. *Sprenger* [11] nachweisen, daß während plötzlicher stratosphärischer Erwärmungen Anomalien in der D-Region auftreten. Es wurde eine Anomalie der Ionisation gefunden, die zu einem Absorptionsmaximum führte; auch konnten Anomalien der ionosphärischen Drift im Höhenbereich um 95 km festgestellt werden. Aus dem festgestellten Jahresgang der Höhe eines Niveaus konstanter Elektronendichte ($\sim$ 500 el/cm^3) konnte *Lauter* [10] einen Jahresgang herleiten, der dem des Gesamtozongehalts der Atmosphäre ähnelt. Auf Grund dieser Tatsachen scheint es zweckmäßig, für Untersuchungen über das Verhalten des Ozons in der oberen Stratosphäre und Mesosphäre, auch die indirekten Meßmethoden der Ionosphärenforschung zu nutzen, um eventuelle Kopplungserscheinungen zwischen verschiedenen atmosphärischen Schichten während der Zeiträume besonderer atmosphärischer Ereignisse aufdecken zu können.

Es wurden die in den Jahren 1958–1966 aufgetretenen stratosphärischen Erwärmungen – (die vielerorts bereits untersucht wurden) – unter Hinzuziehung vorhandener Meßergebnisse der ionosphärischen Drift und des totalen Ozongehalts betrachtet. Verwendet werden Messungen aus dem mitteleuropäischen Raum und zwar:

Die Temperatur- und Windmessungen der Radiosondenaufstiege Berlin-Tempelhof;

ionosphärische Driftmessungen in 95 km Höhe des Observatoriums für Ionosphärenforschung in Kühlungsborn und des Geophysikalischen Observatoriums Coll;

Gesamtozongehalt über den Stationen Aarhus, Lerwick, Oxford, Camborne, Uccle, Potsdam, Belsk, Hradec Králové, Arosa. (Werte vom Weltdatenzentrum Toronto)

Von den untersuchten Fällen soll in den folgenden Abbildungen auf drei besonders markante näher eingegangen werden. In den Diagrammen ist der zeitliche Ablauf folgender Parameter von unten nach oben eingetragen:

Der gemittelte totale Ozonbetrag – übergreifendes dreitägiges Mittel.

Die Temperaturen im 10 und 5 mbar-Niveau, der Windvektor im 10 und 5 mbar-Niveau sowie die ionosphärische Drift in 95 km Höhe nach täglichen Messungen um 21 Uhr GMT.

---

*) Dieser Vortrag wurde auf dem X. Internationalen Ozonsymposium der IAMAP in Monaco, 2.–7. September 1968 gehalten.

In allen drei Fällen ist die zeitliche Übereinstimmung des Auftretens der Maxima des totalen Ozonbetrages mit den ionosphärischen Anomalien in 95 km Höhe das charakteristischste Merkmal. Die anderen Parameter zeigen dagegen ein unterschiedliches Verhalten.

In der Abbildung 1 sind die oben genannten Parameter während der stratosphärischen Erwärmung vom Januar–Februar 1963 – der mitteleuropäische Raum wird allerdings nur von Ausläufern überzogen – eingetragen.

Die Temperaturen im 10 mbar-Niveau zeigen keinen bemerkenswerten Anstieg, im 5 mbar-Niveau sind markante Temperaturerhöhungen angedeutet. Die Strömung im 10 und 5 mbar-Niveau ändert um den 15. Januar ihre Richtung von den recht starken Westwinden zu NNW-Winden – die Pfeile deuten in die Richtung in die der Wind weht, die Länge der Pfeile gibt die Stärke des Windes an –. Zu diesem Zeitpunkt ist der Polarwirbel aufgespalten. Von dem über Franz-Josef-Land gelegenem Teilkern zieht sich eine trogförmige Ausweitung bis nach Südosteuropa, auf deren Westseite der mitteleuropäische Raum liegt. Ende Januar schwächt sich der Wind unter weiterer Drehung nach Norden ab. Ab 9. Februar ist die Strömung mit Westwinden wieder nach Osten gerichtet. Während des gleichen Zeitraumes sind ausgeprägte Anomalien der ionosphärischen Drift vorhanden, die von der normalerweise in dieser Tageszeit nach Osten gerichteten Strömung abweicht. Der erste ausgeprägte Anstieg des totalen Ozonbetrages tritt gleichzeitig mit der Änderung der Strömungsverhältnisse in der Stratosphäre auf. Ein zweites besonders starkes Maximum des totalen Ozonbetrages liegt um den 1. Februar während des Zeitraumes schwacher, zum Teil richtungswechselnder Winde in der Stratosphäre.

Die Abbildung 2 vom Januar–Februar 1965 zeigt wieder die zeitliche Koinzidenz der Maxima des totalen Ozonbetrages mit ionosphärischen Driftanomalien. Die Station Belsk meldet vom 7. zum 8. Februar einen Anstieg um 154 m atm – cm, auch Hradec Královè und Potsdam haben sehr hohe Ozonwerte.

Die gestrichelte Kurve in der Abbildung zeigt diesen äußerst hohen Anstieg. Die Temperatur- und Windverhältnisse über dem mitteleuropäischen Raum zeigen keine ausgeprägten Anomalien. Die kurzzeitige NW-Komponente des Windes im 10 mbar-Niveau erklärt sich daraus, daß der zunächst noch ungestört gewesene Polarwirbel am 3. Februar in zwei Kerne aufgespalten wird, die unter ständiger Verstärkung über Nowaja

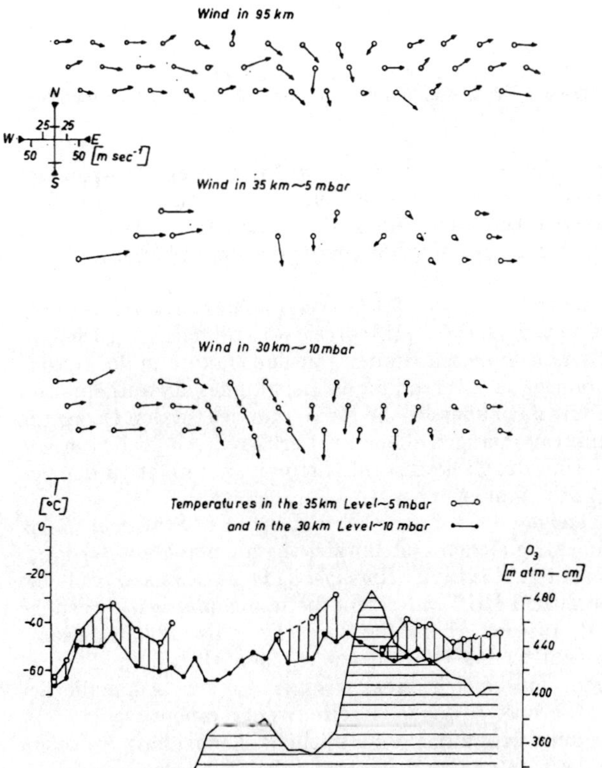

Abb. 1. Zeitlicher Verlauf der Parameter während stratosphärischer Erwärmungen in den Monaten Januar/Februar 1963

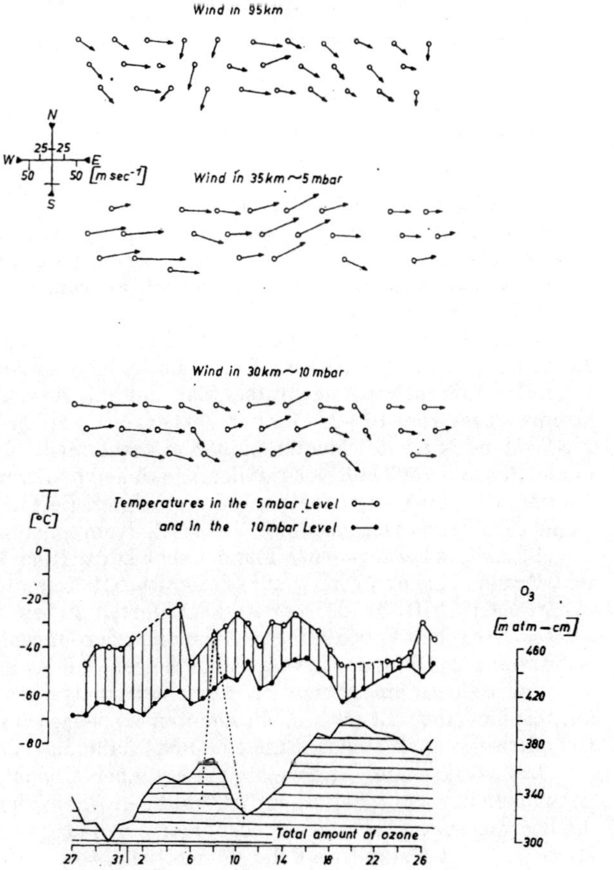

Abb. 2. Zeitlicher Verlauf der Parameter während stratosphärischer Erwärmungen in den Monaten Januar/Februar 1965

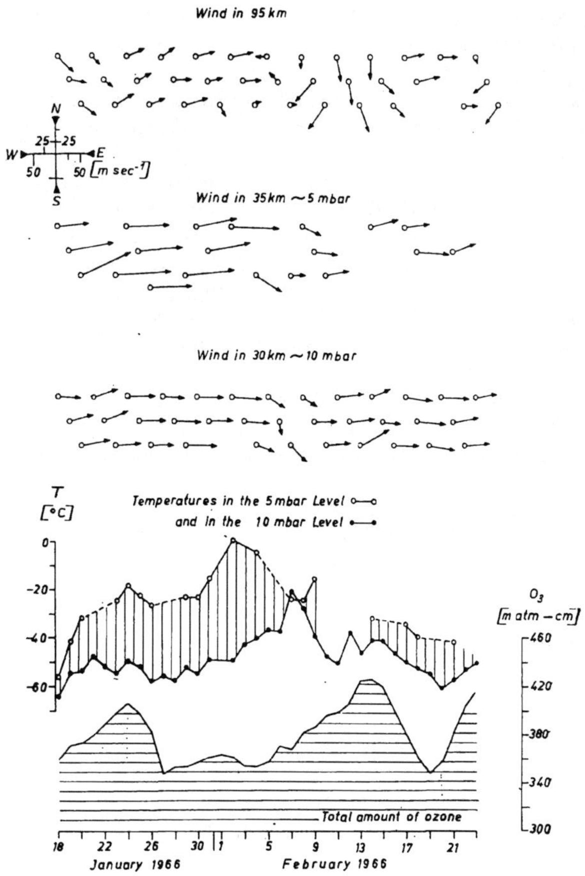

Abb. 3. Zeitlicher Verlauf der Parameter während stratosphärischer Erwärmungen in den Monaten Januar/Februar 1966

Semlja und Labrador/Grönland stationär bis zum 11. Februar liegen. Ab 12. Februar ist der Polarwirbel wieder normal ausgeprägt.

In der Abbildung 3 sind die Parameter der starken stratosphärischen Erwärmung vom Januar/Februar 1966 dargestellt. Die Strömungsverhältnisse sind bei mäßiger Stärke nahezu gleichbleibend. Infolge Verstärkung des stratosphärischen Aleutenhochs und eines mit seinem Kern westlich von Spanien gelegenen Höhenhochs wurde der noch stark ausgeprägte Polarwirbel eingeengt und liegt mit seinem Kern über dem Raum Grönland–Neufundland. Der verstärkte Einfluß des Höhenhochrückens über Westeuropa am 6. und 7. Februar führte zu einer kurzzeitigen Auffächerung der Isohypsen im 10 und 5 mbar-Niveau. Die Temperaturvariationen zeigen einen Vorlauf, d. h. der Temperaturanstieg im 5 mbar-Niveau liegt einige Tage vor dem Temperaturanstieg im 10 mbar-Niveau; auf dieses Verhalten wies kürzlich *Labitzke* [9] hin. Als äußerst auffallend muß die Tatsache angesehen werden, daß das recht markante Maximum des totalen Ozonbetrages um den 13. und 14. Februar zeitlich nicht mit den Temperaturerhöhungen zusammenfällt. Das Maximum des totalen Ozonbetrages über Mitteleuropa ist wiederum zeitlich genau mit den ausgeprägten Anomalien der ionosphärischen Drift gekoppelt.

Bei dieser im 5 mbar-Niveau vom 18. Januar bis 2. Februar um fast 60° aufgetretenen Temperaturerhöhung ist in den ersten Tagen des Temperaturanstieges bis zum 24. Januar auch ein Anstieg des Gesamtozongehalts festzustellen; aber auch bei der ionosphärischen Drift sind Anomalien angedeutet. Der erneute Anstieg des Gesamtozongehalts um den 21. Februar ist wiederum mit einer Anomalie der ionosphärischen Drift in zeitlicher Koinzidenz.

Die mit einigen stratosphärischen Erwärmungen gleichzeitig beobachteten Ozonanomalien wurden durch Advektion und mit vertikalen Durchmischungen erklärt, so z. B. *London* [12]; *Hoebbel* u. *Grasnick* [6]. Die vorliegende Untersuchung macht aber klar, daß mit Advektion aus höheren Breiten nur das Maximum des totalen Ozonbetrages vom 16.–20. Januar 1963 erklärt werden könnte, da während dieses Zeitraumes ein ausgeprägter NNW-Wind in allen Schichten bis 35 km vorherrscht. Bereits das äußerst hohe Maximum des totalen Ozons um den 1. Februar 1963 läßt sich mit der Annahme von Strömungsvorgängen allein nicht erklären. Auch alle übrigen Maxima des totalen Ozonbetrages der gezeigten Beispiele sind durch horizontale Strömungen nicht zu deuten, wenn auch bei einigen zeitweise NW bis N-Komponenten des Windes auftreten.

Besonders hervorstechend ist das sehr kurzzeitige Ansteigen des totalen Ozonbetrages der Stationen Belsk und Hradec Králové vom 7. zum 8. Februar 1965 und die zur gleichen Zeit kurzfristigen Anomalien der ionosphärischen Drift. In der bereits angeführten Arbeit konnten *Lauter* u. *Sprenger* [11] nachweisen, daß bei stratosphärischen Erwärmungen Anomalien der ionosphärischen Drift auftreten, die manchmal *keine* zeitliche Koinzidenz zu Temperaturvariationen zeigen, wie es z. B. aus der Abbildung 3 des Ereignisses vom Januar/Februar 1966 zu entnehmen ist. Aus einer Analyse von fünf Fällen von ionosphärischen Driftanomalien bei stratosphärischen Erwärmungen konnten sie ferner zeigen, daß es sich dabei weniger um eine Anomalie der Grundströmung als vielmehr um eine Phasenanomalie der tagesperiodischen Gezeitenwindkomponente handelt.

Die vorliegende Untersuchung zeigt aber eindeutig eine Kopplung und zeitliche Koinzidenz zwischen Anomalien der ionosphärischen Drift und den Anomalien des totalen Ozonbetrages; dabei ist es gleichgültig, ob die Störungen kurzzeitig sind oder über einen längeren Zeitraum anhalten. Die winterliche Stratosphäre und Mesosphäre ist instabiler als die sommerliche, sowohl für Strahlungseinflüsse [*Schwentek*] als auch für vertikale Bewegungen, die mit einem Transport von Elektronen und atomarem Sauerstoff [*Gregory*, 3] und auch von Ozon [*Entzian*, 2] verbunden sind.

Maeda und *Aikin* [14] konnten nachweisen, daß durch das Auftreten hochenergetischer Elektronen der Gehalt an atomarem Sauerstoff im Höhenbereich unter 80 km ansteigt und damit zur Erhöhung des Ozongehalts beitragen kann. Gleichzeitig weisen sie auf die Bedeutung des Ozons für die ionosphärische D-Region durch Bildung von O_3^- (negative Ionen des Ozons) hin.

Nach mündlicher Mitteilung von *Khvostikov* [8] ist die winterliche Erwärmung der Mesopausenregion aus Vertikalbewegungen des atomaren Sauerstoffs aus ca 100 km Höhe, dem Bereich des Maximums des atomaren Sauerstoffs, erklärbar. Dieser Vertikaltransport des atomaren Sauerstoffs hat auch Auswirkungen auf den Ozongehalt dieses Höhenbereichs. Untersuchungen von *London* [13] unterstützen diese These durch die Vermutung, daß Ozon im Höhenbereich um 85 km im beträchtlichen Maße vorhanden ist und damit Bedeutung für den Energiehaushalt der Mesosphäre hat. Wie gut bekannt, führt die winterliche Instabilität der oberen Stratosphäre und Mesosphäre zu stärkeren Vertikalbewegungen, siehe z. B. *Granitzny* [4]; diese müssen Auswirkungen auf die Vertikalverteilung des Ozons haben.

Man kann vermuten, daß infolge der Instabilität in der Stratosphäre und Mesosphäre photochemische Reaktionen erfolgen, die zu kurzfristigen Erhöhungen des totalen Ozonbetrages führen, da nach neueren Untersuchungen – insbesonders von *Hunt* [7] und *Hesstvedt* [5] die Halbwertzeiten in diesen Höhenbereichen wesentlich kürzer zu sein scheinen, als bisher angenommen wurde. *Bojkov* [1] findet, daß die Autokorrelation der Werte des Gesamtozongehalts im Winter wesentlich schneller abklingt als im Sommer.

Mit dieser Arbeit sollte gezeigt werden, daß Kopplungseffekte zwischen Vorgängen in der Mesosphäre und der hohen Stratosphäre vorhanden sein müssen, die sich im Verhalten des totalen Ozonbetrages und der ionosphärischen Driftanomalien widerspiegeln. Diese Kopplungsmechanismen werden der Gegenstand weiterer eingehender Studien an unserem Institut sein.

Literatur

[1] *Bojkov, R. D.*, Atmospheric ozone in central and southeast Europe during the IQSY. Veröff. Nationalkomitee für Geophysik und Geodäsie der DDR R. II, H 7 (1968).

[2] *Entzian, G.*, Einige Erscheinungen der unteren Ionosphäre und mögliche Kopplungen zu tieferen Atmosphärenschichten. Veröff. Nationalkomitee für Geophysik und Geodäsie der DDR R. II, H 7 (1968).

[3] *Gregory, J. B.*, Effects of circulation changes on electron and minor constituent concentrations above 60 km. Paper, XIII. General Assembly IUGG Berkeley (Calif.) (1963).

[4] *Granitzny, P.*, Über die Größenordnung der großräumigen Vertikalbewegungen in der hohen Stratosphäre. Met. Abh. Inst. Met. und Geophys. Berlin-Dahlem 1967–68, *78*, 7, Beilage 117 (1968).

[5] *Hesstvedt, E.*, On the photochemistry of ozone in the ozone layer. University of Oslo, Oslo, Norway, Contr. Nr. DAJA 37 – 67 – C – 0848 (1968).

[6] *Hoebbel, W.*, und *K. H. Grasnick*, Die stratosphärische Erwärmung über Mitteleuropa vom 8.–12. 3. 65. Veröff. Nationalkomitee für Geophysik und Geodäsie der DDR R. II, H 7 (1968).

[7] *Hunt, B. G.*, Photochemistry of ozone in a moist atmosphere. J. Geophys. Res. *71*, 5, 1385 (1966).

[8] *Kvostikov*, The role of atomic oxygene for the temperature of the mesopause region, in print (1968).

[9] *Labitzke, K.*, und *H. Schwentek*, Midwinter warmings in the stratosphere and lower mesosphere and the behaviour of ionospheric absorption. Paper, XI th COSPAR Meetings in Tokyo 2–21 May, 1968 (1968).

[10] *Lauter, E. A.*, Jahreszeitliche Variationen im Plasma der Mesosphärenregion. Vorträge d. wiss. Tag. der Geophys., Inst. der Bulg. Akademie d. Wiss. Okt. 1964 (1964).

[11] *Lauter, E. A.*, und *K. Sprenger*, D-Region phenomena and stratospheric-mesospheric coupling. Am. Met. Soc. Met. Monogr. No. 31 (1968).

[12] *London, J.*, Ozone variations and their relation to stratospheric warmings. Proceedings of the International Symposium on Stratospheric and Mesospheric Circulation, Berlin 1962. Inst. f. Met. u. Geophys. Berlin-Dahlem, Bd. XXXVI, S. 299–310 (1963).

[13] –, The average distribution and time variation of ozone in the stratosphere and mesosphere. Space Res., VII. 1, 172 (1967).

[14] *Maeda, K.*, und *A. C. Aikin*, Variations of polar mesospheric oxygen and ozone during auroral events. Planet Space Sci., 16, 371–384 (1968).

[15] *Sprenger, K.*, und *R. Schminder*, Results of ten years' ionospheric drift measurements in the l. f. range. J. Atmospheric Terr. Phys. *29*, 183 (1967).

Anschrift: Dr. Karl-Heinz Grasnick, Meteorologischer Dienst der DDR, Meteorologisches Hauptobservatorium, 15 Potsdam, Telegrafenberg

551.481.115

Ein Beitrag zur Turbulenz des Tiefenwassers im Stechlinsee

Von **M.-L. Heitmann**

Mit 1 Abbildung

Zusammenfassung: Der vertikale Austausch in einem Binnensee wurde anhand von Temperaturmessungen und Wärmegehaltsänderungen im Stechlinsee für den Zeitraum stabiler Schichtung im 8jährigen Mittel berechnet. Die geringste Turbulenz ergab sich im unteren Teil der Sprungschicht. Im Hypolimnion wurde bis 35 m Tiefe zunehmende Turbulenz festgestellt. Eine Gegenüberstellung verschiedener Berechnungsverfahren deutet unterschiedliche Ergebnisse im vertikalen Verhalten des Austauschkoeffizienten an.

Summary: The vertical exchange in a lake is calculated on the basis of temperature data and heat content variations in Lake Stechlin over an 8-year period for the period of stable stratification. Lowest turbulence was found in the lower region of the discontinuity layer. In the hypolimnion there was down to a depth of 35 m an increasing turbulence. From a comparison of the various calculating methods one can suggest different results regarding the vertical behaviour of the exchange coefficient.

Das Eindringen der Wärme in ein natürliches Gewässer stellt gegenüber dem festen Erdboden einen wesentlich komplizierteren Vorgang dar. Ausgehend von der Tatsache, daß laminare Bewegung in turbulente übergeht, wenn das Kriterium für die Reynoldssche Zahl überschritten wird, kann für physikalisch-limnologische Prozesse, abgesehen von sehr tiefen Seebecken oder verkrauteten Seeböden, turbulente Bewegung angenommen werden. Die Untersuchung der Wasserbewegungen im Stechlinsee bestätigt diese Annahme. Die durch Messungen ermittelten Strömungsgeschwindigkeiten erreichten stets Werte $> 0{,}5$ cm sec^{-1} [1]. Nach der von *Jeffereys* [2] für ein breites, flaches Binnengewässer gefundene kritische Reynoldssche Zahl, $Re = 310$, genügt jedoch schon eine Geschwindigkeit von 0,03 cm sec^{-1} um turbulente Bewegung zu erzeugen.

Als Ausdruck für die Bewegung der Wärme im Wasser durch turbulente Prozesse kann geschrieben werden

$$\frac{dW}{dt} = -\frac{1}{\varrho} c_p A_{t_z} \frac{dt_z}{dz}, \tag{1}$$

wenn W die Wärme sei, die in der Zeiteinheit t durch die Flächeneinheit bei der Tiefe z strömt und t_z die Temperatur bei z sei. Unter Berücksichtigung der Fehlergrenzen, die sich aus der Messung der Wassertemperatur ergeben, kann die Dichte des Wassers ϱ und die spezifische Wärme c_p in diesem Fall in die Berechnung mit 1 eingehen. Der Koeffizient der turbulenten Wärmeleitung A_{t_z} und der Koeffizient der turbulenten Diffusion A_{s_z} sind im Allgemeinen in der limnologischen Praxis identisch. Diese Schlußfolgerung kann auch aus der Interpretation der physikalisch-chemischen Zusammenhänge im Stechlinsee gezogen werden [3]. Danach ergibt sich für den turbulenten Transport in einem Binnengewässer ein vereinfachter Ausdruck

$$\frac{dW}{dt} = -A_z \frac{dt_z}{dz}. \tag{2}$$

Die Berechnung des Austauschkoeffizienten nach Gleichung 2, wie sie *Schmidt* [4] durchgeführt hat, ergibt jedoch zu hohe Werte für A_z, da eine Abhängigkeit von den morphometrischen Daten im zu untersuchenden See nicht berücksichtigt wird. Ein horizontaler Wärmestrom durch die Wassersäule wird dabei außerdem ausgeschlossen.

Ein genaueres Verfahren für die Berechnung von A_z muß, falls seitlicher Wärmetransport vermutet wird, unter Einbeziehung des gesamten Wärmegehaltes W_z unterhalb der jeweiligen Isobathenfläche F_z erfolgen

$$A_z = -\frac{\partial W_z}{\partial t} \cdot \frac{\partial z}{\partial t_z}. \tag{3}$$

Dabei ist

$$W_z = \varrho\, c_p \int_0^{z_{\max}} t_z \cdot F_z \cdot dz.$$

Da einerseits im Epilimnion eines Sees direkte Erwärmung durch Sonnenstrahlung, Abkühlung durch Verdunstung und Ausstrahlung wirksam wird, andererseits vertikale Turbulenzelemente von der Größenordnung der epilimnischen Schichtdicke am Wärmetransport beteiligt sein können, wird von der Anwendung der Gleichung 3 für diese Tiefenzone des Stechlinsees abgesehen. Die Berechnung des Austauschkoeffizienten für die

Sprungschicht und das Hypolimnion erfolgte auf der Grundlage 8jähriger Messungen der Wassertemperatur, die von 1958 bis 1965 von 2 m zu 2 m von der Oberfläche bis zum Grund an vier Meßstellen des Stechlinsees im Pentadenrhythmus durchgeführt wurden [5]. Danach ergeben sich für die Zeit der Sommerstagnation im 8jährigen Mittel folgende Werte für A_z ($\cdot\ 10^{-2}$ g cm^{-1} sec^{-1}):

Tiefe, m	Juni	Juli	Aug.	Sept.
5	10,07			
7	3,83	3,48	4,70	
9	2,78	1,43	1,23	3,60
11	2,18	0,78	0,43	1,68
13	4,08	1,55	0,40	0,75
15	6,52	2,00	0,49	1,20
17	9,82	3,07	0,49	2,15
19	14,94	3,60	0,49	2,73
21	15,68	3,85	0,93	3,15
25	20,33	3,97	7,80	7,22
35	25,13	12,20	15,94	7,67
45	0,32	0,12	0,12	0,27

Die in der Tabelle enthaltenen Austauschwerte sind nicht um den Wert der molekularen Wärmeleitung $\eta = 0{,}12 \cdot 10^{-2}$g cm^{-1} sec^{-1} korrigiert.

Die Lage der Temperatursprungschicht, d. h. die Tiefenzone mit vertikalen Temperaturgradienten $\geqq 1{,}0$ grd m^{-1} und die mittleren vertikalen Temperaturgradienten $\frac{\partial t_z}{\partial z}$ sind in diesem Zeitraum im Mittel:

	Juni	Juli	Aug.	Sept.
Sprungschicht [m, Tiefe]	5,2–10,6	6,1–11,9	7,5–13,2	9,2–14,0
$\frac{\partial t_z}{\partial z}$ [grd m^{-1}]	1,4	1,6	1,7	1,7

Die austauschhemmende Wirkung der Sprungschicht besteht also nach den Ergebnissen der Berechnung nach Gleichung 3 nicht in der gesamten metalimnischen Schichtdicke. Außerdem kann festgestellt werden, daß die geringste Turbulenz im unteren Teil des Metalimnions anzutreffen ist. Vermutlich finden in diesem Tiefenbereich mit den stärksten vertikalen Dichtegradienten die größten horizontalen Ausgleichsströmungen infolge windbedingter Schrägstellung der Sprungschicht statt [5]. Bemerkenswert ist auch die Tatsache, daß im oberen Hypolimnion bei langsamer Abnahme der vertikalen Temperaturgradienten $\frac{\partial t_z}{\partial z}$ eine zögernde Zunahme des Austausches erfolgt, worauf nachfolgend noch eingegangen wird.

Betrachtet man für die Berechnung des vertikalen Austausches anstatt den Wärmetransport pro Einheitsfläche die vertikale Temperaturänderung, so ergibt die Differentiation der Gleichung 2

$$\frac{\partial t_z}{\partial t} = \frac{\partial A_z}{\partial z} \cdot \frac{\partial t_z}{\partial z} + A_z \frac{\partial^2 t_z}{\partial z^2}. \tag{4}$$

Unter der Voraussetzung, daß A_z in einem Tiefenbereich konstant ist, wird

$$A_z = \frac{\partial t_z}{\partial t} \cdot \frac{\partial z^2}{\partial^2 t_z}. \tag{5}$$

In einem thermisch geschichteten See können die Tautochonen in der Sprungschicht und im oberen Hypolimnion einen Ausdruck folgender Form annehmen [6]

$$(t_z - C) = C_1 e^{-az} \quad \text{oder} \quad ln\,(t_z - C) = \ln C_1 - az, \tag{6}$$

wobei C_1 die virtuelle Oberflächentemperatur bei $z = 0$, C die virtuelle Temperatur bei Frühjahrsvollzirkulation und a den Temperaturgradienten bezeichnet. Für diesen Bereich kann die Temperaturkurve durch folgende Gleichung ausgedrückt werden

$$\frac{\partial t_z}{\partial t} = Aa^2 C_1 e^{-az} = Aa^2 (t_z - C). \tag{7}$$

Nach der Bestimmung von C ergeben die Werte von $ln\,(t_z + C)$ in dem Tiefenbereich in dem Gleichung 6 Gültigkeit hat auf logarithmischem Papier eine Gerade (s. Abb. 1). Innerhalb dieser Tiefenzone muß die zeitliche Änderung der Temperatur $\frac{\partial t_z}{\partial t}$ längs einer parallelen Geraden abfallen, falls A_z in diesem Bereich konstant ist und Gleichung 7 gilt. Die Gradlinigkeit und Parallelität der Linien zwischen 8 m und 14 m Tiefe für den Zeitraum des Aufbaus einer stabilen Temperatursprungschicht vom 6. Juni bis 9. August im Stechlinsee zeigen, daß die Temperatur in diesem Bereich exponentiell mit der Tiefe abnimmt und der Austauschkoeffizient innerhalb dieser Zone konstant ist. In dem Bereich von 16 m bis zum Grund kann die Temperaturkurve ebenfalls durch Gleichung 6 ausgedrückt werden, die zeitlichen Temperaturänderungen $\frac{\partial t_z}{\partial t}$ zeigen jedoch mit zunehmender Tiefe geringere Änderungen.

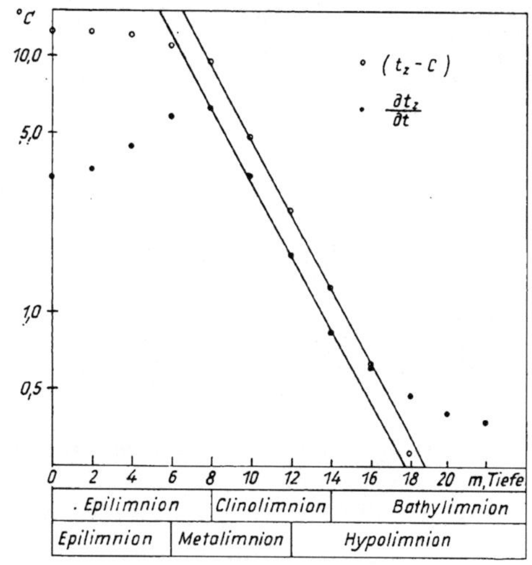

Abb. 1. Exponentielle Abnahme der Mitteltemperatur und der Temperaturänderungen mit der Tiefe im Stechlinsee (Achtjähriges Mittel der Periode vom 6. Juni bis 9. August)

Da der physikalische Vorgang der Erwärmung in der zweiten und dritten Tiefenzone offenbar unterschiedlich ist, wurde von *Hutchinson* [7] die Bezeichnung „Clinolimnion" für die Schicht des exponentiellen Abfalls von $\frac{\partial t_z}{\partial t}$ und die Bezeichnung „Bathylimnion" für die Tiefenschicht verwandt. Es ist festzustellen, daß das Clinolimnion nicht identisch mit dem Metalimnion ist, d. h. mit der Temperatursprungschicht, in der vertikale Gradienten $\frac{\partial t_z}{\partial t} \geqq 1{,}0$ grd m^{-1} auftreten [5]. Wie aus der Abbildung 1 ersichtlich ist, ist im oberen Bereich des Hypolimnions zwischen 12 m und 14 m bei vertikalen Temperaturgradienten von 0,75 grd m^{-1} bis 0,50 grd m^{-1} noch exponentielle Abnahme der Temperatur mit der Zeit $\frac{\partial t_z}{\partial t}$ anzutreffen.

Im Gegensatz zu der Ableitung der Konstanz von A_z im Clinolimnion, ist es überzeugend, daß der Austausch umgekehrt proportional der Stabilität der Schichtung ist. Da in der Sprungschicht die Stabilität ihr Maximum erreicht und dann auf sehr kleine Werte im unteren Hypolimnion abnimmt, ist die Schlußfolgerung zulässig, daß die Werte von A_z von einem metalimnischen Minimum eine stetige Zunahme mit der Tiefe im Hypolimnion zeigen, wie auch die Ergebnisse für A_z nach Gleichung 2 für die Periode vom 6. Juni bis 9. August bestätigen:

Tiefe [m]	7	9	11	13	15	17	19	21
A_z [10^{-2} g cm^{-1} sec^{-1}]	7,38	2,08	1,44	2,58	4,09	6,44	8,94	10,80

Da das Epilimnion der turbulenteste Teil des Sees ist, muß der Koeffizient A_z ein Minimum im Bereich der Sprungschicht haben. Das heißt, die Austauschprozesse in der Sprungschicht würden ein Ende finden, wenn das Verhältnis zwischen dem vertikalen Dichte- und Geschwindigkeitsgefälle einen Grenzwert, die Richardsonsche Zahl erreichen. Aus diesem Grunde wäre es von Interesse die Berechnungen des vertikalen Austausches nach verschiedenen Methoden durchzuführen und zu vergleichen, um mit Hilfe des umfangreichen Beobachtungsmaterials vom Stechlinsee den speziellen Erwärmungsmechanismus eines thermisch geschichteten Sees abzuleiten.

Literatur

[1] *Dornbusch, W.*, Abschlußbericht zur Forschungsarbeit „Untersuchung zur Erfassung der Zirkulationsprozesse im Stechlinsee" (unveröff.).
[2] *Jeffreys, H.*, The flow of water in an inclined channel of rectangular section. Phil. Mag., Ser. 6, 49, 1925.
[3] *Heitmann, M.-L.*, Die physikalisch-chemischen Verhältnisse im Stechlin- und Nehmitzsee. Limnologica, *5*, 3, 1967.
[4] *Schmidt, W.*, Der Massenaustausch in freier Luft und verwandte Erscheinungen. Probleme der kosmischen Physik, Bd. 7, 1925.
[5] *Heitmann, M.-L., Richter, D.*, und *D. Schumann*, Der Wärme- und Wasserhaushalt des Stechlin- und Nehmitzsees. Abh. des MD, 95, 1969.
[6] *McEwen, G. F.*, A mathematical theorie of the vertical distribution of temperature and salinity in water under the action of radiation, conduction, evaporation, and mixing due to the resulting convection. Bull. Scripps Inst. Ocean, *2*, 6, 1929.
[7] *Hutchinson, G. E.*, A treatise of limnology. I, 1957.

Anschrift: Dipl. Met. Marie-Luise Heitmann, Meteorologischer Dienst der DDR, Forschungsinstitut für Hydrometeorologie, 102 Berlin, Inselstr. 12

551.5:634.0.43
551.509.58

Die komplexe meteorologische Betreuung der Forstwirtschaft auf dem Sektor Waldbrandverhütung

Von **H. Käse**

Zusammenfassung: Im Anschluß an einen Auszug aus der allgemeinen Waldbrandstatistik und eine kurze Schilderung der vorbeugenden Maßnahmen für den Waldbrandschutz wird die zur komplexen meteorologischen Betreuung der Forstwirtschaft der DDR entwickelte Methode M 68 zur Bestimmung und Vorhersage der Waldbrandwarnstufen erläutert. Abschließend wird das Ergebnis der Prognosenprüfung für die von einigen Staatlichen Forstwirtschaftsbetrieben im Jahre 1967 herausgegebenen Warnstufenvorhersagen mitgeteilt.

Summary: Following an excerpt from general forest fire statistics and on a brief description of the preventive measures within the framework of forest fire protection, the author discusses the „M 68" method of determining and predicting the degree of fire danger, as it is practised within the national comprehensive meteorological advisory service to Forestry in the GDR. Finally, the results of the verification of the degree-of-fire-danger forecasts issued by a number of some selected local State Forestry Commissions in 1967 are presented.

1. Waldbrandstatistik und vorbeugender Waldbrandschutz

In den Wäldern der Deutschen Demokratischen Republik entstehen im Durchschnitt (1950 . . . 1966 [1]) jährlich 1700 Brände, von denen rund 3400 ha Wald erfaßt und Schäden in Höhe von etwa 2 Millionen Mark verursacht werden. Dreiviertel der Brände und siebenachtel der Brandfläche entfallen auf die Nadelholzbestände, vorwiegend Kiefer, in den Bezirken Cottbus, Frankfurt/Oder und Potsdam, in der Altmark sowie in den angrenzenden Kreisen der Bezirke Dresden, Leipzig, Halle, Neubrandenburg und Schwerin (Gefahrenklasse A bzw. A_1). Die Wälder des übrigen küstenfernen Tieflandes und des Mittelgebirgsvorlandes bilden die Gefahrenklasse B, diejenigen des Küstengebietes und der Mittelgebirge die Gefahrenklasse C. Im Gebiet der Gefahrenklasse A und A_1 werden im langjährigen Mittel pro Jahr mehr als 50 ha, in der Gefahrenklasse B 5 bis 50 ha und in der Gefahrenklasse C weniger als 5 ha Wald je 100000 ha Waldfläche durch Vollfeuer vernichtet.

Die Waldbrandgefahr setzt unmittelbar nach dem Abtauen der Schneedecke ein und reicht bis Ende September/Anfang Oktober. Der durchschnittliche Jahresgang der relativen Brandhäufigkeit [2] zeigt ein ausgeprägtes Maximum der Brandfälle in den Monaten März bis Mai (55% der Brände), das seine Ursache in der hohen Brennbereitschaft des Bodenbelags (abgestorbenes Gras, Nadeln, dünne Zweige u. a.) vor Vegetationsbeginn und der vorwiegend geringen Luftfeuchte hat. Im Gegensatz zur Zahl der Brände weist der Jahresgang der monatlichen Brandfläche ein deutliches Maximum im Spätsommer auf.

Waldbrände werden fast ausschließlich durch den Menschen und seine Einrichtungen verursacht. Besonders gefährdet sind daher die unmittelbare Nachbarschaft von frequentierten Verkehrswegen (Straßen und Eisenbahnen) sowie stark besuchte Wälder in Erholungsgebieten. Zeitliche Schwerpunkte bilden die Wochenenden und die Haupturlaubsmonate. Dem Bestandstyp nach sind nach *Weck* [3], der auch die bereits zitierte Einteilung in Waldbrandgefahrenklassen einführte, jüngere Kiefernbestände (unter 40 Jahren) gefährdeter als ältere Kiefernwaldungen und die anderen Holzarten. Die durch Waldbrände verursachten Schäden sind weitaus höher als die in den Waldbrandstatistiken ausgewiesenen Summen (s. o.), da diese nur den reinen Substanzverlust (zum Zeitwert) angeben. Sie berücksichtigen dagen nicht die Kosten für die Brandbekämpfung und Wiederaufforstung sowie die Wertminderung des Holzes und den Ausfall an Massezuwachs als Folge von Wachstumsstockungen in Beständen, die nur vom Bodenfeuer durchlaufen sind.

Zur Verminderung der Waldbrandschäden werden von der Forstwirtschaft umfangreiche waldbauliche und organisatorische Vorkehrungen getroffen. Die Meteorologie kann hierbei entscheidend mitwirken, indem sie der Forstwirtschaft spezialisierte Vorhersagen derjenigen Parameter liefert, die die Waldbrandgefährdung besonders beeinflussen. —

Die waldbaulichen Maßnahmen wirken langfristig und betreffen die Anlage von Waldbrandschutzriegeln, die in gefährdeten Waldmassiven quer zur Hauptwindrichtung angelegt und mit schwerer zündbereiten Holzarten bestockt werden sowie die Unterhaltung von vegetationslosen Schutzstreifen entlang von Eisenbahnstrecken und Fernstraßen. Zu den organisatorischen Maßnahmen gehören die Besetzung von Feuerwachtürmen, die Einrichtung von Streifendiensten an Verkehrstrassen, die Bereitstellung von Löschgeräten und -mannschaften, die Bekohlung der Lokomotiven (bei hoher Waldbrandgefahr mit Steinkohle) u. a. Der Umfang der zu ergreifenden Maßnahmen, der insofern ökonomisch von großer Bedeutung ist, als die beteiligten Kräfte vorübergehend dem Produktionsprozeß entzogen werden, wird durch ein vierstufiges System von Waldbrandwarnstufen (kurz: Warnstufen) gesteuert. Waldbrandwarnstufen definiert *Lange* [4] „als Zeiten erhöhter Waldbrandgefahr, in denen durch besondere Witterungsbedingungen und örtliche sowie zeitliche Gefahrenschwerpunkte eine erhöhte Zünd- und Brennbereitschaft der Wälder besteht". Die geringste Gefährdung wird durch Warnstufe 1, die höchste durch Warnstufe 4 angezeigt. Die Verfahren zur Charakterisierung des Gefährdungsgrades (zur Festsetzung der Warnstufen) basieren [5] entweder auf Meßwerten des Feuchtigkeitsgehaltes des brennbaren Materials oder auf meteorologischen Daten, aus denen Rückschlüsse auf den Feuchtigkeitsgehalt dieses Materials gezogen werden.

2. Die Festlegung der Waldbrandwarnstufen

Für die komplexe meteorologische Betreuung der Forstwirtschaft auf dem Sektor Waldbrandverhütung durch den Meteorologischen Dienst der DDR wurde eine spezielle Methode [6] entwickelt. Sie verwendet zur Charakterisierung der Waldbrandgefährdung sogenannte Waldbrandkennziffern (WBKZ), die mit den Waldbrandwarnstufen identifiziert werden. Diese Methode mit der Bezeichnung M 68 wurde von 1965 bis 1967 unter Anleitung der Zentralen Sozialistischen Arbeitsgemeinschaft ,,Waldbrandverhütung" in einigen Staatlichen Forstwirtschaftsbetrieben (StFB) der verschiedenen Gefahrenklassen getestet und nach erfolgter Erprobung [7] durch das Staatliche Komitee für Forstwirtschaft für die gesamte Forstwirtschaft der DDR für verbindlich erklärt.

Die Waldbrandkennziffern werden wie folgt berechnet:

$$\text{WBKZ} = \sum_{15.2.}^{30.9.} \frac{(t_{13} + k)}{10} \cdot \left(E_t - E_t \cdot \frac{U_{13}}{100}\right) \tag{1}$$

t_{13} = Lufttemperatur °C, U_{13} = relative Luftfeuchte %, jeweils 13 Uhr, E_t = Sättigungsdampfdruck bei der Lufttemperatur t, k = von der rel. Luftfeuchte abhängiger Summand.

Wenn am 15. 2. eine geschlossene Schneedecke besteht, wird mit der Summierung am ersten Tag nach deren Abtauen begonnen. Gegebenenfalls kann die Summierung im Oktober bis zur Beendigung der Waldbrandgefährdung weitergeführt werden. Bei Temperaturen $\leqq -10$ °C ist die WBKZ = 0 zu setzen. Die summierten Werte sind bei Bestehen entsprechender Voraussetzungen – siehe Tabelle 1 – mit der Niederschlagskorrektur und mit der Korrektur wegen des Vegetationsstandes zu versehen.

Tabelle 1. *Niederschlagskorrektur und Korrektur wegen des Vegetationsstandes*

Form	Niederschlagskorrektur		Korrektur wegen des Vegetationsstandes	
	24 std. Niederschlag mm	Art der Anbringung der Korrektur	Zeitraum	Art der Anbringung der Korrektur
1	1,0 bis 4,9	Die bisher erreichte WBKZ wird vor der Addition des neuen Tageswertes der WBKZ durch 2 dividiert	Beginn der Summierung bis zum Eintritt der phän. Phase „Birke, Erste Blätter (BO)"	Multiplikation der WBKZ mit 3
2	5,0 bis 9,9	Die bisher erreichte WBKZ wird vor der Addition des neuen Tageswertes der WBKZ durch 4 dividiert	Birke, BO bis zum erstmaligen Vorkommen einer Niederschlagstagesmenge von mind. 5 mm nach dem Eintritt der phän. Phase „Robinie, Erste Blüten (b)"	Multiplikation der WBKZ mit 2
3	$\geqq 10{,}0$	Die bisher erreichte WBKZ wird gelöscht und die Summierung mit dem neuen Tageswert der WBKZ von neuem begonnen	Vom erstmaligen Vorkommen einer Niederschlagstagesmenge von mind. 5mm nach dem 14. 8., spätestens jedoch ab 1. 9., bis zum 30. 9. (bzw. bis zum Ende der waldbrandgefährdeten Zeit)	Division der WBKZ durch 2

Die Niederschlagskorrektur – unter Verwendung der 24stündigen Niederschlagsmenge von 13 bis 13 Uhr – ist vor, die Korrektur wegen des Vegetationsstandes nach der Addition des Tageswertes der WBKZ anzubringen. Wenn sich nach dem Beginn der Summierung nochmals eine geschlossene Schneedecke einstellt, wird am ersten Tag mit geschlossenener Schneedecke die Niederschlagskorrektur, Form 1, und am zweiten Tag die

Niederschlagskorrektur, Form 2, angebracht. An den Folgetagen wird die WBKZ = 0 gesetzt und nach dem Abtauen der Schneedecke die Summierung von neuem begonnen. Die erforderlichen meteorologischen Daten sind an Stationen zu gewinnen, die den Aufstellungsbedingungen für das Stationsnetz des Meteorologischen Dienstes der DDR entsprechen.

Die nach Formel (1) berechneten Waldbrandkennziffern berücksichtigen somit die auf den Grad der Waldbrandgefährdung maßgeblich einwirkenden Faktoren Temperatur und Feuchtigkeitsgehalt der Luft sowie Niederschlag und Vegetationsstand. Für letzteren wurden Schwellenwerte gewählt, die für die Entwicklung der Bodenflora und der Belaubung der Waldbäume kennzeichnend sind. Da der Eintritt der phänologischen Phasen im Herbst im allgemeinen zeitlich stärkeren Schwankungen unterliegt, wurde der Zeitpunkt, an dem die Waldbrandgefährdung Ende des Sommers zurückgeht, durch ein Kalenderdatum in Verbindung mit einem Niederschlagsereignis fixiert.

Untersuchungen für vier Waldgebiete [6] haben ergeben, daß zwischen dem Jahresgang der Pentadenmittel der WBKZ und des Auftretens von Tagen mit Waldbrand (1954 . . . 1959) ein enger Zusammenhang besteht. Die Korrelationskoeffizienten betragen 0,67, 0,83, 0,85 und 0,86 bei einem Zufallshöchstwert von 0,50 (Sicherheitsgrenze 0,1%). Dieser Befund berechtigt dazu, die WBKZ zur Charakterisierung der zeitlichen und regionalen Unterschiede der Waldbrandgefährdung zu verwenden. Die Zuordnung der WBKZ zu den Waldbrandwarnstufen richtet sich nach Tabelle 2, die zusätzlich zu den zeitlichen und regionalen Unterschieden für die Warnstufenfestlegung die Windgeschwindigkeit berücksichtigt. Letztere ist insbesondere für die Entwicklung eines Brandes sowie den Umfang und die Organisation der Bekämpfungsmaßnahmen von Bedeutung.

Tabelle 2. *Berechnung und Vorhersage der Warnstufe*

Windgeschwindigkeit $\leqq$ 8 m/s				Windgeschwindigkeit $\geqq$ 9m/s						
Waldbrandkennziffer	Gef. Klasse A_1 A	B	C	Waldbrandkennziffer	Gef. Klasse A_1 A		B		C	
	W, S	W, S	W, S		W	S	W	S	W	S
	Warnstufe				Warnstufe					
bis 50	–	–	–	bis 50	–	–	–	–	–	–
51–100	–	–	–	51–100	1	1	–	1	–	–
101–150	1	–	–	101–150	1	1	1	1	–	1
151–200	1	1	–	151–200	1	2	1	1	1	1
201–300	1	1	1	201–300	1	2	1	2	1	1
301–500	2	1	1	301–500	2	3	2	3	1	2
501–700	3	2	2	501–700	3	3	3	3	2	3
über 700	4	3	3	über 700	4	4	4	4	3	4

W = montags bis freitags
S = sonnabends, sonntags und an Feiertagen (in Erholungszentren während der Hauptsaison bei Notwendigkeit an allen Tagen)

Die Festlegung der Warnstufe obliegt den dafür Zuständigen in den StFB. Der Rechenaufwand ist gering, da der Ausdruck hinter dem Summenzeichen in Formel (1) für die Parameter t_{13} und U_{13} tabelliert ist. Sofern aus dem Stationsnetz des Meteorologischen Dienstes in Bezug auf die zu betreuenden StFB repräsentative Angaben zur Verfügung stehen, werden diese den StFB bereitgestellt. Anderenfalls werden durch die StFB eigene meteorologische Stationen unterhalten.

3. Die Vorhersage der Waldbrandwarnstufen

Der besondere Vorteil der Methode 68 besteht darin, daß sie Warnstufen-Vorhersagen für den folgenden Tag gestattet. Zum Zweck der Warnstufen-Vorhersage werden anstelle der Beobachtungsdaten prognostizierte Werte des Temperaturmaximums, des Minimums der relativen Luftfeuchte und der Windgeschwindigkeit während der Mittagsstunden für den Folgetag verwendet und die jeweils vorhergesagte WBKZ zu dem auf Grund der exakten Beobachtungswerte berechneten und bis zum Ausgabetag der Vorhersage aufsummierten Wert der WBKZ hinzuaddiert. Erforderlichenfalls ist der vorhergesagte Tageswert vor der Addion mit der Vegetations korrektur zu versehen. Bei „von bis" Angaben in der Wettervorhersage wird zur Berechnung der WBKZ grundsätzlich der zahlenmäßig kleinere Zahlenwert herangezogen.*) Da eine quantitative Niederschlagsprognose zur Zeit noch nicht möglich ist, erfolgt – im Bedarfsfalle – die Korrektur der vorhergesagten Warnstufe um 07 Uhr des Tages, für den die Vorhersage gilt, auf Grund der zwischen 13 Uhr des Vortages und 07 Uhr gefallenen Niederschläge anhand Tabelle 3.

*) Für die Vorhersage der Warnstufe auf Grund der vorhergesagten WBKZ wird Tabelle 2 benutzt.

Tabelle 3. *Korrektur der vorhergesagten Warnstufe*

Warn-stufe	Niederschlagsmenge 13–07 Uhr 1,0–4,9 mm	5,0–9,9 mm	≧ 10,0 mm
	korrigierte Warnstufe		
1	0	0	0
2	1	0	0
3	1	0	0
4	2	1	0

Die Warnstufen-Vorhersage wird durch die Verantwortlichen in den StFB vorgenommen. Zu diesem Zweck übermitteln die territorial zuständigen Wetterdienststellen des Meteorologischen Dienstes der DDR – erforderlichenfalls unter Einschaltung von Stationen als Verteilerstellen – den StFB im möglichen Umfange regional detaillierte Vorhersagen der für die Berechnungen erforderlichen Parameter. Die Übermittlung erfolgt zwischen 13 und 14 Uhr, so daß bereits am zeitigen Nachmittag die notwendigen Maßnahmen für den Folgetag eingeleitet werden können. Der erzielte Zeitgewinn – vor Einführung der Methode M 68 war die Warnstufenfestlegung erst um 9 Uhr des betreffenden Tages möglich – trägt erheblich zur Optimierung der vorbeugenden Maßnahmen bei.

4. Die Treffsicherheit der Methode M 68 zur Festsetzung und Vorhersage der Waldbrandwarnstufen

Die Treffsicherheit der nach der Methode M 68 herausgegebenen Warnstufen-Prognosen ist bemerkenswert hoch. Tabelle 4 zeigt das Ergebnis einer für einige StFB im Jahre 1967 (1. 3. bis 30. 9. = 214 Tage) durchgeführten Prognosenprüfung.

Tabelle 4. *Treffsicherheit der Warnstufen-Prognose (in %)*

Staatlicher Forstwirtschaftsbetrieb	Gefahrenklasse	Vorhersage: Richtig 1	Richtig 2	Bedingt richtig 1	Bedingt richtig 2	Falsch 1	Falsch 2
Neustrelitz	A	84,1	92,1	11,7	3,7	4,2	4,2
Gardelegen	A_1	77,8	88,4	20,6	7,4	1,6	4,2
Finsterwalde	A_1	77,9	85,8	15,7	7 3	6,4	6,9
Neustrelitz	B	90,2	93,5	7,0	2,8	2,8	3,7
Sonneberg	C	90,7	.	7,5	.	1,8	.

1 = Ausgabe der Vorhersage ~ 14 Uhr
2 = Korrektur der 14 Uhr-Vorhersage am Folgetag 07 Uhr

Als richtige Vorhersagen wurden alle diejenigen Vorhersagen gewertet, bei denen die vorhergesagten Warnstufen mit den berechneten übereinstimmten. Wenn die am Folgetag festgestellte Warnstufe nur eine Stufe niedriger war als die vorhergesagte, wurde die Vorhersage bedingt richtig bezeichnet. War indessen die festgestellte Warnstufe höher oder mehr als eine Stufe niedriger, lag eine falsche Vorhersage vor. Der Tabelle 4 ist zu entnehmen, daß der Anteil falscher Vorhersagen im allgemeinen unter 5% liegt. Die 1968, dem ersten Jahr der generellen Anwendung der Methode M 68 erzielten Ergebnisse entsprechen trotz der stark von der Norm abweichenden Witterung (besonders die langanhaltende Frühjahrstrockenheit in Verbindung mit hochsommerlichen Temperaturen zu Beginn der 3. Aprildekade) denen des Probelaufs 1967.

Literatur

[1] Staatliche Zentralverwaltung für Statistik, Statistisches Jahrbuch für die Deutsche Demokratische Republik. VEB Deutscher Zentralverlag Berlin.
[2] *Geiger, R.*, Neue Unterlagen für eine Waldbrandbekämpfung II. Teil. Die Witterungsbedingungen für Waldgroßbrände. Mitteilungen des Reichsinstitutes für Forst- und Holzwirtschaft, Nr. 5 (1948).
[3] *Weck, J.*, Waldbrand, seine Vorbeugung und Bekämpfung. W. Kohlhammer Verlag, Stuttgart und Köln (1950).
[4] *Lange, S.*, Waldbrandstufen. Forst und Jagd, Jahrgang 10, Heft 5.
[5] World Meteorological Organization, Forecasting for Forest Fire Services, Technical Note Nr. 42.
[6] *Käse, H.*, Ein Vorschlag für eine Methode zur Bestimmung und Vorhersage der Waldbrandgefährdung mit Hilfe komplexer Kennziffern. Abhandlungen des MD der DDR, Nr. 94 (Band XII).
[7] *Käse, H.*, Berichte über die Erprobung der Methode zur Bestimmung der Waldbrandgefährdung mit Hilfe komplexer Kennziffern in den Jahren 1965, 1966 und 1967. Unveröffentlichte Materialien der ZSAG Waldbrandverhütung.

Anschrift: Dr. Herbert Käse, Meteorologischer Dienst der DDR, 15 Potsdam, Luckenwalder Str. 42–44–46

551.510.42
551.593.653

Der qualitative Nachweis von Schichten kosmischer Staubpartikeln in der unteren Thermosphäre mit Hilfe der dämmerungsoptischen Methode und das Auftreten Leuchtender Nachtwolken

Von **G. Kohl**

Mit 12 Abbildungen

Aus dem Forschungsprogramm des Nationalkomitees für Geodäsie und Geophysik
bei der Deutschen Akademie der Wissenschaften zu Berlin

Zusammenfassung: Im Bereich der Anomalie der Zenitpolarisation des Dämmerungslichts wurden in den Messungen von Abastumani (Grusinische SSR), Wahnsdorf und vom Fichtelberg durch verfeinerte Auswertemethoden gelegentlich starke Fluktuationen festgestellt. Die Differenz zwischen den sekundären Maxima und Minima im Bereich der mittleren Dämmerungsphasen stellt eine Maßgröße für Anreicherungen optisch wirksamer Staubpartikeln im Mesopausenbereich und darüber dar. An den Meßorten in den Breiten von rund 41° N und 51 °N verlaufen die Jahresgänge dieser Differenzen parallel und decken sich mit der Häufigkeitsverteilung des Auftretens Leuchtender Nachtwolken. Im Sommer befindet sich der Schwerpunkt einer Staubschicht knapp oberhalb der Mesopause, im Winter in größeren Höhen. In den Übergangsjahreszeiten trennt eine staubarme Zone die untere und die obere Staubschicht voneinander. Der Gang des Polarisationsgrades im Bereich der Anomalie kann als Profil für Staubanreicherungen vermutlich kosmischen Ursprungs angesehen werden.

Summary: Within the range of the anomaly of polarization in zenith during twilight measurements at Abastumani (Grusinian SSR), Wahnsdorf and on the Fichtelberg showed due to refined evaluating methods occasional strong fluctuations. The difference between the secondary maxima and minima in the range of average twilight phases represents a measure for the concentration of optically effective dust particles near by the mesopause and beyond. At the measuring places between approximately 41° N and 51 °N annual variations of these differences show a parallel course and coincide with the frequency distribution of occurrence of noctilucent clouds. In summer the centre of the dust layer is just above the mesopause, in winter it is at greater altitudes. In the transition seasons a zone of rarified dust separates the lower and the upper dust layers. The variation of the rate of polarization within the range of the anomaly can be considered as the profile for dust concentrations of presumably cosmic origin.

Резюме: В пределах аномалии зенитной поляризации сумеречного света при измерениях, проведенных в Абастуманах (Грузинская ССР), в Вансдорфе и на горе „фихтельберг“, с помощью уточненных методов обработки иногда были установлены сильные флуктуации. Разность между вторичными максимумами и минимумами в пределах средних фаз сумерек представляет собой величину меры накоплений оптически эффективных частиц пыли в слое мезопаузы и выше её. На местах измерения, расположенных в широтной зоне примерно от 41° до 51° с. ш., годовые ходы этих разностей параллельны друг другу и совпадают с распределением повторяемости появления серебристых облаков. Летом центр тяжести пыленосного слоя находится чуть выше мезопаузы, зимой – на больших высотах. В переходные сезоны одна зона, бедная пылью, разделяет низший и верхний пыленосные слои друг от друга. Ход степени поляризации в пределах аномалии может рассматриваться как профиль накоплений пыли, которая по всей вероятности космического происхождения.

Die Anwendung der optischen Dämmerungsmethode hat als indirekte passive Sondierungsmethode das Ziel, die Vorstellungen über terrestrische bzw. kosmische Einflüsse bis zu den Schichten der unteren Thermosphäre zu erweitern. Grundlegende theoretische Arbeiten und Modellvorstellungen, die auf Änderungen der Dämmerungspolarisation des Himmelslichts aufbauen, bieten die Möglichkeit, vertikale Aerosolverteilungen terrestrischen und kosmischen Ursprungs zu messen. Bei der Vielzahl von Veröffentlichungen auf diesem Gebiet wird auf einige, besonders theoretische Arbeiten von *Rosenberg* [31, 32] verwiesen, die einen umfassenden literarischen Überblick vermitteln.

Da die Zerstreuung des Sonnenlichts in der Atmosphäre wesentlich vom Aerosol bestimmt wird, hat *Dietze* [5] Modelle getrübter Atmosphären durchgerechnet. Danach könnte mit Hilfe der Dämmerungsmethode eine Analyse des atmosphärischen Aerosols im allgemeinen und hoher Staubschichten im besonderen möglich sein.

Nach der Theorie sieht *Dietze* [7] in einer Stufe im Gang der Dämmerungspolarisation des Himmelslichts mit Schwerpunkt um 98° Zenitdistanz der Sonne ($\zeta_\odot$) den optisch wirkenden Einfluß kosmischen Staubes. Diese Stufe wird in der Literatur sowohl Polarisationsanomalie als auch Depolarisationsstufe genannt. Sie liegt im Bereich der mittleren Dämmerungsphasen.

Bei der Deutung unserer Dämmerungs-Polarisationsmessungen begegneten wir zunächst verschiedenen geophysikalischen Parametern, nicht aber dem Einfluß von Aerosolen unterschiedlicher Herkunft. Als Maßgröße für die Anomalie im Gang des Polarisationsgrades P (%) schien die sogenannte Depolarisationssumme [13, 28] geeignet zu sein. Ihre praktische Anwendung deckte insbesondere den verhältnismäßig großen troposphärischen, trübungsbedingten Einfluß auf den Gang der Himmelslicht-Polarisation bis zu den mittleren Dämmerungsphasen auf [9, 14, 27, 28]. Durch Reduktion der Depolarisationssumme auf Grund der optischen Transmission in der Troposphäre konnte eine Maßgröße gewonnen werden, die frei ist von troposphärisch-optischen Rückwirkungen [29]. Diese unbeeinflußte Depolarisationssumme stellt aber keine Maßgröße für hochatmosphärisches Aerosol dar, sondern korreliert stark positiv mit der Menge des hohen, stratosphärischen Ozons [28, 29] und negativ mit den ionosphärischen Parametern foE_s (Grenzfrequenz) und fbE_s (Abdeckungsfrequenz) an der sporadischen E-Schicht [29]. Dieser Befund spricht gegen die Hypothese [7], daß die Depolarisation im Gang des Zenitdämmerungslichts als Wirkung der Primärstreuung kosmischer Staubpartikeln betrachtet werden kann. Wahrscheinlich wird die optische Wirkung des kosmischen Staubes stark vom Ozoneinfluß überdeckt [28]. *Dietze* [10] hat aus dem Vergleich seiner Modellrechnungen mit den Dämmerungsmessungen gefolgert, daß das Ozon nicht allein auf dem Weg über das Primärstreulicht, sondern wahrscheinlich stärker über das Mehrfachstreulicht die Polarisation des Dämmerungslichts beeinflußt. Er schließt aber nicht aus, daß die Beziehung zwischen Polarisation und Ozon nur mittelbar ist, indem beide zugleich von einer dritten Größe beeinflußt werden.

Bei der Bearbeitung der 32 Gothaer Polarisationskurven aus den Jahren 1959 bis 1962, die mit einer lichtelektrischen Meßanlage gewonnen wurden, deren spektrale Empfindlichkeit der des menschlichen Auges entsprach, fand sich bei einigen Kurven im Bereich der Polarisationsanomalie eine zweite, angedeutete Stufe oder ein kleines sekundäres Minimum zwischen 100° und 102° Zenitdistanz der Sonne [13]. Fünf visuelle Messungen des Ganges der Dämmerungs-Zenitpolarisation aus dem Jahre 1936 im Kaukasus (3000 m Höhe) wiesen dieses Phänomen in verstärktem Maße und mit zwei deutlichen Minima auf. *Khvostikov* und *Sevčenko* [25] deuteten diese Minima, die im Mittel bei 98° und 101° Zenitdistanz der Sonne lagen [25, Abb. 1], als Folge der optischen Anisotropie von Ionen. Sie vermuteten, daß durch Ionen der Polarisationsgrad des Zenitstreulichts herabgesetzt wird. Von *Bovcheverov* und anderen [3] liegen aus dem Jahre 1939 weitere acht visuelle Messungen vor, die ebenfalls bei 98° und größeren Zenitdistanzen der Sonne mehrere Maxima und Minima zeigen. Trotz der Bedenken, die man Ergebnissen aus Photometrierungen mit dem Auge entgegensetzen muß [13], ist nicht zu verkennen, daß Änderungen im Gang der Zenitpolarisation zwischen etwa 98° und 102° Zenitdistanz der Sonne auftreten. Die Vermutung, daß diese Erscheinung mit der Höhenlage der Meßorte zusammenhängt, bestätigte sich auch bei unseren späteren Messungen auf dem Fichtelberg, in Abastumani (Grusinische SSR) und in Wahnsdorf nicht.

Überlegungen darüber, in welcher Weise sich zusätzliche, optische Streuwirkungen kosmischer Staubpartikeln im Gang der Zenitpolarisation während der Dämmerung bemerkbar machen könnten, führten dazu, die mehr oder weniger stark ausgeprägten Änderungen der Zenitpolarisation im Bereich der mittleren Dämmerungsphasen besonders zu untersuchen. Abweichend von den bisherigen routinemäßigen Auswertemethoden wurde von der zwei- zur einminutigen Werteentnahme der drei registrierten Polarisationskomponenten übergegangen. Die Berechnung des Polarisationsgrades geschah nach den Formeln von *Dietze* [6], anstelle der üblichen Bestimmung mit Nomogrammen, die eigens von *Schöne* nach den Formeln vorgelegt worden waren. Um möglichst weitere subjektive Einflüsse auszuschalten, prüften wir nur das Meßmaterial, welches mit der teilautomatischen lichtelektrischen Polarimeteranlage nach *Dietze* und *Seidel* [15] gewonnen worden war. Auf Grund der verfeinerten Auswertemethode lagen für statistische Bearbeitungen des Materials die Polarisationsgrade in Promille und die Sonnenstände in ein bis zwei Zehntel grd Zenitdistanz vor. Eine Übersicht der nicht durch Mondlicht oder Bewölkung gestörten und hier bearbeiteten Zenitmessungen findet sich in Tabelle 1.

Die spektrale Empfindlichkeitsfunktion des Polarimeters auf dem Fichtelberg

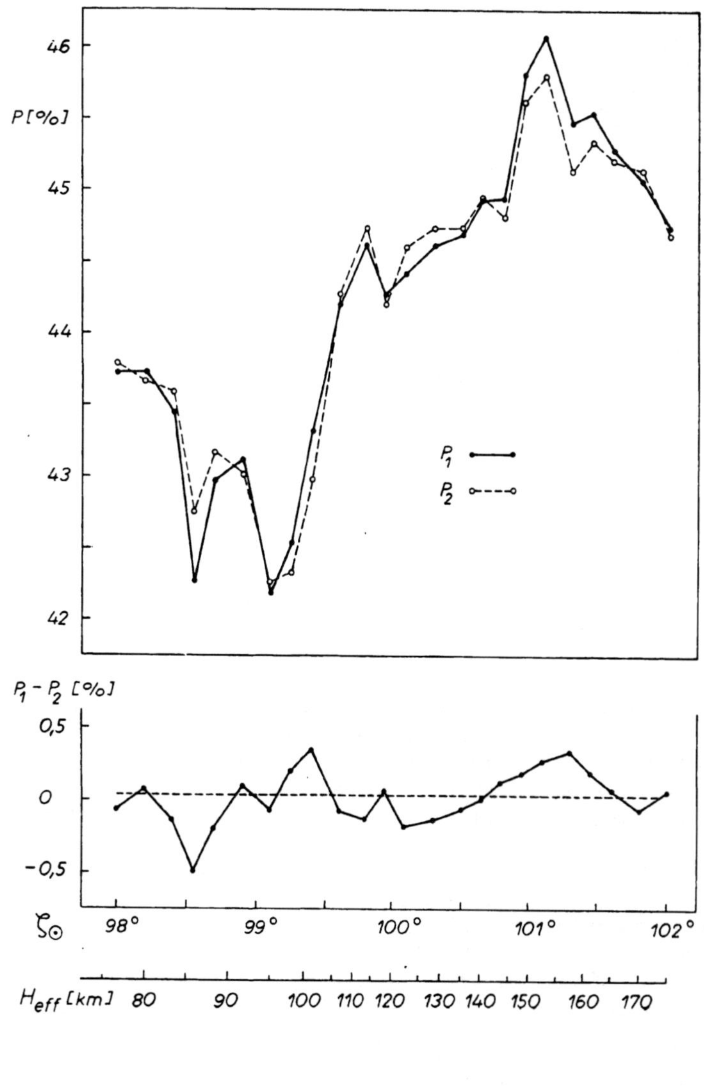

Abb. 1. Abastumani: Gleichzeitige Messungen der Dämmerungspolarisation des Zenithimmelslichts im blauen Spektralbereich (448 nm) am 28. 8. 1965 abends mit zwei Polarimeteranlagen. Gänge der Polarisationsgrade P_1 (Gerät 1) und P_2 (Gerät 2) im Bereich der Polarisationsanomalie bei 98° bis 102° Zenitdistanz der Sonne ($\zeta\odot$) und entsprechender effektiver Höhe (H_{eff}). Darunter Verlauf der Differenz $P_1 - P_2$ zwischen beiden Polarisationsgängen und die mittlere Differenz

Tabelle 1. *Übersicht der bearbeiteten Polarisationsmessungen des Zenitdämmerungslichts*

Meßort	Abastumani	Wahnsdorf	Fichtelberg
Geographische Angaben			
Breite	41°45′N	51°07′N	50°26′N
Länge	42°50′E	13°41′E	12°57′E
Seehöhe (NN)	1650 m	246 m	1214 m
Meßzeitraum	30. 7.–1. 10. 65	23. 7. 65–19. 6. 68	18. 7. 64–14. 3. 65
Filter	blau, 448 nm	blau, 448 nm	GG 10 (1 mm)
Anzahl der ungestörten Messungen	22	43	21

entsprach mit dem vorgeschalteten Filter GG 10 (1 mm) fast der des menschlichen Auges. Es wird sich zeigen, daß die Messungen mit denen von Wahnsdorf und Abastumani (Blaufilter) nur qualitativ vergleichbar sind.

Bevor wir uns mit der Deutung der Meßergebnisse beschäftigen können, muß noch etwas über die Meßgenauigkeit der Polarimeteranlage gesagt werden. Einen Hinweis geben Parallelmessungen, die während einer Abenddämmerung in Abastumani ausgeführt wurden. Alle drei Geräte, die in Abastumani zum Einsatz kamen, waren zum Zenit gerichtet und arbeiteten im blauen Spektralbereich (448 nm). Leider scheiterte die Auswertung eines Gerätes an nicht zu eliminierenden Fremdeinflüssen (fliegende Ameisen im Meßtubus). So stehen nur zwei gleichzeitige Testmessungen zur Verfügung, die unabhängig voneinander ausgewertet wurden und deren Ergebnisse in Abbildung 1 graphisch dargestellt sind. Die Gänge der Polarisationsgrade P_1 (Gerät 1) und P_2 (Gerät 2) weisen in Abhängigkeit von der Zenitdistanz der Sonne im Bereich der mittleren Dämmerungsphasen (98° bis 102°) bzw. von der effektiven Höhe nur geringfügige Abweichungen voneinander auf. Nach einem Modell von *Dietze* [7, 12], das den mittleren atmosphärisch-optischen Verhältnissen entspricht, sind als effektive Höhen (H_{eff}) die Höhen von Schichten zu verstehen, welche bei den verschiedenen Sonnentiefen am stärksten zum primären Streulicht beitragen. H_{eff} [km] repräsentiert aber nur die *mittlere* Höhe einer mehr oder weniger mächtigen Schicht, aus der das Primärstreulicht vom Zenit kommt [12, Abb. 12 u. 16]. – Die Differenzen $P_1 - P_2$ ergaben bei den Testmessungen maximale Abweichungen von $+ 0{,}3$ bis $- 0{,}5\%$ bei einer mittleren Differenz von rund 0% (Abb. 1 unten). Dieses Ergebnis überrascht, da bei früheren Betrachtungen über die Genauigkeit unserer Polarisationsmessungen [9, 15] die gegenseitigen Differenzen im Polarisationsgrad bei allen Sonnenständen mit 1,7 bis 2,0% angegeben wurden. Mit Bestimmtheit kann der Schluß gezogen werden, daß die verfeinerte Auswertemethode zu dem günstigen Ergebnis führte. Die Qualität und Zuverlässigkeit der verwendeten Polarimeteranlagen von *Dietze* und *Seidel* [15] erwies sich erneut.

Bei der nachträglichen Bearbeitung aller Polarisationsmessungen nach der verfeinerten Auswertemethode stellten wir eine weitere Erscheinung fest, deren Realität wir anfangs anzweifelten: Starke Fluktuationen im Gang des Polarisationsgrades innerhalb der Depolarisationsstufe. Die Vermutung, daß es sich um einen Effekt infolge der stufenweisen Betätigung des Verstärkerteiles unserer Polarimeteranlagen handelt, hat sich nicht bestätigt. In den Gängen des Polarisationsgrades sind sowohl in Wahnsdorf als auch in Abastumani (Abb. 1, 2 u. 9) und auf dem Fichtelberg derartige Fluktuationen nachzuweisen, wenn sie sich auch nach Lage und Amplitude von früheren Messungen unterscheiden [3, 13, 25].

Zur Deutung der stark schwankenden Polarisationsgrade im Bereich der Polarisationsanomalie verschafften wir uns zunächst einen Überblick über die mittlere Lage (Sonnenstand) und Amplitude dieser sekundären Änderungen. Es interessierte dabei auch die Beantwortung der Frage, ob und in welchem Maße Unterschiede nach Lage und Amplitude zwischen den beiden, rund zehn Breitengrade auseinander liegenden Meßorten Wahnsdorf und Abastumani bestehen. Das bedeutete, für die Untersuchungen den blauen Spektralbereich (448 nm) zu wählen, da einmal in Wahnsdorf nur mit vorgeschaltetem Blaufilter gemessen wurde und zum anderen, nach den spektralen Meßserien von Abastumani geurteilt, im blauen Spektralbereich größere Änderungen im Gang des Polarisationsgrades

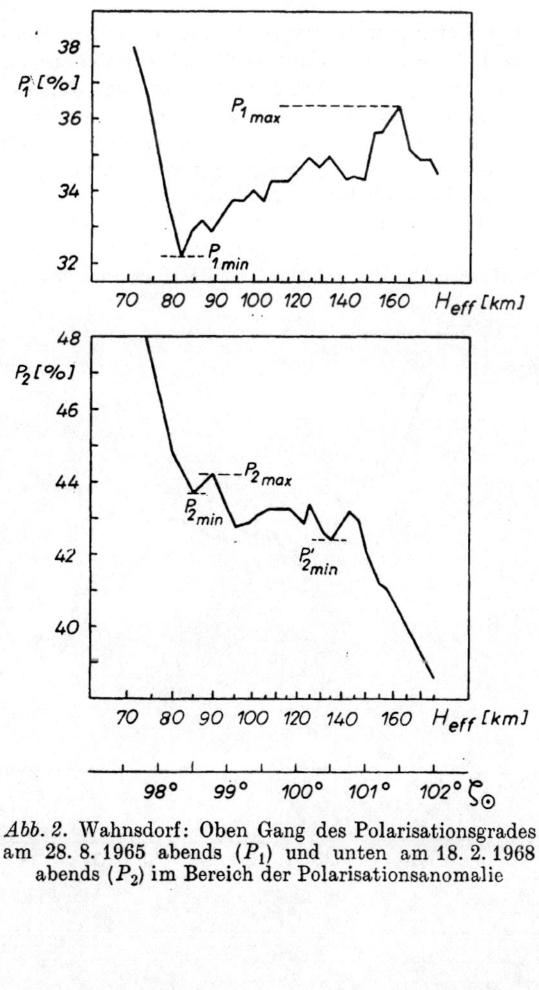

Abb. 2. Wahnsdorf: Oben Gang des Polarisationsgrades am 28. 8. 1965 abends (P_1) und unten am 18. 2. 1968 abends (P_2) im Bereich der Polarisationsanomalie

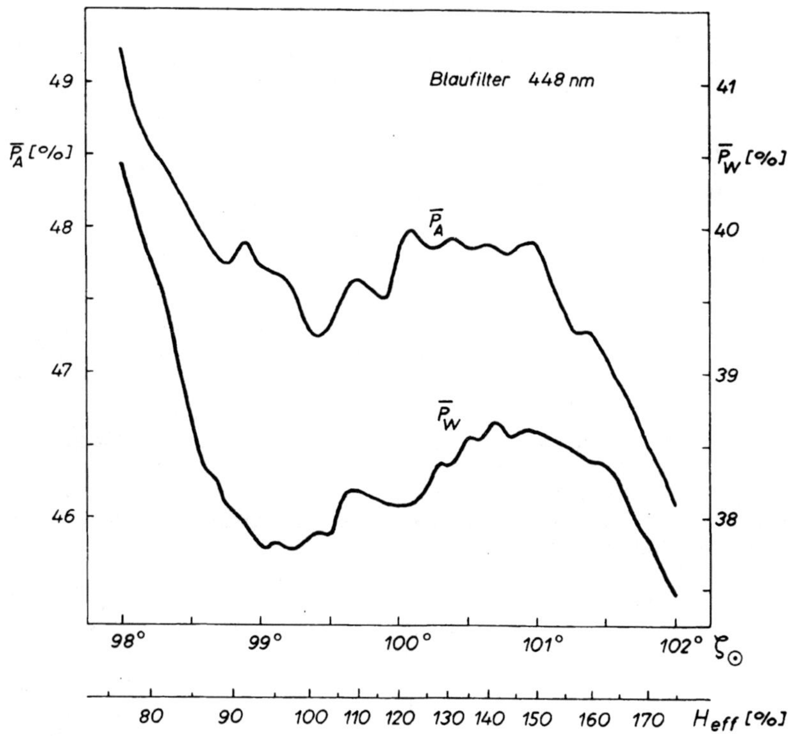

Abb. 3. Mittlerer Gang des Polarisationsgrades im Bereich der Polarisationsanomalie an den Meßorten Abastumani ($\bar{P}_A$) und Wahnsdorf ($\bar{P}_W$) in den Monaten Juli bis September 1965

zu erwarten waren als im gelben (572 nm) oder roten (640 nm) [29, Abb. 1] und [8, Abb. 2]. Um auch zeitlich eine Vergleichbarkeit zu sichern, werden, wenn nichts anderes mitgeteilt wird, von den Wahnsdorfer Messungen nur die herangezogen, die in die Meßzeit von Abastumani (Juli bis September 1965) fallen.

Abbildung 3 gibt den mittleren Gang des Polarisationsgrades in Wahnsdorf ($\bar{P}_W$) und Abastumani ($\bar{P}_A$) in Abhängigkeit vom Sonnenstand bzw. von der effektiven Höhe wieder. Auf den ersten Blick fällt ein nahezu paralleler Gang beider Kurven auf. Ein Minimum findet sich in Abastumani bei 99,4° Zenitdistanz der Sonne, ihm entspricht in Wahnsdorf ein Minimum mit Schwerpunkt bei 99,2°. Ansonsten fallen mehr oder weniger ausgeprägte Maxima und Minima nach Sonnenstand bzw. effektiver Höhe zusammen. Wir werden später darauf zurückkommen. Selbst im mittleren Gang des Polarisationsgrades vom Fichtelbarg (Abb. 4) heben sich Maxima und Minima heraus, obwohl der Polarimeteranlage kein Farbfilter vorgeschaltet und demzufolge mit gering ausgebildeter Polarisationsanomalie [9, Abb. 3. 17] zu rechnen war. Der Gang setzt sich aus Messungen im Juli bis September des vorausgegangenen Jahres (1964) zusammen. In den gleichen Monaten des Jahres 1965 konnte dort nicht gemessen werden. Die schwächer hervortretenden Maxima und Minima sind gegenüber Wahnsdorf und Abastumani (Abb. 3) um rund 0,5° zu niederen Zenitdistanzen der Sonne verschoben. Das kann an einem Auswahleffekt oder daran liegen, daß die Messungen auf dem Fichtelberg nicht im selben Jahr bzw. nicht unter gleichen atmosphärischen Verhältnissen durchgeführt wurden.

Als weiteren Schritt in der Prüfung des Meßmaterials nach polarisationsoptischen Wirkungen hochatmosphärischer Aerosolanreicherungen erfaßten wir statistisch den Polarisationsgrad und den Sonnenstand sowie die effektive Höhe der sekundären Extreme von Wahnsdorf und Abastumani. Das Ergebnis findet sich in Tabelle 2.

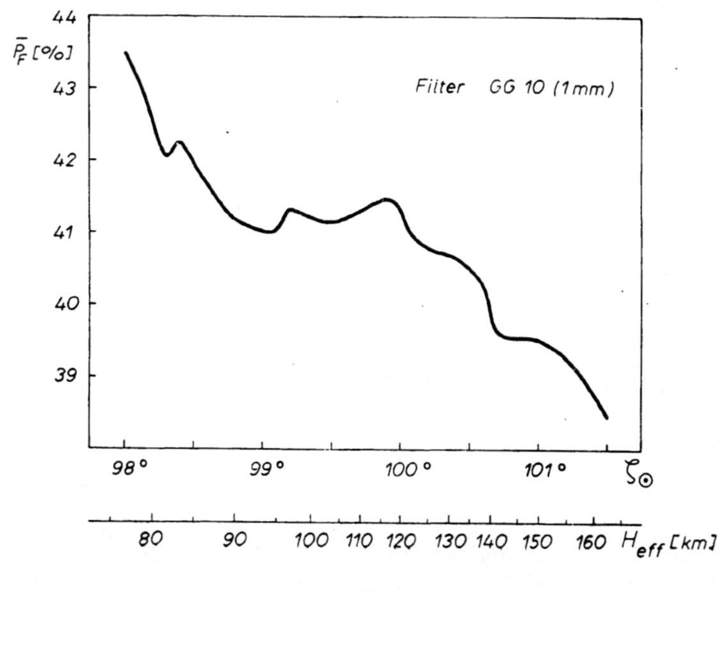

Abb. 4. Fichtelberg: Mittlerer Gang des Polarisationsgrades ($\bar{P}_F$) im Bereich der Polarisationsanomalie in den Monaten Juli bis September 1964

In den unterschiedlichen Beträgen des mittleren Polarisationsgrades P zwischen Wahnsdorf und Abastumani spiegelt sich der trübungsbedingte optische Einfluß der Troposphäre wider [9, 14, 27, 28]. Eine Überprüfung ergab, daß er ohne Belang bei der Berechnung der relativ geringen Differenzbeträge von $P_{max} - P_{min}$ ist. Als wichtiges Ergebnis ist die fast gleich große, mittlere Differenz $P_{max} - P_{min}$ an beiden Meßorten anzusehen, und daß die Maxima und Minima im Mittel bei fast gleichen Sonnenständen

Tabelle 2. *Mittlere Lage der sekundären Maxima und Minima des Polarisationsgrades (P) im Bereich der Polarisationsanomalie nach Sonnenstand ($\zeta\odot$) und effektiver Höhe (H_{eff}) sowie die mittlere Differenz* $P_{max}-P_{min}$.
Meßzeit: Juli bis September 1965. Blaufilter. n = Anzahl der Fälle

Meßort	Minimum			Maximum			
	P	$\zeta\odot$	H_{eff}	P	$\zeta\odot$	H_{eff}	$P_{max}-P_{min}$
Wahnsdorf $n = 16$	37,1%	99,3°	99 km	39,3%	100,4°	131 km	2,2%
Abastumani $n = 22$	46,7%	99,4°	101 km	48,8%	100,5°	135 km	2,1%

bzw. effektiven Höhen anzutreffen sind. Wahrscheinlich besteht keine Abhängigkeit von der Seehöhe und darüber hinaus auch nicht von der geographischen Lage beider Meßorte. Bei der Berechnung von $P_{max} - P_{min}$ wurde zunächst nur derjenige P_{min}-Wert berücksichtigt, der von P_{max} aus gesehen bei niedrigeren Werten der Zenitdistanz der Sonne, d. h. in Richtung der Mesopause liegt.

Es taucht bei den engen Zusammenhängen der Ergebnisse zwischen Wahnsdorf und Abastumani die Frage auf, ob es sich bei der Differenz $P_{max} - P_{min}$ um eine Maßgröße für hochatmosphärisches Aerosol handelt. Wir wollen versuchen, mit dem bisher vorliegenden Meßmaterial eine Antwort zu finden. Von der

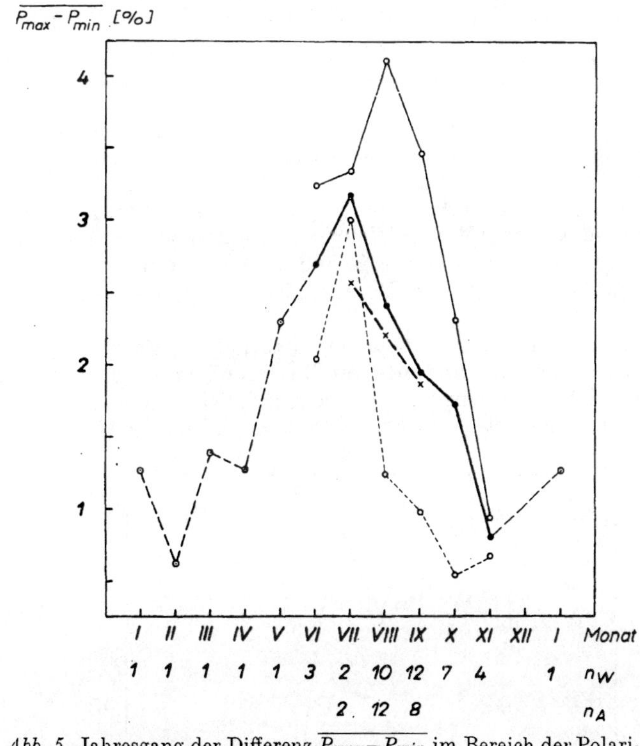

Abb. 5. Jahresgang der Differenz $\overline{P_{max}-P_{min}}$ im Bereich der Polarisationsanomalie auf Grund der Monatsmittel in Wahnsdorf •——• und in Abastumani × – – – × bzw. von Einzelmessungen in Wahnsdorf ⊙ – – – ⊙, dazu Gang der monatlichen absoluten Extreme von Wahnsdorf: Maxima ○——○, Minima ○ – – – ○ Anzahl der Fälle in Wahnsdorf (n_W) und in Abastumani (n_A)

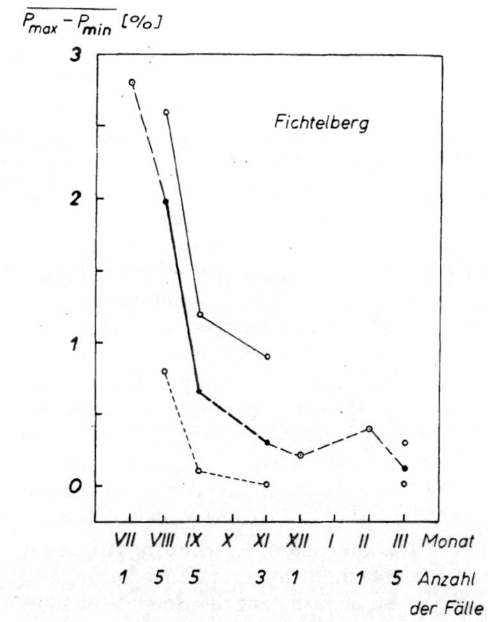

Abb. 6. Fichtelberg: Gang der Differenz $\overline{P_{max}-P_{min}}$ auf Grund der Monatsmittel •——•– – –• bzw. von Einzelmessungen ⊙– – –⊙, dazu Gang der monatlichen absoluten Extreme: Maxima ○——○, Minima ○– – –○

Wahnsdorfer Meßserie (1965 bis 1968) war es möglich, einen Jahresgang der Differenz $P_{max} - P_{min}$ zu zeichnen, der in Abhängigkeit vom Sonnenstand bzw. effektiven Höhe in Abbildung 5 graphisch dargestellt ist. In den Monaten Januar bis Juni stand nur jeweils eine Polarisationsmessung (Einzelmessung) zur Verfügung. Die Mehrzahl aller Messungen fiel in die Zeit vom Juli bis November. Nur im Dezember gelang uns bisher in Wahnsdorf noch keine Messung, dafür aber auf dem Fichtelberg. Außer dem Jahresgang von Wahnsdorf wurden noch die Monatsmittelwerte (Juli bis September) von Abastumani sowie der Gang der monatlichen Extremwerte von Wahnsdorf eingezeichnet. Alle dargestellten Werte ordnen sich einem Jahresgang unter, der eindeutig im Sommer (Juli) ein Maximum und im Winter ein Minimum aufweist. Selbst die Monatsmittel- und Einzelwerte vom Fichtelberg belegen in der graphischen Darstellung der Abbildung 6, wenn auch unvollständig, die gleiche Tendenz eines Jahresganges. Das Auffälligste an dem Jahresgang von $P_{max} - P_{min}$ ist, daß er der Häufigkeitsverteilung des Auftretens Leuchtender Nachtwolken (NLC), die *Fogle* [18] für die Nordhemisphäre und *Schröder* [34] für die deutschen Beobachtungen (1885 bis 1965) vorgelegt haben, sehr ähnlich ist (Abb. 7).

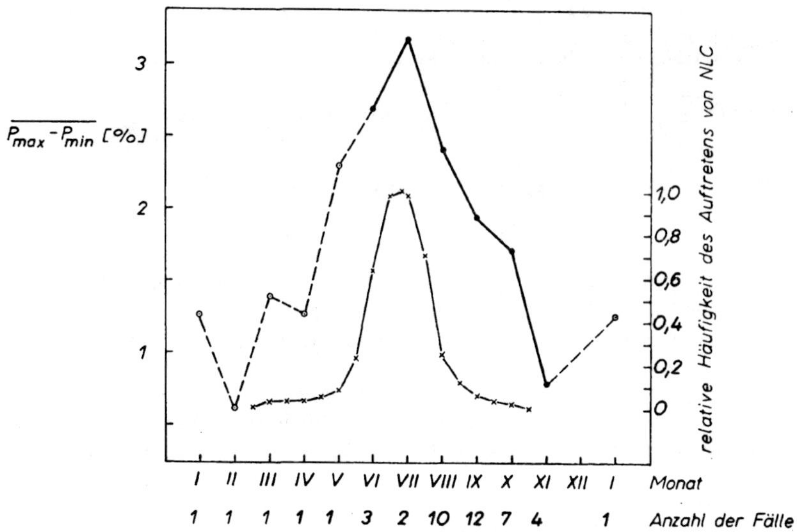

Abb. 7. Wahnsdorf: Gegenüberstellung der Differenz $\overline{P_{max}-P_{min}}$ (Monatsmittel ·——· und Einzelmessungen ⊙– – –⊙) zu der relativen Häufigkeit von Leuchtenden Nachtwolken (NLC) auf der Nordhalbkugel ×——×

Man kann daraus schließen, daß tatsächlich $P_{max} - P_{min}$ eine Maßgröße für hochatmosphärische Staubanreicherungen darstellt, weil Raketenaufstiege bei Vorhandensein von NLC größere Staubmengen nachweisen konnten [20].

Bei der Bearbeitung der einzelnen P_{max}-Werte von Wahnsdorf und Abastumani fiel ein weiterer Effekt auf. Abbildung 8 zeigt in graphischer Darstellung, daß auch die Monatsmittel- und Einzelwerte von P_{max} ihrer Lage nach (Sonnenstand bzw. effektive Höhe) einem Jahresgang unterliegen. Das Maximum fällt an beiden Meßorten auf den August, und es ist nicht feststellbar, ob es sich dabei um einen Auswahleffekt oder um den Einfluß kräftiger Meteorströme (Perseiden) handelt, die die Mächtigkeit der Staubschicht vergrößern. Gleichermaßen kann der relativ hohe Einzelwert im Januar gedeutet werden, der in die Zeit der Quadrantiden fällt, ohne daß sich in der unteren Thermosphäre die Differenz $P_{max} - P_{min}$ besonders hervorhebt (Abb. 5). Aufschlußreicher wird der Befund in Abbildung 8 im Zusammenhang mit folgenden graphischen Darstellungen: In Abbildung 2 oben ist ein Gang des Polarisationsgrades im August (Meßort Wahnsdorf), unten im Februar und in Abbildung 9 im Oktober wiedergegeben. Der P_{max}-Wert wandert also, wie Abbildung 8 ausweist, von hoher Lage im Sommer über eine mittlere Lage im Herbst zu niedriger Lage im Winter, gleichzeitig verringert sich die Differenz $P_{max} - P_{min}$ (Abb. 11).

Wie der Gang des Polarisationsgrades verrät, nimmt im Sommer die Konzentration des Staubes vom Mesopausenbereich mit zunehmender Höhe ab (Abb. 2 oben). Die Bildung von NLC kann unter gegebenen Voraussetzungen – tiefe Temperaturen und ausreichend Wasserdampf – nur dann möglich sein, wenn von dieser Schicht konzentrierten, optisch wirksamen Staubes kleinste Partikeln absinken und als Gefrierkerne wirken können. Im Winter treffen wir bei gleichen Meßbedingungen umgekehrte Verhältnisse an. Die untere Darstellung in Abbildung 2 gibt darüber Auskunft. Erstens ist die Staubanreicherung viel geringer (Abb. 11) und zweitens ist der Schwerpunkt der Staubkonzentration bei P'_{2min} in höhere Schichten der unteren Thermosphäre verschoben. Ein sekundärer Schwerpunkt geringer Anreicherung liegt bei P_{2min}. Ab Zenitdistanz der Sonne von 100,7° setzt, bedingt durch den überwiegenden Anteil des Mehrfachstreulichts [7], zügig die Abnahme des Polarisationsgrades ein. Das gleiche geschieht in Abbildung 2 oben ab 101,4° und in Abbildung 9 ab 100,8°. Unterhalb der mesopausennahen Polarisationsminima (P_{1min} und P_{2min}) nimmt dagegen der Polarisationsgrad in

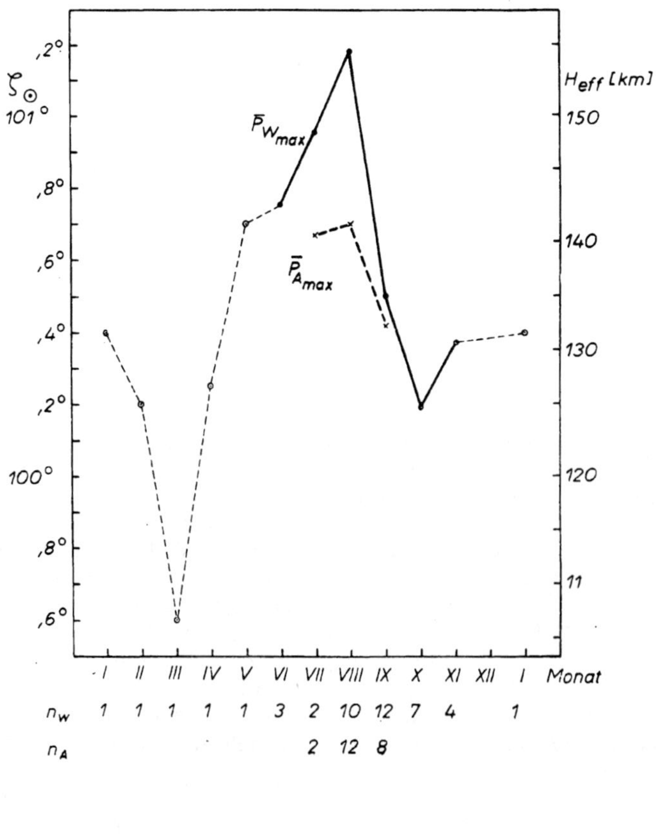

Abb. 8. Jahresgang der Lage (Zenitdistanz der Sonne $\zeta_\odot$ bzw. effektive Höhe H_{eff}) von $\overline{P}_{max}$ im Bereich der Polarisationsanomalie auf Grund der Monatsmittel in Wahnsdorf ·——· und in Abastumani ×– – –× bzw. von Einzelmessungen in Wahnsdorf ⊙– – –⊙
Anzahl der Fälle in Wahnsdorf (n_W) und in Abastumani (n_A)

allen Messungen rasch und stetig zu als Folge der stark nachlassenden Konzentration der Staubpartikeln und ihrer optischen Wirksamkeit.

Im Winter ist die Konzentration des Staubes im Mesopausenbereich am geringsten und nimmt mit zunehmender Höhe zu. Außer den jahreszeitlichen existieren auch tägliche Änderungen der Höhe und des Schwerpunktes von Staubansammlungen, wie aus wenigen aufeinander folgenden Messungen abgelesen werden kann. Inwieweit aber im winterlichen oberen Staubbereich schon die Mehrfachstreuung den Gang des Polarisationsgrades beeinflußt, ist schwer festzustellen. Das Verhalten der Minima $\bar{P}_{min}$ und $\bar{P}'_{min}$ als Schichten der Staubkonzentration im Jahresgang von Wahnsdorf und die Beziehung zu $\bar{P}_{max}$ in Abhängigkeit vom Sonnenstand bzw. von der effektiven Höhe (Abb. 10) bekräftigen die Aussage, daß im Winter die Staubanreicherungen (P'_{min}) in größeren Höhen angetroffen werden. Der gegenseitige Abstand der Kurven von $\bar{P}_{max}$ und $\bar{P}_{min}$ vergrößert sich im Sommer zu einer vertikal mächtigen Staubschicht und verkleinert sich im Winter zu einer weniger mächtigen. Im Verhältnis von $\bar{P}_{max}$ zu $\bar{P}_{min}$ ist gerade das Umgekehrte der Fall. Einmal sind beide Kurven der Minima gleichsinnig vertikal verschoben und zum anderen tritt im Sommer (August) eine sekundäres Maximum anstelle eines erwarteten Minimums auf. Möglicherweise ist diese Erscheinung dynamisch bedingt.

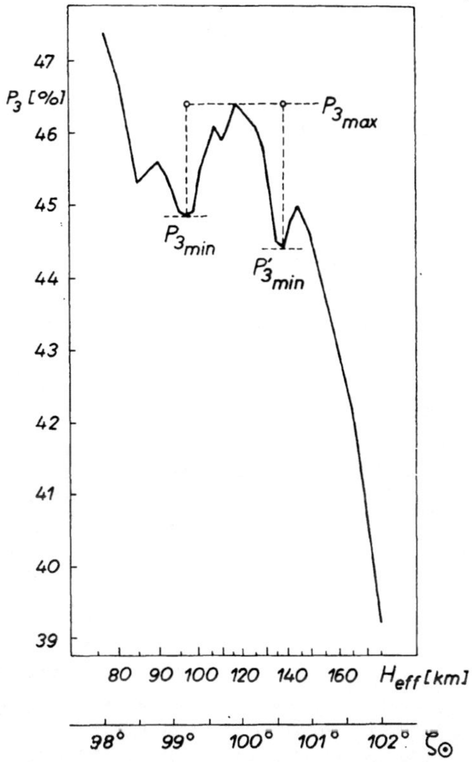

Abb. 9. Wahnsdorf: Gang des Polarisationsgrades am 22. 10. 1965 abends (P_3) im Bereich der Polarisationsanomalie

In Abbildung 11 belegt die Gegenüberstellung der Differenzen von P_{max} zu P_{min} (Monatsmittel- und Einzelwerte von Wahnsdorf) in Richtung Mesopause und zu P'_{min} in Richtung Zenit eindeutig die Rolle, welche die staubarme Trennungsschicht P_{max} zwischen tiefer und höher liegenden Staubschichten spielt. Beide Kurven verlaufen fast vollkommen invers. Die Trennungsschicht P_{max} ist dynamisch gesehen interessant, da sie allem Anschein nach zwei übereinander liegende Strömungen voneinander trennt, deren Richtung und Vertikalkomponenten sowie Höhenlage einem jahreszeitlichen Wechsel unterliegen müssen. Besonders im Sommer, wenn P_{max} relativ sehr hoch liegt, konzentrieren sich im Mesopausenbereich bedeutend mehr Staubpartikeln. Im Winter übernimmt die relativ niedrig befindliche Trennungsschicht die Abbremsung der einfallenden Staubpartikeln, so daß zwischen Mesopause und Trennungsschicht verhältnismäßig geringe Staubansammlungen optisch wirksam werden können (Abb. 2). In Abbildung 9 wird an Hand eines Beispieles aus der Übergangsjahreszeit (Oktober) die Rolle der Trennungsschicht zwischen einer unteren Staubschicht mit Schwerpunkt bei $P_{3_{min}}$ und einer oberen mit Schwerpunkt bei $P'_{3_{min}}$ demonstriert. Auch in Abbildung 12, in der die mittleren Gänge des Polarisationsgrades am Meßort Wahnsdorf in den Sommermonaten ($\bar{P}_1$) und Wintermonaten

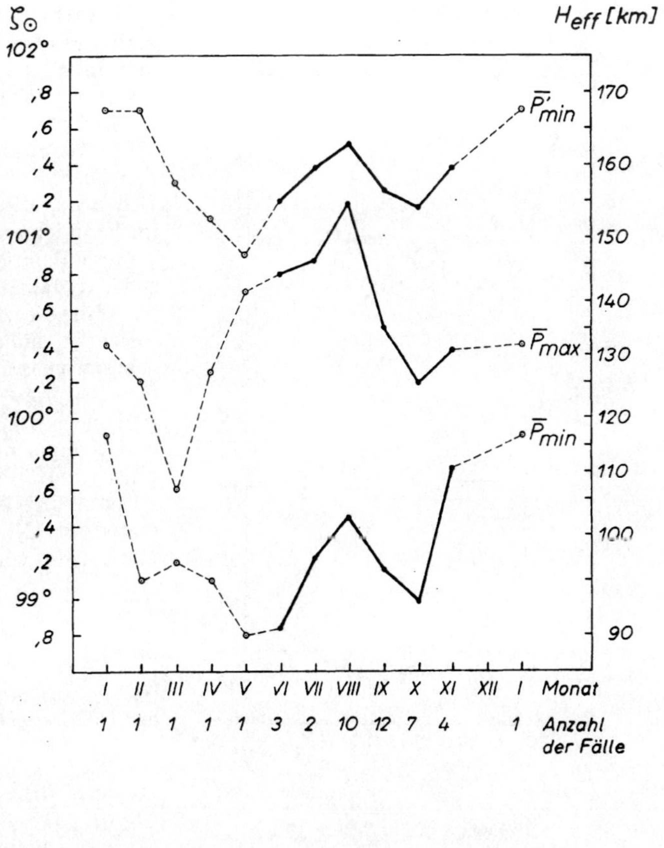

Abb. 10. Wahnsdorf: Jahresgang der Lage (Zenitdistanz der Sonne $\zeta_\odot$ bzw. effektive Höhe H_{eff}) von den Minima $\bar{P}_{min}$ und $\bar{P}'_{min}$ sowie der Trennungsschicht $\bar{P}_{max}$ im Bereich der Polarisationsanomalie auf Grund der Monatsmittel . . . bzw. von Einzelmessungen ⊙ ⊙ ⊙

($\bar{P}_2$) graphisch wiedergegeben sind, deuten sich die jahreszeitlich unterschiedlichen optischen Wirkungen hochatmosphärischer Staubeinbrüche wie bei den aktuellen Polarisationsmessungen in Abbildung 2 u. 9 an.

Eine hohe sommerliche Staubkonzentration in Mesopausennähe wurde sowohl in Wahnsdorf (> 50 °N) als auch in Abastumani (< 50 °N) festgestellt, aber es bestehen zwischen beiden Orten doch Unterschiede, die eventuell nicht dem Zufall zu verdanken sind. Wie bereits erwähnt, können in den mittleren Gängen des Polarisationsgrades für die Monate Juli bis September mehrere Schichten unterschiedlicher Staubanreicherung bei fast gleichen Sonnenständen bzw. effektiven Höhen identifiziert werden (Abb. 3 u. 4). Die hauptsächlichsten Extreme stimmen in Wahnsdorf und in Abastumani überein, nicht aber mit den Meßergebnissen vom Fichtelberg. Hier gelten die oben genannten Einschränkungen, die mit dem anderen Spektralbereich zusammenhängen. Außerdem stammen die Messungen vom Fichtelberg aus dem Jahre 1964. Trotz der guten Übereinstimmung der Lage der Schichten in Wahnsdorf und Abastumani läßt Abbildung 3 erkennen, daß die Minima in Wahnsdorf breiter sind und näher an die Mesopause reichen. Besonders fällt in Abastumani bei 98,9° Zenitdistanz der Sonne eine staubarme Schicht auf, die nicht nur in diesem mittleren Sommergang des Polarisationsgrades auftritt, sondern auch mitten im Minimum der einzelnen Messungen, z. B. auch am 28. 8. 1965 abends (Abb. 1 oben). In Wahnsdorf wurde zu gleicher Zeit auch gemessen (Abb. 2 oben), jedoch ohne diese Erscheinung. Dafür taucht sie in Wahnsdorf im mittleren Wintergang auf, allerdings in der Funktion als Trennungsschicht P_{max} (Abb. 12). Welche Bedeutung diese Schicht als Sperrschicht für Abastumani auch im Hinblick auf die Genetik von NLC besitzen könnte, müßten weitere Polarisationsmessungen des Dämmerungs-Zenitlichts sowie dynamische Erkenntnisse aufklären.

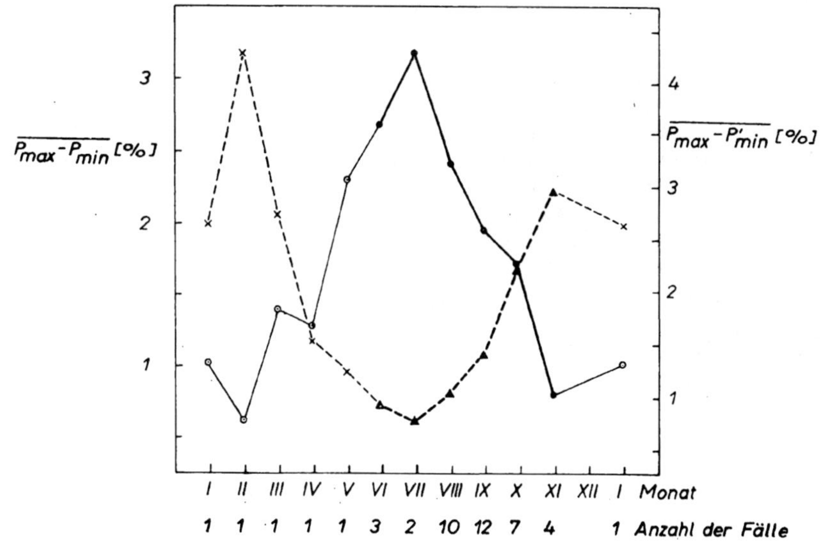

Abb. 11. Wahnsdorf: Gegenüberstellung der Differenz $\overline{P_{max}-P_{min}}$ (Monatsmittel •——• und Einzelmessungen ⊙——⊙) zu der Differenz $\overline{P_{max}-P'_{min}}$ (Monatsmittel ▲- - -▲ und Einzelmessungen ×- - -×)

Für die Bildung von NLC bieten die vermutlich staubreicheren, höheren geographischen Breiten (> 50°) günstigere thermodynamische Bedingungen als die niederen Breiten. In den richtungweisenden Arbeiten von *Hesstvedt* [21], *Khvostikov* [26] und *Witt* [36] finden wir dafür Anhaltspunkte. *Schröder* [35] und *Astapowitsch* [1] haben bei der Bearbeitung der geographischen Häufigkeit von NLC festgestellt, daß von der Breite Abastumanis keine Beobachtungen von NLC vorliegen. Dieser statistische Nachweis wertet unsere Dämmerungspolarisationsmessungen von Abastumani auf, da eine weitere Stütze der

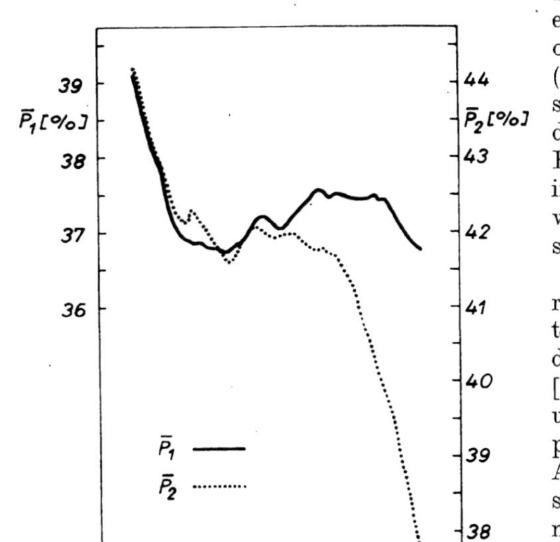

Abb. 12. Wahnsdorf: Mittlerer Gang des Polarisationsgrades im Bereich der Polarisationsanomalie in den Monaten April bis September ($\bar{P}_1$) und Oktober bis März ($\bar{P}_2$)

Hypothese, es handele sich bei den NLC um beleuchteten Staub, gefallen ist. *Dietze* [11] weist aber auf eine mögliche Einengung der räumlichen und zeitlichen Grenzen für die Sichtbarkeit der NLC hin, die durch die Sehleistung des Auges bedingt sind. Leider konnten wir während unserer Polarisationsmessungen keine Beobachtungen von NLC vorsehen.

Die Verschiebung der Schichten hoher Staubkonzentration im Winter (Nordhalbkugel) in größere Höhen könnte auch das Phänomen erklären, daß bei Mondfinsternissen eine Erdschattenvergrößerung beobachtet wird [2], die, wie *Link* [30] mitteilt, hauptsächlich in die Monate November, Dezember, Januar, April und Mai fällt. Nun sind inzwischen auch auf der Südhalbkugel im Südsommer (Januar) NLC beobachtet worden [19, 33], die analog zum Nordsommer eine tiefliegende, mesopausennahe Staubkonzentration voraussetzen. Umgekehrt müßte im Südwinter (Juli) eine hochliegende Staubanreicherung auftreten. Es bestehen also offensichtlich Widersprüche hinsichtlich der Höhenlage und Konzentration der globalen thermosphärischen Staubansammlungen, wenn wir die Aussagen von *Link* [30] und *Bouška* und *Švestka* [2] unseren Vorstellungen zugrundelegen. Jedoch weist *Link* selbst darauf hin, daß der Einfluß der Änderungen in der Atmosphäre in verschiedenen Breiten nicht sehr groß ist. Es ist auch möglich, daß andere Wechselbeziehungen zwischen den thermosphärischen Staubanreicherungen das Phänomen der Erdschattenvergrößerung bei Mondfinsternissen verursachen.

Hohe sommerliche Staubkonzentrationen in der unteren Thermosphäre sind für Messungen mit dem optischen Radar günstig. Es ist allerdings weder bei *Fiocco* [17] noch bei *Christie* [4] nicht ausgeschlossen, daß auch zu den Zeiten, in denen die Bedingungen für die Bildung von NLC nicht gegeben sind, verstärkte Echos wahrgenommen werden [4, Abb. 10]. Die kontinuierliche Zunahme der Meteorechos mittels Radar in der zweiten Jahreshälfte ist reell [23, 29] und bestätigt die Erhaltung des thermosphärischen Staubreservoirs, deckt sich aber nicht mit dem häufigsten Auftreten von NLC.

Eine Beziehung zwischen hochatmosphärischen Staubeinbrüchen und den Meteorströmen geringer Umlaufzeit hat *Hoffmeister* [22, 24] durch eine 30jährige Statistik der Leuchtstreifen belegt. Kosmonauten haben von Raumkapseln aus absorbierende Schichten über 80 km direkt beobachtet. Indirekt wurde durch die Beobachtungen von künstlichen Erdsatelliten und Raumsonden eine Korona von Staubteilchen mit nach außen abnehmender Dichte erkannt [16]. In Verbindung mit den Ergebnissen unserer Dämmerungs-Zenitpolarisationsmessungen kann die Vorstellung abgeleitet werden, daß sich ständig und zumindest in den geographischen Breiten unserer Meßorte eine optisch wirksame Staubansammlung oberhalb der Mesopause befindet. Gespeist wird dieses Staubreservoir, das räumlich und zeitlich unterschiedliche Konzentrationen besitzt, mit größter Wahrscheinlichkeit aus extraterrestrischen Quellen. Es kommen dafür Meteore planetarischen, kometarischen und interstellaren Ursprungs in Frage. Das Wesentlichste scheint aber zu sein, daß die räumlichen und zeitlichen Konzentrationsänderungen nicht allein kosmischen sondern auch irdisch-dynamischen Vorgängen in der Hochatmosphäre zuzuschreiben sind.

Die qualitative Abschätzung der Staubkonzentration einer einzelnen Sondierung ist im extremsten Fall mit Hilfe der Maßgröße $P_{max} - P_{min}$ bzw. $P_{max} - P'_{min}$ (Abb. 9) möglich.

Trotz analytischer Schwierigkeiten sowie Störungen durch Bewölkung oder Mondlicht hilft die dämmerungsoptische Methode in der Erforschung der Hochatmosphäre eine Lücke zu schließen und zwar zwischen den Schichten, die zu hoch sind für Sondierungen mit Ballonen und zu niedrig für Satelliten.

Literatur

[1] *Astapowitsch, I. S.*, Übersicht über die Beobachtungen der Leuchtenden Nachtwolken in Rußland und in der UdSSR in den Jahren 1885 bis 1944. (Origin. russ.). Konf. Leuchtende Nachtwolken, Riga 1961, S. 49

[2] *Bouška, J.*, und *Z. Švestka*, On the variation of the enlargement of the earth's shadow during the lunar eclipses. Bull. Astron. Inst. Czechoslov. *2* (1950). 6

[3] *Bovcheverov, V. M.* u. a., Sur la liaison des anomalies de la polarisation du demi-jour avec l'état de l'ionosphère. Comptes Rendus (Doklady) de l'Acad. des Sciences de l'URSS XXVI (1940), 900

[4] *Christie, A. D.*, A study of noctilucent cloud observations made at Canadian stations during the IQSY. Noctilucent Clouds, International Symposium Tallinn 1966, Moskau 1967, S. 39

[5] *Dietze, G.*, Die Polarisation des Himmelslichts in der getrübten Atmosphäre. Abhandl. d. Met. u. Hydr. Dienstes d. DDR IV (1954), Nr. 28

[6] *Dietze, G.*, Ein Gerät zur Messung der Himmelslicht-Polarisation während der Dämmerung und in der Nacht. Z. Met. *14* (1960), 179

[7] *Dietze, G.*, Messungen der Himmelslicht-Polarisation während der Dämmerung als Indikator für hochatmosphärische Trübungen kosmischen Ursprungs. Z. Met. *15* (1961), 36

[8] *Dietze, G.*, Mittlere Werte der Polarisation des Himmelslichts in der Dämmerung nach Messungen in Transkaukasien 1965. Z. Met. *19* (1966), 129

[9] *Dietze, G.*, Polarimetrische Vermessung des Himmeslichts der Dämmerung im Hinblick auf den Einfluß hochatmosphärischer Trübungen. Abschlußbericht des Forschungsthemas 54 01 04/GF 6/07/3, Radebeul 5, 1966

[10] *Dietze, G.*, Menge des stratosphärischen Ozons und Polarisation des Dämmerungslichts. Gerl. Beitr. Geophys. *76* (1967), 433

[11] *Dietze, G.*, Durch die Sehleistung des Auges bedingte zeitliche und räumliche Grenzen für die Sichtbarkeit Leuchtender Nachtwolken. Gerl. Beitr. Geophys. *77* (1968), 128

[12] *Dietze, G.*, Intensität und Polarisation des Zenitlichts im Verlaufe der Dämmerung. (Modelle). Abhandl. d. Met. Dienstes d. DDR XI (1968), Nr. 84

[13] *Dietze, G.*, und *G. Kohl*, Zu den Beziehungen zwischen optischen und elektrischen Eigenschaften ionosphärischer Schichten. Z. Met. *18* (1966), 212

[14] *Dietze, G.*, und *G. Kohl*, Einfluß des Luftmassentyps auf die Polarisation des Dämmerungslichts. Z. Met. *20* (1968), 209

[15] *Dietze, G.*, und *H. Seidel*, Ein teilautomatisches Gerät zum Messen der Himmelslicht-Polarisation bei Tage und in der Dämmerung. Z. Met. *20* (1968), 253
[16] *Fessenkov, W. G.*, Astronom. Journal (russ.), Moskau, *38* (1961), 1009 und *44* (1967), 3
[17] *Fiocco, G.*, The observation of noctilucent clouds by optical radar. Noctilucent Clouds, International Symposium Tallinn 1966, Moskau 1967, S. 95
[18] *Fogle, B.*, Noctilucent clouds. Scientific Report, National Science Foundation Grants GP-1759 and GP-5197, May 1966 (Geophys. Inst. Univ. Alaska)
[19] *Fogle, B.*, Noctilucent clouds over North America and in the southern hemisphere. Noctilucent Clouds, International Symposium Tallinn 1966, Moskau 1967, S. 29
[20] *Hemenway, C. L.*, *R. K. Soberman*, and *G. Witt*, Sampling of noctilucent cloud particles. Tellus *16* (1964), 84
[21] *Hesstvedt, E.*, On the water vapor content in the high atmosphere. Geofisiske Publikasjoner (Norwegen) *25* (1964), 1
[22] *Hoffmeister, C.*, Spezifische Leuchtvorgänge im Bereich der mittleren Ionosphäre. Ergebn. d. Exakt. Naturwiss. *24* (1951), 1
[23] *Hoffmeister, C.*, Radio-Überwachung des Meteorphänomens. Die Sterne *42* (1966), 25
[24] *Hoffmeister, C.*, Meteorströme. Leipzig 1948
[25] *Khvostikov, I. A.*, und *A. N. Sevčenko*, Applications de la méthode polarimétrique à l'étude de la structure des couches supérieures de l'atmosphère. Comptes Rendus (Doklady) de l'Acad. des Sciences de l'URSS IV (XIII) (1936), 359
[26] *Khvostikov, I. A.*. Temperature regime of the atmosphere in the region of noctilucent clouds. Konf. Leuchtende Nachtwolken, Tartu 1959, S. 85
[27] *Kohl, G.*, Besteht ein Zusammenhang zwischen optischen Eigenschaften und der Temperatur in der Stratosphäre? Z. Met. *19* (1967), 212
[28] *Kohl, G.*, Depolarisation des Zenitdämmerungslichts, Leuchtende Nachtwolken und hohes Ozon. Gerl. Beitr. Geophys. *76* (1967), 353
[29] *Kohl, G.*, Über die Wechselbeziehungen zwischen Depolarisation des Zenitdämmerungslichts, hohem Ozon und E_S-Schicht. Gerl. Beitr. Geophys. *77* (1968), 159
[30] *Link, F.*, Die Mondfinsternisse. Leipzig 1956
[31] *Rosenberg, G. V.*, Sumerki (russ.), Staatl. Verlag für Physikal.-Mathem. Literatur, Moskau 1963
[32] *Rosenberg, G. V.*, Twilight. Plenum Press, New York 1966
[33] *Schröder, W.*, Zur geographischen Verteilung der Leuchtenden Nachtwolken. Met. Rundschau *19* (1966), 151
[34] *Schröder, W.*, Untersuchungen über die Leuchtenden Nachtwolken in Deutschland. Met. Rundschau *20* (1967), 29
[35] *Schröder, W.*, Zur geographischen Häufigkeit der Leuchtenden Nachtwolken. Gerl. Beitr. Geophys. *77* (1968), 171
[36] *Witt, G.*, Optical characteristics of mesospheric aerosol distributions in relation to noctilucent clouds. Tellus *20* (1968), 98.

Anschrift: Dipl.-Met. Gerhard Kohl, Meteorologischer Dienst der DDR, Meteorologisches Observatorium Wahnsdorf, 8122 Radebeul 5, Altwahnsdorf 12

551.586:63(430.2)

Die Entwicklung der Agrarmeteorologie in der DDR

Von **A. Mäde**

Die Arbeiten auf dem Gebiet der Agrarmeteorologie in der Deutschen Demokratischen Republik und der damit verbundenen Beratung der Landwirtschaft begannen mit der Einrichtung meteorologischer Dienste schon vor der Gründung der DDR. Die im Bereich der Landeswetterdienste geleistete agrarmeteorologische Arbeit war eine wesentliche Voraussetzung dafür, daß mit der Errichtung des Meteorologischen Dienstes der Deutschen Demokratischen Republik auch dieses Grenzgebiet in der Organisation des neuen Dienstes verankert werden konnte. Es mag rückschauend interessant sein, sich daran zu erinnern, daß die Notwendigkeit, meteorologische Erfahrungen für den Transport von Nahrungsgütern zu nutzen, den Anstoß für die Schaffung eines Landeswetterdienstes für das Land Sachsen-Anhalt gab, noch bevor ein einheitlicher Aufbau meteorologischer Institutionen in Gang kam.

Es mag auch nicht Wunder nehmen, daß von diesem Landeswetterdienst Erfahrungen genutzt wurden, die in der Zusammenarbeit zwischen meteorologischer und agrarwissenschaftlicher Forschung vorlagen. Die Bemühungen der Agrarwissenschaftler *Baur*, *Mitscherlich* und *Sessous* und des Klimatologen *Knoch* um eine Kooperation auf dem Grenzgebiet zwischen Meteorologie und Landwirtschaft wurden ausgewertet. Agrarmeteorologische Forschungseinrichtungen wurden an agrarwissenschaftlichen Instituten eingerichtet. Zu der vorhandenen und neu belebten agrarmeteorologischen Forschungsstelle Müncheberg traten in der Folgezeit gleichartige Institutionen in Aschersleben, Quedlinburg, Groß-Lüsewitz und Pillnitz. Erst sehr viel später war es möglich, diese Arbeitsgruppen einer zentralen Forschungsstätte zuzuordnen.

Kann am Anfang der Entwicklung die operative agrarmeteorologische Arbeit im wesentlichen als eine landwirtschaftlichen Belangen angepaßte Klimatologie angesehen werden, so kristallisierte sich im Laufe der Jahre eine Forschungsrichtung heraus, die dem wissenschaftlichen Vorlauf für eine gezielte operative agrarmeteorologische Beratung zu dienen hat. Hatten die Forschungsstationen zunächst die Aufgabe gehabt, die meteorologischen Aspekte der Forschungsvorhaben ihrer agrarwissenschaftlichen Arbeitspartner zu bearbeiten, so konzentrierte sich sehr bald die wissenschaftliche Arbeit auf die Problematik Witterung – Pflanzenwachstum – Pflanzenertrag.

Diese Konzentration wurde nötig, nachdem sich herausgestellt hatte, daß eine über allgemeinere und kaum zu konkretisierende Aussagen hinausgehende Agrarklimatologie über sichere quantitative Beziehungen zwischen meteorologischen Faktoren und biologischen Komponenten verfügen muß. Nur so war eine qualitative Verbesserung gegenüber dem Aussagewert konventioneller klimatologischer Daten, Darstellungen und Karten zu erreichen. Deshalb konzentrierte sich seit 1957 das Arbeitsziel auf die Gewinnung quantitativer Relationen über den Einfluß der Witterung auf das Wachstum der Pflanzen und den Pflanzenertrag. Gemeinsam mit dem jetzigen Präsidenten der Deutschen Akademie der Landwirtschaftswissenschaften zu Berlin, *Prof. Dr. Rübensam*, wurde eine Arbeitsteilung derart festgelegt, daß an einzelnen Forschungseinrichtungen bestimmte landwirtschaftliche Nutzpflanzen untersucht werden sollten. In Müncheberg war die Zuckerrübe, in Groß-Lüsewitz die Kartoffel das Untersuchungsobjekt. In Halle und Berlin sollte Getreide bearbeitet werden. Nach dem frühen Tod des Berliner Bearbeiters, *Dr. Zillmann*, wurde nur noch an der Universität Halle in begrenztem personellen und materiellen Umgang auf diesem Gebiet weitergearbeitet. Das Ziel war es, zunächst statistische Angaben über die wechselseitigen Beziehungen zu gewinnen. Es war von vornherein klar, daß die statistischen Modelle nicht ausreichen würden, um kausale Zusammenhänge eindeutig zu erfassen oder gar zu deuten. Immerhin sind diese statistischen Modelle die Vorstufe kybernetischer Modelle, zu deren Verifizierung auch ein wesentlich größerer experimenteller Aufwand erforderlich ist.

Erste Schritte in dieser Richtung wurden in Quedlinburg getan. Mit der Eingliederung der agrarmeteorologischen Forschungsstation des Meteorologischen Dienstes in das Institut für Pflanzenzüchtung als eine Abteilung mit biophysikalischer Aufgabenstellung und der im Akademie-Bereich großzügigen materiellen Unterstützung aufwendiger experimenteller Arbeiten gelang sehr bald eine größere Auflösung des Wirkungsspektrums meteorologischer Faktoren und der Reaktionen der Pflanzen auf diese Umwelteinflüsse. Das in den letzten Jahren stark gewachsene Interesse der Agrarwissenschaften am Problem der Massenproduktion der Einzelpflanze und des Pflanzenbestandes und der Versuch, mit modernen technischen Einrichtungen die Voraussetzungen für eine Simulierung der meteorologischen Freilandbedingungen im Laboratorium zu schaffen, läßt auf diesem Gebiet rasche Fortschritte erhoffen. Es wird dabei zu klären sein, inwieweit der Meteorologe an diesen experimentellen Arbeiten teilhaben kann, oder ob bei der Betonung physikalischer Aufgaben, hier zweckmäßiger der Physiker mitwirken sollte. Dem Meteorologen könnte dabei die Aufgabe zufallen, die zu simulierenden meteorologischen Situationen vorzugeben und die Häufigkeit ihres Auftretens in der freien Natur zu ermitteln. Die Voraussetzungen für mehr als orientierende Untersuchungen bieten dazu das Beobachtungsmaterial der mikrometeorologischen Basisstationen.

Wenn auch unter Ausnutzung der außerhalb der DDR inzwischen erarbeiteten Relationen eine Vertiefung unseres Wissens gerade zur Fragestellung Witterung und Ertrag erfolgt ist, so reichen diese Kenntnisse noch nicht aus, um die agrarmeteorologische Beratung zielstrebig genug durchführen zu können. Es können jedoch die Mitte der 50er Jahre zurückgestellten Arbeiten zur Agrarklimatologie verstärkt wieder aufgenommen werden, um auf Teilgebieten Fragen des Wetterrisikos nachzugehen.

Auch auf dem Gebiet der Topoklimatologie wurden einige grundsätzliche Fortschritte erzielt. Es gelang, den Anschluß kurzer Meßreihen an langjährige klimatologische Daten hinreichend zuverlässig herzustellen und mit Hilfe einer Typisierung klimatologisch gleichartige Gebiete im Gelände einander zuzuordnen.

Parallel zu diesem mehr der Gewinnung von Grundlagen dienenden Untersuchungen wurde der Versuch unternommen, anhand der bekannten zum Teil mehr qualitativen Beziehungen eine operative meteorologische Beratung der Landwirtschaft in einem agrarmeteorologischen Beratungsdienst aufzunehmen.

Beim Aufbau eines solchen Dienstes ist sehr sorgfältig zu beachten, daß die Beratenden in ihrer fachlichen Urteilsfähigkeit nicht überfordert werden. Diese vorsorgliche Beschränkung ist in einer Epoche grundlegender Veränderungen in Struktur und Arbeitsweise landwirtschaftlicher Betriebe von besonderer Bedeutung. Gerade weil der Übergang der sozialistischen Landwirtschaft zu Formen der industriemäßigen Produktion die Nutzung meteorologischer Parameter in der täglichen Arbeit stark aktiviert, muß vermieden werden, das Vertrauensverhältnis zwischen Meteorologie und Landwirtschaft zu belasten.

Der versuchsweise Aufbau einer agrarmeteorologischen Beratungsstelle beim Rat des Bezirkes Dresden im Jahre 1956 führte deshalb einen Landwirt und einen Meteorologen zusammen und veranlaßte beide, ihre fachlichen Spezialkenntnisse zur Beratung zusammenzuführen. Wenn auch die Forderung der Agrarwissenschaft, nach einer unverhältnismäßig kurzen Anlaufzeit unter Ausnutzung des Kommunikationsmittels Rundfunk die agrarmeteorologische Beratung an den sozialistischen Landwirtschaftsbetrieb unmittelbar heranzutragen, die wissenschaftliche Plattform für die Weiterarbeit zunächst nicht groß genug werden ließ, so wurde doch nach der Ausweitung des Beratungsgebietes auf die sächsischen Bezirke Dresden, Leipzig und Karl-Marx-Stadt dieser Mangel zum großen Teil behoben.

Mit der Intensivierung der Zusatzberegnung und der Schaffung großflächiger Beregnungsanlagen in einer Vielzahl landwirtschaftlicher Betriebe wuchs auch das Verlangen nach meteorologischen Informationen zur Steuerung dieser Einrichtungen. So konzentriert sich zur Zeit die agrarmeteorologische Beratung auf eine Beratung der Beregnungsbetriebe, die mit Angaben über den Wasserverbrauch durch Evaporation und Transpiration versorgt werden. Dazu kommt die wachsende Einbeziehung der Agrarmeteorologie in die Planung großflächiger Entwicklungsvorhaben, mit der, eine der spezifischen, Aufgabenstellung angepaßte Bearbeitung klimatologischer Daten verbunden ist.

Es zeigt sich immer deutlicher, daß eine Nutzung meteorologisch-klimatologischer Daten durch die landwirtschaftliche Praxis durch die leitenden und planenden Institutionen der Landwirtschaft und Nahrungsgüterproduktion eine auf spezielle Fragestellungen Bedacht nehmende Bearbeitung meteorologischer Parameter zur Voraussetzung hat. Mit der Konkretisierung des Aussagewertes solcher Bearbeitungen wächst zugleich die Bereitschaft im landwirtschaftlichen Bereich, sich dieser Parameter zu bedienen.

Die Agrarmeteorologie muß eben in einem landwirtschaftlich hoch entwickelten und stark differenzierten Land differenzierter betrieben werden als in Gebieten, die erst am Anfang ihrer Intensivierung stehen. Es darf wohl damit gerechnet werden, daß ein auch in der landwirtschaftlichen Praxis zu entwickelndes Denken in Systemen und Teilsystemen die zielstrebige Nutzung meteorologischer Kenngrößen nachhaltig fördern wird. Die Vorarbeiten auf diesem Gebiet, insbesondere im Meteorologischen Dienst der DDR, dürften eine Grundlage bilden, die auch für diese Entwicklung tragfähig genug ist.

Literatur

[1] *Engel, K. H.*, und *A. Raeuber*, Untersuchungen über die Beziehungen zwischen Phänometrie und Pflanzenzüchtung. Sitz.-Ber. d. DAL, IX, H. 2, 1–22.

[2] *Koitzsch, R.*, Versuche zur Bestimmung des Wassergehaltes des Erdbodens auf thermischer Grundlage. Abh. MHD der DDR, VII, Nr. 54.

[3] *Koitzsch, R., D., Eich*, und *W. Reiher*, Einfluß der Bodenfeuchtigkeit und der Bodentemperatur auf das Dickenwachstum von Betarüben zu Fragen der Zuckerrübenproduktion. Wiss. Beiträge d. Univ. Halle, Heft 20.

[4] *Mäde, A.*, Über die Methodik der meteorologischen Geländevermessung. Sitz.-Ber. d. DAL, 5, 25, 1956.

[5] *Mäde, A.*, Methodische Voruntersuchungen für eine Agrarklimatologie der DDR. Abh. MHD der DDR, VI, Nr. 46, 1958.

[6] *Mäde, A.*, Meteorologische und phänologische Beobachtungen an den landwirtschaftlichen Instituten der Universität Halle. 100 Jahre landwirtschaftl. Institute d. Univ. Halle. Halle, 1963, 355–366.

[7] *Raeuber, A.*, Untersuchungen zur Witterungsabhängigkeit der Krautfäule der Kartoffel im Hinblick auf einen Phytophthora-Warndienst. Abh. MHD d. DDR, I, Nr. 6, 1957.

[8] *Raeuber, A., K. H. Engel*, Untersuchungen über den Verlauf der Massenzunahme bei Kartoffeln in Abhängigkeit von Umwelt- und Erbguteinflüssen. Abh. d. MD der DDR. Bd. 10, Nr. 76, 117 S.

[9] *Raeuber, A., W. Schweiger*, und *G. Meinl*, Die Abhängigkeit des Wachstums verschiedener Markstamm- und Futterkohle von einigen meteorologischen Elementen. Der Züchter, Bd. 35, 1965, S. 111–117.

[10] *Schick, R., K. H. Engel,* und *A. Raeuber,* Über die Phänometrie des Maises. Der Züchter, Bd. 30, 1960, S. 97–101.
[11] *Schöne, V.,* Geländeklimatische Untersuchungen im Forschungsraum Huy-Hakel der Deutschen Akademie der Landwirtschaftswissenschaften. Angew. Meteorologie. *3,* 1958, S. 129–135.
[12] *Seyfert, F.,* Die klimatischen Voraussetzungen des Zwischenfruchtanbaues nach Winterroggen und Winterraps in der Deutschen Demokratischen Republik unter Berücksichtigung von biologischen und Bodenfaktoren. Abh. d. MHD d. DDR, I, Nr. 4, 1954.
[13] *Stenz, S.,* Über die Fruchtgrößenveränderung einiger Apfelsorten und ihre Abhängigkeit von atmosphärischen Umweltbedingungen. Veröffentl. d. Inst. f. Agrarmeteorologie d. Univ. Leipzig, II, 1–60.
[14] *Unger, K.,* Agrarmeteorologische Studien. Abh. MHD d. DDR, I, Nr. 3, 1953.
[15] *Unger, K.,* Die Anwendung radioaktiver Strahlungsquellen zur berührungslosen Massenbestimmung von Pflanzenbeständen und Einzelpflanzen am natürlichen Standort. Der Züchter 29/159, 289–293.
[16] *Wilamowitz-Moellendorf, T. von,* und *A. Schumann,* Zur Methodik agrarmeteorologischer Rundfunkberichte. Angew. Meteor. *4,* 1961, 49–52.

Anschrift: Prof. Dr. A. Mäde, Meteorologischer Dienst der DDR, Forschungsinstitut für Agrarmeteorologie Halle, 402 Halle/S. Am Donnersberg 12

551.537.33
551.589.1

Über einen Zusammenhang zwischen den Phasen der stratosphärischen äquatorialen Windperiode und der Erhaltungsneigung der troposphärischen Westdrift über Mitteleuropa

Von **H. Maede**

Zusammenfassung: Zwischen den 4 Phasen W, W/E, E, E/W der äquatorialen stratosphärischen Windperiode und der Häufigkeit, Stärke und Erhaltungsneigung der Westdrift über Mitteleuropa im 500-mbar-Niveau bestehen Zusammenhänge, die starke jahreszeitliche Unterschiede aufweisen. Im Sommer ist die Erhaltungsneigung während der Phase E, dagegen in den Monaten September bis Januar während der Phase W größer als normal. Auf eine mögliche Anwendung der Phase als zusätzlicher Parameter bei der Mittelfristvorhersage wird hingewiesen.

Summary: There are between the 4 phases W, W/E, E, E/W of the equatorial stratospheric wind period and the frequency, intensity and persistency of the westerlies over Central Europe at the 500 mb level connections showing marked seasonal differences.

The persistency is greater than normal in summer during the E phase, and during the W phase from September to January. The possible application of the phase as an additional parameter for medium-range forecasting is discussed.

Seit der Entdeckung der stratosphärischen äquatorialen Windperiode, über die *Kriester* (1964) eine zusammenfassende Darstellung vorlegte und auf deren umfassende Bedeutung *Scherhag* auf der IV. Großwettertagung in Bad Homburg (1964) eindringlich hinwies, sind eine Reihe von Untersuchungen veröffentlicht worden, die sich auf den Zusammenhang zwischen der 26monatigen stratosphärischen Schwingung im Bereich des Äquators und meteorologischen Größen über Europa befassen. So wies *Labitzke* bereits 1962 auf eine Beziehung zwischen den stratosphärischen Windphasen und der Witterung in Mitteleuropa hin.

Barg (1966) konnte zeigen, daß sich die Zyklonalität über NW-Europa verstärkt, wenn in der tropischen Stratosphäre ein Übergang von W- zu E-Winden erfolgt, während *Böhme* (1966) einen Zusammenhang zwischen der Windperiode und der Häufigkeit von meridionalen und zonalen Großwettertypen aufdeckte. *Maede* (1967) erhielt eine unterschiedliche Häufigkeit der Windphase beim gleichzeitigen Auftreten von zyklonalen und antizyklonalen Wirbeln in der 500-mbar-Fläche über dem Ostatlantik und Mitteleuropa, während *Geb* (1966) eine Reihe von Beziehungen hinsichtlich der Entstehung und des Verhaltens blockierender Hochdrucklagen über dem Nordatlantik und Europa nachwies.

Neuerdings zeigte *Rüge* (1968) das Vorkommen einer ausgeprägten 26monatigen Schwingung in der Höhe der 50-mbar-Fäche über Berlin.

In der vorliegenden Untersuchung soll versucht werden, einen Zusammenhang zwischen den Phasen der äquatorialen stratosphärischen Windperiode und der Erhaltungsneigung der Westdrift im 500-mbar-Niveau über Mitteleuropa nachzuweisen. Hierbei wird besonderer Wert auf die jahreszeitlichen Unterschiede in den wechselseitigen Beziehungen gelegt, die von dem mittleren Zustand der nordhemisphärischen stratosphärischen Zirkulation abhängen. Möglicherweise kann in bestimmten Monaten die äquatoriale Windphase als ein zusätzlicher Parameter bei der Aufstellung von Mittelfristprognosen benutzt werden.

Die statistische Untersuchung bezieht sich auf den Zeitraum von 1949 bis 1967. Die Windphasen W, W/E, E, E/W für die einzelnen Monate wurden im wesentlichen der Arbeit von *Geb* (1966) entnommen (1950—1964); für 1965 bis 1967 wurden sie mittels der von *Scherhag* und Mitarbeitern herausgegebenen „Täglichen Höhenkarten der 30-mbar-Fläche“ bestimmt, für 1949 wurden sie extrapoliert. Sie beziehen sich auf ein Niveau von 20 mbar, wobei die aus dem 30-mbar-Niveau stammenden Übergangsdaten zwischen den Phasen um 3 Monate rückverlegt wurden (vgl. *Geb*, S. 18).

Als Fälle mit mitteleuropäischer Westdrift wurden alle Tage des Zeitraumes 1949 bis 1967 gewählt, an denen sowohl im Gebiet Ostatlantik als auch im Gebiet Mitteleuropa, deren Definition bei *Maede* (1964) zu finden ist, die dreitägig gemittelten Vektoren eines über die Gebiete gemittelten Gradientwindes im 500-mbar-Niveau eine Richtung zwischen 260° und 279° aufwiesen. Um die statistische Unabhängigkeit der Einzelfälle zu erhöhen, wurde bei aufeinanderfolgenden „Westtagen“ nur jeder 4. Tag als Ausgangstag eines neuen Falles berücksichtigt. Die Erhaltungsneigung der Westdrift wurde durch Auszählung der Häufigkeit des Höhenwetterlagentyps W [Höhenwindrichtung über *ME* zwischen 248° und 292°, vgl. *Maede* (1964)] am 0. (Ausgangs-), 4., 7., 10. und 13. Folgetag für alle Fälle des betreffenden Zeitabschnittes bestimmt.

Im folgenden Abschnitt sollen zunächst statistische Auszählungen behandelt werden, die gleichzeitige Beziehungen zwischen den Tagen mit einer bestimmten äquatorialen Windphase und Westtagen erkennen lassen. Da die ursprünglich für Monate ausgezählten Fälle zu niedrige Anzahlen ergaben, mußten möglichst zirkulationsmäßig begründete größere Zeitabschnitte gewählt werden. Es wurden die Monate Mai bis August zu dem sommerlichen Abschnitt zusammengefaßt, in dem das Stratosphärenhoch im Mittel über dem Nordpol liegt und über Mitteleuropa stratosphärische Ostwinde herrschen. Der winterliche Abschnitt mit zyklonaler Stratosphärenzirkulation wurde unterteilt in die Monate September bis Dezember, in denen im Mittel Abkühlung und Vertiefung des Polarwirbels vorherrscht, und den Abschnitt Januar bis April mit seiner Erwärmung und Auf-

Tabelle 1

	I–IV	V–VIII	IX–XII	J
W	43,7	44,3	33,7	40,5
W/E	7,8	15,8	21,5	15,1
E	37,9	34,3	30,0	34,0
E/W	10,5	5,8	14,8	10,4
n	2284	2337	2318	6938

füllung. Für diese Abschnitte und das Jahr wurden zunächst die durchschnittlichen prozentualen Häufigkeiten der äquatorialen Windphasen (1949–1967) berechnet (Tabelle 1), die als Vergleichsbasis benötigt werden. n bedeutet dabei die Gesamtzahl der Tage in den Zeitabschnitten.

In der Tabelle 2 sind die entsprechenden prozentualen Häufigkeiten der Phase für das Unterkollektiv der Westtage angeführt. Im Jahresdurchschnitt ist also bei einer Westdrift über Europa die Übergangsphase W/E um 4,2% häufiger und die W-Phase um 3,9% weniger häufig als im Normalfall. Diese Differenzen sind jedoch erst

Tabelle 2

	I–IV	V–VIII	IX–XII	J
W	38,8	36,9	35,0	36,7
W/E	13,4	19,6	22,7	19,3
E	40,2	40,5	24,8	34,9
E/W	7,5	2,7	17,5	9,1
n_w	67	111	97	275

bei einer Irrtumswahrscheinlichkeit von etwas mehr als 15% signifikant. Sie geben aber einen Hinweis auf einen möglichen Zusammenhang und stimmen mit den Ergebnissen von *Barg* (1966) hinsichtlich der Bedeutung von W/E überein. Bemerkenswert sind vor allem die jahreszeitlichen Unterschiede, besonders bei E und W zwischen Sommer und Herbst. Während im Sommer die E-Phase um 6,5% häufiger als normal ist, liegt sie in der frühwinterlichen Zirkulationshälfte um 6,4% unter der Norm. Dieser Unterschied von 13% ist bei dem Umfang der Stichproben (etwa 100 Fälle) mit einer Irrtumswahrscheinlichkeit von etwa 6% gesichert. Die W-Phase ist im Sommer um 7,4% unter normal und in der herbstlichen Winterhälfte etwa gleich häufig wie im Durchschnitt aller Fälle.

Schärfer werden die jahreszeitlichen Unterschiede, wenn man die 90 Fälle mit starker Westdrift berücksichtigt. Diese wurden objektiv bestimmt, indem die Windstärke an den Westtagen in 5 Klassen geteilt wurde und nur die 90 Fälle berücksichtigt wurden, die über dem Ostatlantik zu den beiden höchsten und zugleich über Mitteleuropa zu den drei höchsten Klassen gehörten (Tab. 3). Während sich die prozentualen jährlichen Häufig-

Tabelle 3

	I–IV	V–VIII	IX–XII	J
W	26,9	39,4	44,7	36,6
W/E	15,4	17,6	17,0	16,7
E	50,0	53,0	21,3	35,6
E/W	7,7	0,0	17,0	11,1
n_{wst}	26	17	47	90

keiten der Windphasen kaum von denen der Tabelle 2 unterscheiden, sind die jahreszeitlichen Unterschiede deutlicher geworden. Die E-Phase ist in der Frühjahrshälfte und im Sommer bei Westtagen mit starker Drift um etwa weitere 10% häufiger als im Fall aller Westtage und im Herbst etwas weniger häufig. Im Sommer liegt ihre Häufigkeit 18,7% über und im Frühwinter 8,7% unter der Norm. Diese Differenz ist mit einer Irrtumswahrscheinlichkeit von 4–5% signifikant. Bei der W-Phase sind die jahreszeitlichen Unterschiede der spezifischen Häufigkeiten ebenfalls ausgeprägter; besonders zwischen den beiden winterlichen Zeitabschnitten (+ 11,0 bzw. – 16,8%). Eine starke Westdrift und die äquatoriale W-Phase sind also nur in der Zeit des sich vertiefenden stratosphärischen Polarwirbels positiv korreliert, während in der Zeit des sich abschwächenden Wirbels und der stratosphärischen Antizyklone eine positive Korrelation zwischen der E-Phase und einer starken troposphärischen Westdrift besteht.

Im nächsten und letzten Teil dieser Arbeit soll untersucht werden, wie sich die Erhaltungsneigung der Westdrift im 500-mbar-Niveau über Mitteleuropa bis zum 13. Folgetag verhält, wenn am Ausgangstag die oben definierte westliche Höhenströmung über dem Ostatlantik und Mitteleuropa herrscht und gleichzeitig die Phase der stratosphärischen äquatorialen Windperiode bekannt ist. Die Erhaltungsneigung wird durch die prozentuale Häufigkeit der Höhenwetterlagen vom Typ W in den betreffenden Kollektiven für den 0., 4., 7., 10. und 13. Folgetag ausgedrückt. Die Grundhäufigkeiten des W-Typs wurden von *Maede* (1966) für den Zeitraum 1949–1964 bestimmt. Sie betragen für die meteorologischen Jahreszeiten Winter, Frühling, Sommer und Herbst 34,1 bzw. 25,8 bzw. 42,4 bzw. 32,7 und im Jahresmittel 33,8%.

Die Erhaltungsneigung wurde nun für die Unterkollektive W, W/E, E und E/W berechnet, und zwar wieder getrennt für die oben beschriebenen Jahresabschnitte. Die Werte für die Sommermonate (V bis VIII) sind in der Tabelle 4 zu finden.

Tabelle 4 *(V–VIII)*

	n	0.	4.	7.	10.	13. Ft
W	41	80,5	58,6	26,9	29,2	21,9
W/E	22	77,3	40,9	31,8	22,7	27,3
E	45	82,1	55,5	49,0	53,3	51,1
E/W	3	100,0	100,0	66,7	66,7	66,7
∅	111	81,0	55,0	37,8	38,7	36,0

Aus der letzten Zeile erkennt man, daß im Durchschnitt die anfangs übernormale W-Häufigkeit auf den Normalwert zurückgeht, und zwar bis zum 7. Folgetag. Daß am 0. Tage nicht ein Wert von 100% auftritt, liegt daran, daß schwachgradientige Lagen (u. a. auch solche mit westlicher Strömungsrichtung) zu einem besonderen Typ M gezählt wurden [vgl. *Maede* (1966)]. Im Durchschnitt haben die Höhenwetterlagen vom Typ W in unserem Gesamtkollektiv eine Erhaltungsneigung von höchstens 7 Tagen. Die Unterkollektive liefern dagegen beträchtliche Abweichungen, die besonders zwischen dem 7. und 13. Folgetag bemerkenswert sind. Sie sind im Falle der W- und E-Phasen mit 4–5% Irrtumswahrscheinlichkeit statistisch gesichert. Während der E-Phase des äquatorialen Stratosphärenwindes ist die Häufigkeit des W-Typs zwischen dem 7. und 13. Folgetag um 15% höher, dagegen während der W-Phase um 11–15% niedriger. Die Übergangsphasen passen sich trotz des geringen Umfanges der Kollektive in das Schema gut ein. Die E-Phase begünstigt also im Sommer die Andauer vorhandener W-Lagen oder ihr Wiederauftreten über 7 Tage hinaus.

Die entsprechenden Werte für den Herbst und Frühwinter sind in der Tabelle 5 zusammengestellt. In diesem Jahresabschnitt stellen sich im Gesamtkollektiv die Normalwerte erst vom 10. Folgetag ab ein. Die Erhaltungsneigung ist also allgemein höher als im Sommer. Wieder treten zwischen den Unterkollektiven W

Tabelle 5 *(IX–XII)*

	n	0.	4.	7.	10.	13. Ft
W	34	73,4	53,0	53,0	41,0	41,0
W/E	22	100,0	41,1	39,4	36,4	18,2
E	24	79,0	49,6	16,6	16,6	20,8
E/W	17	88,2	47,0	35,3	29,4	47,0
∅	97	83,5	51,6	39,2	32,0	32,0

und E vom 7. Folgetag an beträchtliche Unterschiede auf, jedoch im umgekehrten Sinne wie im Sommer, die mit 1 bis 7% Irrtumswahrscheinlichkeit signifikant sind. Im Herbst und Frühwinter verlängert also die W-Phase im Durchschnitt der Fälle die Andauer der W-Drift, oder sie begünstigt ein erneutes Einsetzen.

Im Frühwinter und im Frühjahr ergibt sich folgende Verteilung:

Tabelle 6 *(I–IV)*

	n	0.	4.	7.	10.	13. Ft
W	26	100,0	42,4	27,0	27,0	42,4
W/E	9	78,5	55,6	44,5	44,5	22,2
E	27	85,2	37,0	25,9	37,0	37,0
E/W	5	80,0	20,0	20,0	20,0	20,0
∅	67	89,5	44,9	28,4	32,4	35,8

Sie ist schon wegen der kleineren Kollektive weniger aufschlußreich. Sie zeigt im Durchschnitt eine kleine Erhaltungsneigung, da am 7. Folgetag die W-Häufigkeit eher unternormal ist. Die Unterschiede bei den Unterkollektiven sind nicht statistisch gesichert. In diesem Jahresabschnitt ist also kein eindeutiger Einfluß der äquatorialen Windphase nachweisbar.

Zusammenfassend folgt aus allen Betrachtungen dieser Untersuchung, daß während der Herrschaft des stratosphärischen Polarhochs und während der Verstärkung der stratosphärischen Polarzyklone im 19-jährigen Mittel ein deutlicher Einfluß der äquatorialen Windphasen auf das Verhalten, besonders auf die Stärke und die Andauer, der troposphärischen Westdrift über Mitteleuropa zu erkennen ist. Dieser Einfluß wirkt in den beiden Jahresabschnitten in entgegengesetzter Richtung. Daraus folgt, daß bei allen weiteren Untersuchungen über den Zusammenhang zwischen stratosphärischen und troposphärischen Erscheinungen der Einfluß der Jahreszeiten besonders beachtet werden muß. In einzelnen Zeitabschnitten sind die Unterschiede hinsichtlich der Häufigkeiten der mitteleuropäischen Höhenwetterlagen vom Typ W so groß, daß sie bei der Aufstellung von Mittelfristvorhersagen für den 7. bis 10. Folgetag beachtet werden sollten. Hierzu müßte noch näher untersucht werden, welche Umschläge bevorzugt werden, wenn die Erhaltungsneigung der W-Drift klein ist. Außerdem wäre eine Untersuchung ähnlicher Art bei einer typischen troposphärischen Meridionalzirkulation aufschlußreich. Möglicherweise erweist sich die äquatoriale stratosphärische Windphase wenigstens als ein nützlicher Zusatzparameter bei der Aufstellung von Mittelfristprognosen auf statistischer Basis, wie sie seit einigen Jahren im Meteorologischen Dienst der DDR durchgeführt werden.

Literatur

[1] *Barg, B.*, Eine annähernd zweijährige Schwingung im Verhalten des Bodendruckes in Nordwesteuropa. Z. f. Met. *18* (1966), 361–368.
[2] *Böhme, W.*, A Change of Circulation Pattern in Middle Latitudes in Connection with the 26-month Cycle. Dynamics of Large-Scale Atmospheric Processes. Proc. Int. Sympos. Moscow, June 23–30, 1965. Moskau (1966), 402–410.
[3] *Geb, M.*, Synoptisch-statistische Untersuchungen zur Einleitung blockierender Hochdrucklagen über dem Nordostatlantik und Europa. Met. Abhandl. LXIX/1, Inst. f. Met. u. Geoph. d. FU Berlin (1966), 89 S.
[4] *Kriester, B.*, Die annähernd zweijährige Schwingung des zonalen Windes in der tropischen Stratosphäre, Met. Abhandl. XXII/4, Inst. f. Met. u. Geoph. d. FU Berlin (1964), 38 S.
[5] *Labitzke, K.*, Beiträge zur Synoptik der Hochstratosphäre, Met. Abhandl. XXVIII/1, Inst. f. Met. u. Geoph. d. FU Berlin (1962), 93 S.
[6] *Maede, H.*, Über den Einfluß der Unterlage (und zweier Zirkulationsparameter) auf die Lebensdauer und Häufigkeit von ausgeprägten Höhentrögen und Höhenrücken, in Baur, F., Bericht über die 5. Meteorolog. Fortbildungstagung für Großwetterkunde, Met. Rundschau *20* (1967), 133–134.
[7] *Maede, H.*, Der jahreszeitliche Gang der Höhenwetterlagenhäufigkeit in den Gebieten Ostatlantik und Mitteleuropa, Z. f. Met. *17* (1964,) 128–133 (Supplementheft).
[8] *Maede, H.*, Jahreszeitliche und jährliche Mittelwerte der Potsdamer Temperaturen und der Niederschlagshäufigkeit in der DDR bei den Höhenwetterlagen Mitteleuropas, Z. f. Met. *19* (1966), 65–75.
[9] *Rüge, U.*, Mehrjährige Zirkulationsschwankungen in der Stratosphäre, Met. Abhandl. LXXXVI/1, Inst. f. Met. u. Geoph. d. FU Berlin (1968), 62 S.
[10] *Scherhag, R.*, Die Zirkulation in den hohen Luftschichten, in Baur, F., Bericht über die IV. Meteorologische Fortbildungstagung für Großwetterkunde, Met. Rundschau *18* (1965), 81–86.
[11] *Scherhag, R.*, und *Mitarbeiter*, Daily and Monthly Northern Hemisphere 30-Millibar-Synoptic Weather Maps, Met. Abhandl. LVII, LXVII, LXXXI (1965–1967), Inst. f. Met. u. Geoph. d. FU Berlin.

Anschrift: Dr. Hans Maede, Meteorologischer Dienst der DDR, Zentrale Wetterdienststelle – Gruppe Synoptische Forschung –, 15 Potsdam, Michendorfer Chaussee

551.510.42
551.508.95

SO_2-Registrierungen am Rande einer Großstadt – Vergleich zwischen Tal- und Höhenlage

Von **H. Mrose** und **W. Warmbt**

Mit 11 Abbildungen

Zusammenfassung: Am Stadtrand von Dresden wurden vom Januar bis April 1968 SO_2-Messungen mit Registriergeräten nach Novák (ČSSR) an zwei Meßstellen durchgeführt, die 1,4 km voneinander entfernt waren. Ein Meßpunkt befand sich im Tal (120 m NN), der andere auf der Hochfläche (246 m NN). Zwischen Tal- und Höhenlage ergeben sich nur geringe Konzentrationsunterschiede hinsichtlich der Mittelwerte, Häufigkeitsverteilungen und Tagesgänge.

Unterschiede treten nur auf, wenn zwischen Tal- und Höhenlage Austausch und Zirkulation verschieden sind, wie z. B. bei Hochdrucklagen, Inversionen, Frontendurchgängen. Besonderheiten im Konzentrationsverlauf werden anhand von Einzelbeispielen erläutert.

Summary: At the periphery of the City of Dresden SO_2 measurements were made from January to April 1968 by recording instruments after the Novak (CSSR) method at two points 1.4 km apart. One of the points was situated in a valley (120 m above m. s. l.), the second on an elevated plain (246 m above m. s. l.). Between the valley and the elevated plain there were but slight differences in concentration of the average values, frequency distributions and diurnal variations.

Differences occur only when the exchange and the circulation between the valley and the elevated plain are different, e. g. with high-pressure situations, inversions, frontal passages. The peculiarities in the concentrations are illustrated by individual cases.

1. Problemstellung

In Gutachten über die Luftverunreinigungssituation einer Großstadt werden häufig Aussagen über die SO_2-Verteilung im Stadtgebiet und in den Außenbezirken gefordert. Hierbei geht man von der Annahme aus, daß die SO_2-Konzentration in dichtbesiedelten Gebieten infolge der großen Zahl verschiedener Emissionsquellen größere Unterschiede aufweist. Um festzustellen, inwieweit die Ergebnisse einer Meßstelle für ein größeres Gebiet repräsentativ sind, registrierten wir die SO_2-Konzentration vom 12. Januar bis 14. April 1968 an zwei Meßstellen am Stadtrand von Dresden. Für die Messungen standen uns zwei SO_2-Registriergeräte nach Novák zur Verfügung, die uns freundlicherweise der Hydrometeorologische Dienst der ČSSR zur Erprobung zur Verfügung gestellt hatte.

2. Lage der Meßstellen

Die Meßstelle I (Wa) befand sich am Meteorologischen Observatorium Wahnsdorf in 246 m NN auf einer Hochfläche ca. 100 m über der Talsohle (Abb. 1).

Die Meßstelle II (Ra) befand sich im Gebäude des Amtes für Meteorologie in Radebeul in 122 m NN. Das Stadtgebiet von Radebeul stellt ein durch Gärten und Grünanlagen aufgelockertes Wohngebiet dar. Die Meßstellen sind 1,4 km entfernt. Größere Industrieanlagen sind im Umkreis von 3 km um die Meßstellen nicht vorhanden.

3. Das SO_2-Meßverfahren von Novák

3.1. Chemische Grundlagen

Das SO_2-Meßverfahren von Novák (*Novák* 1965a, 1965b) beruht auf folgendem Meßprinzip: Luft wird durch jodhaltige Schwefelsäure gesaugt. SO_2 reduziert eine äquivalente Menge Jod zu Jodid gemäß folgender Reaktionsgleichung

$$SO_2 + J_2 + 2H_2O = SO_4^{--} + 4H^+ + 2J^-$$

Das gebildete Jodid wird an einer Platin-Anode wieder zu Jod oxydiert. Der hierfür benötigte Strom ist das Maß für das Jodid und somit für das SO_2. Aufgrund des Gesetzes von Faraday läßt sich die Menge Jodion und damit auch die Menge SO_2 aus der gemessenen Stromstärke berechnen. Aus dem Äquivalentgewicht des SO_2, der Faraday-Konstante und der Durchflußgeschwindigkeit ergibt sich die SO_2-Konzentration

$$SO_2 = \frac{21{,}1}{v}\, i \;(\mathrm{mg/m^3})$$

i = Meßstrom (μA)
v = Durchfluß (ml/min)

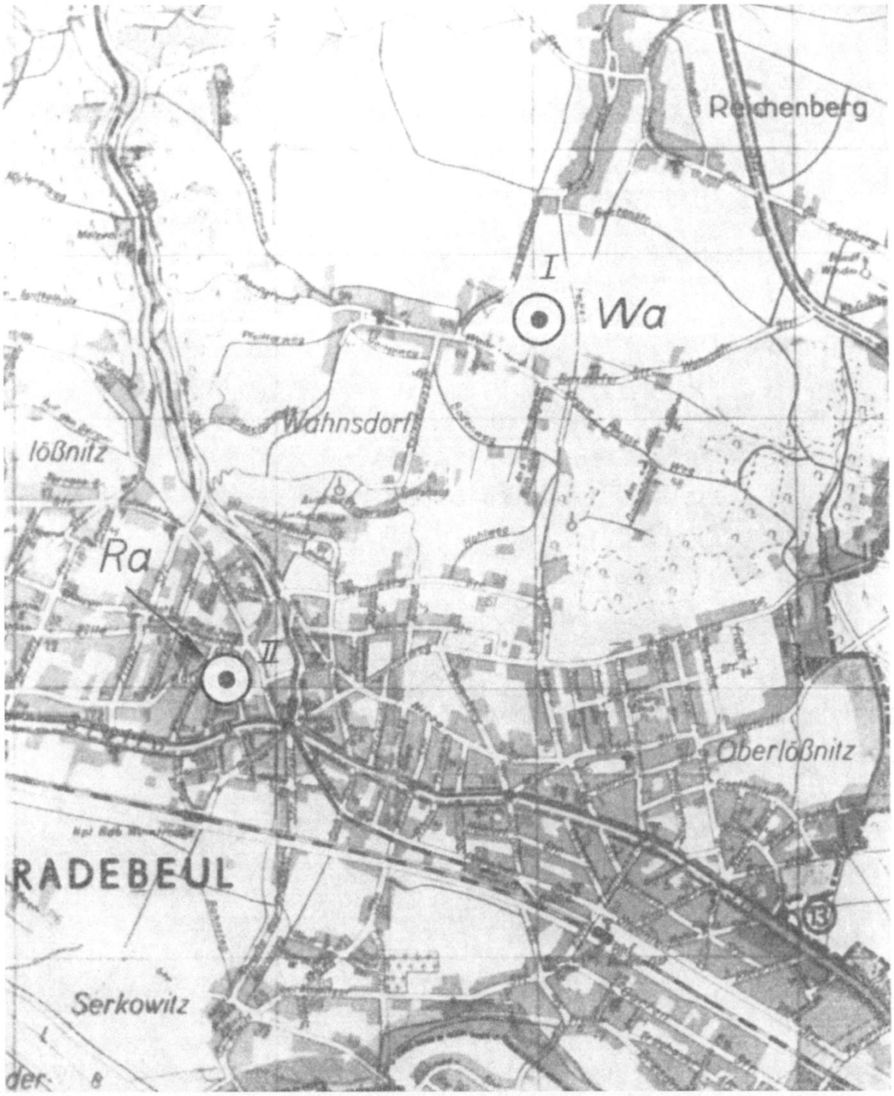

Abb. 1. Lage der Meßstellen

3.2. Der Aufbau der Registrierapparatur

Mit einer langsam fördernden Peristaltik-Pumpe wird $3^0/_0$-ige Schwefelsäure durch ein Glasgefäß, das mit Jodkristallen angefüllt ist, in den Anodenraum gedrückt (Abb. 2). Dort wird sie von der zu untersuchenden Luft durchspült. Luft und Schwefelsäure fließen weiter in den Kathodenraum, von dem aus die Luft und die verbrauchte Schwefelsäure durch eine Pumpe aus Teflon abgesaugt werden. An den Elektroden liegt eine Spannung von 0,3 V. Sie ist kleiner als die Zersetzungsspannung der Schwefelsäure, so daß der Stromfluß nur durch die Oxydation des Jodids aufrechterhalten wird. Der Meßstrom wird von einem Fallbügelschreiber mit einem Skalenbereich von 0 bis 50 μA registriert. Der Papiervorschub beträgt 2 cm/h.

4. Überprüfung des Novák-Verfahrens und der Meßgeräte

Die Richtigkeit der Anzeige des Novák-Analysators überprüften wir durch Vergleichsmessungen mit dem auf SO_2 spezifisch reagierenden p-Rosanilin-Tetrachloromercurat-Verfahren (TCM) von *West* und *Gaeke* 1956. Wir erhielten für das Novák-(y) und das TCM-(x) Verfahren folgende Gleichung für die Regressionsgerade

$$y = 1{,}050\, x + 0{,}002 \text{ (mg/m}^3\text{)}$$

mit einem Vertrauensbereich ($P = 95\%$) für die Konstanten

$$\Delta b = 0{,}182, \quad \Delta a = 0{,}035.$$

Von *Herrmann* 1968 im Nordböhmischen Industriegebiet durchgeführte Vergleichsmessungen erbrachten nahezu gleiche Resultate (Tab. 1). Daraus ergibt sich, daß beide Meßverfahren praktisch gleiche Ergebnisse liefern.

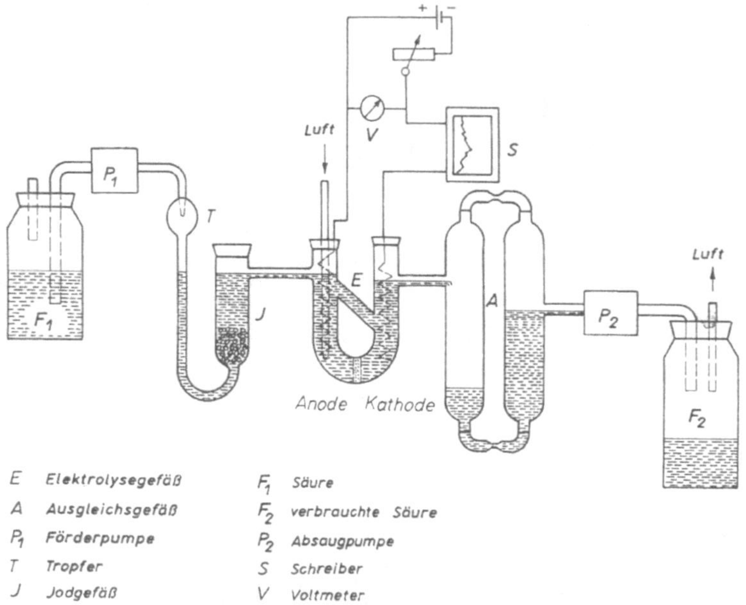

Abb. 2. Aufbau des SO_2-Analysators nach *Novák*

Tabelle 1. *SO_2-Vergleichsmessungen Novák-Verfahren/TCM-Methode*

Meßstelle bzw. Autor	r	$B\%$	a	b
Wahnsdorf	0,97	93,1	0,002	1,050
Herrmann	0,96	92,0	−0,001	0,99

r = Korrelationskoeffizient
B = Bestimmtheitsmaß

Um die Reproduzierbarkeit des Novák-Verfahrens zu überprüfen, führten wir in Wahnsdorf Parallelmessungen mit 2 Novák-Geräten durch.

Für die Meßwerte des Gerätes I (x) und II (y) ergab sich folgende Regressionsgerade

$$y = 0{,}961\,x - 0{,}003 \text{ (mg/m}^3\text{)}$$

mit einem Vertrauensbereich ($P = 95\%$) für die Konstanten

$$\Delta b = 0{,}033, \quad \Delta a = 0{,}005.$$

Der Vertrauensbereich für die Standardabweichung der Einzelwerte von der Regressionsgeraden hatte für $P = 95\%$ den Wert

$$\Delta s = 0{,}03 \text{ (mg/m}^3\text{)}.$$

Die Unsicherheit der Anzeige beträgt demzufolge angenähert 1 pphm. Dieser Wert stimmt mit den Angaben in der Luftverunreinigungsforschung im Einsatz befindlicher Registriergeräte überein.

5. Diskussion der Meßergebnisse

Aus den Aufzeichnungen des Novák-Gerätes bestimmten wir durch graphische Interpolation Halbstundenmittelwerte jeweils für die ersten 30 Minuten.

5.1 Mittelwerte

Tab. 2 enthält die arithmetischen Mittelwerte D für sämtliche Meßwerte sowie für die Terminwerte 0, 6, 12, 18 Uhr. Es ist bemerkenswert, daß zwischen Wahnsdorf und Radebeul nur geringe Konzentrationsunterschiede bestehen. Aus den Mittelwerten folgt, daß der SO_2-Gehalt im Tal (Ra) ca. 20% höher ist als auf

Tabelle 2. *SO_2-Mittelwerte (mg/m³) gemessen nach dem Novák-Verfahren Wahnsdorf 12. Januar–14. April 1968*

Meßpunkt	Gesamtmittelwert		0 Uhr		6 Uhr		12 Uhr		18 Uhr	
	n	*D*	*n*	*D*	*n*	*D*	*n*	*D*	*n*	*D*
Ra	2172	0,117	270	0,085	272	0,136	271	0,143	271	0,103
Wa	2085	0,099	264	0,084	260	0,121	263	0,121	265	0,084
Ra–Wa	.	0,018	.	0,001	.	0,015	.	0,022	.	0,019

n = Anzahl der Meßwerte, für die Terminmittelwerte wurde auch die Stunde vor und nach dem Termin in die Berechnung einbezogen

der Hochfläche (Wa). Dieser Unterschied hat seine Ursache einesteils darin, daß im Tal Industrie- und Siedlungsgebiete mit einer großen Anzahl von Emittenten konzentriert sind. Andernteils ist das Tal im Vergleich zur Hochfläche in der Abgasausbreitung benachteiligt besonders bei austauscharmen Wetterlagen.

5.2. Tagesgang

Die mittleren Tagesgänge der SO_2-Konzentration zeigen in Radebeul und Wahnsdorf Unterschiede in der Amplitude, nicht aber in der Phase (Abb. 3). Die Extremwerte treten an beiden Stationen zur gleichen Zeit auf, das Maximum um 9 Uhr, das Minimum um 2 Uhr. Der Mittelwert der Tagesschwankung beträgt in Radebeul 0,09 mg/m³, in Wahnsdorf 0,07 mg/m³. Das Frühmaximum ist auf die Inbetriebnahme der Feuerstätten und auf den geringeren Massenaustausch aufgrund der Stabilität der Schichtung und der Inversionsbildung zurückzuführen. Die Heizphase in den Abendstunden führt dagegen nur zu einer geringen Konzentrationszunahme, die an beiden

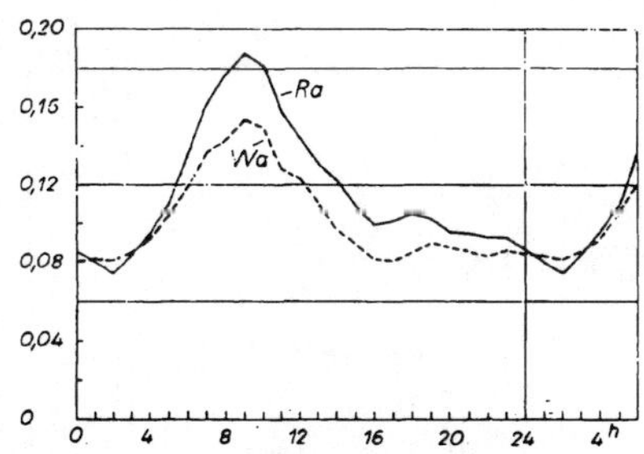

Abb. 3. Mittlerer Tagesgang der SO_2-Konzentration

Meßstellen um 18 und 19 Uhr schwach angedeutet ist. Das Minimum um 2 Uhr ist auf die geringe Emissionsrate während der Nachtstunden zurückzuführen. Es ist bemerkenswert, daß sich die SO_2-Konzentration auf der Hochfläche infolge des besseren Austauschs in der Zeit von 16 bis 2 Uhr nur wenig ändert.

5.3. Häufigkeitsverteilungen

Um einen Überblick über die Häufigkeit des Auftretens der SO_2-Konzentrationswerte zu erhalten, sind in den Abb. 4 und 5 die Summenhäufigkeitsverteilungen für die Tagesmittelwerte und für die Terminwerte 0, 6, 12, 18 Uhr dargestellt. Da die SO_2-Werte nicht normal sondern logarithmisch-normal verteilt sind, werden sie im logarithmischen Wahrscheinlichkeitsdiagramm als Gerade abgebildet. Die Verteilung für Radebeul und Wahnsdorf zeigen keine großen Unterschiede. Auch die 95%-Werte der Summenhäufigkeit, die in der Literatur verschiedentlich zur Ermittlung der Grundbelastung verwendet werden, sind, wie Tab. 3 zeigt, an beiden Meßstellen nur wenig verschieden. Es ist bemerkenswert, daß die 95%-Werte von Wahnsdorf um 12 Uhr und weniger ausgeprägt um 6 und 18 Uhr höher sind als die Werte von Radebeul. Daraus folgt, daß

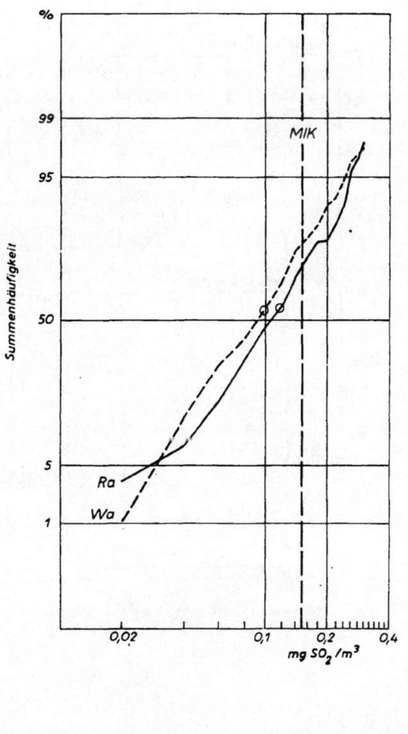

Abb. 4. Summenhäufigkeitsverteilungen der Tagesmittelwerte

auf der Hochfläche die SO_2-Konzentration zeitweise höher ist als im Tal. Es handelt sich in solchen Fällen um Abgashorizonte aus dem Industrie- und Siedlungsgebiet von Dresden-Radebeul, die mit Südostwinden über die Hochfläche weggeführt werden.

Tabelle 3. *95%-Werte der Summenhäufigkeit der SO_2-Konzentration (mg/m³)*

Meßpunkt	Tagesmittelwert	0 Uhr	6 Uhr	12 Uhr	18 Uhr
Ra	0,25	0,25	0,35	0,39	0,27
Wa	0,24	0,25	0,37	0,49	0,29

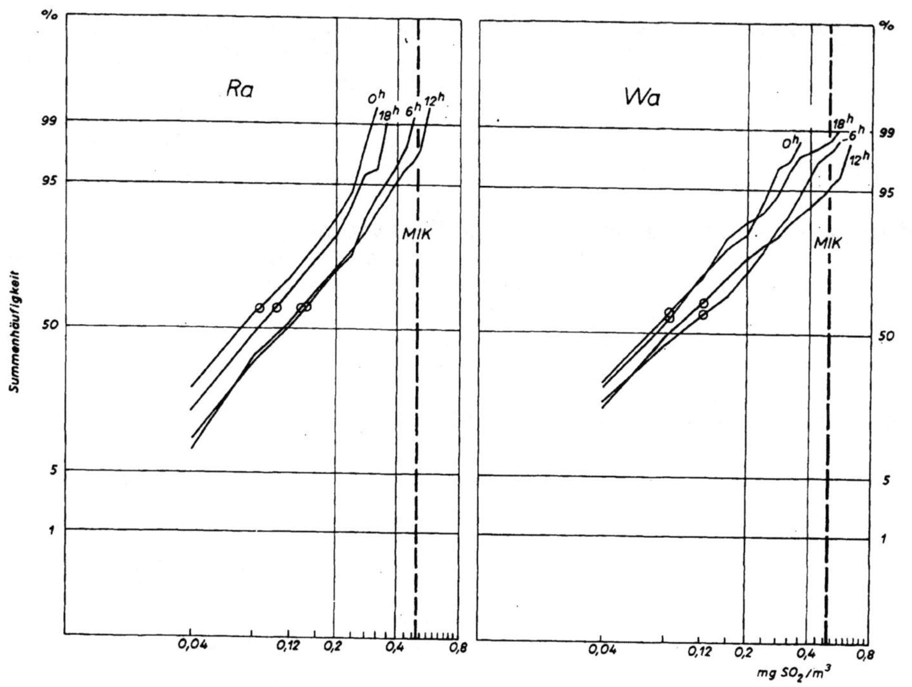

Abb. 5. Summenhäufigkeitsverteilungen der Terminmittelwerte

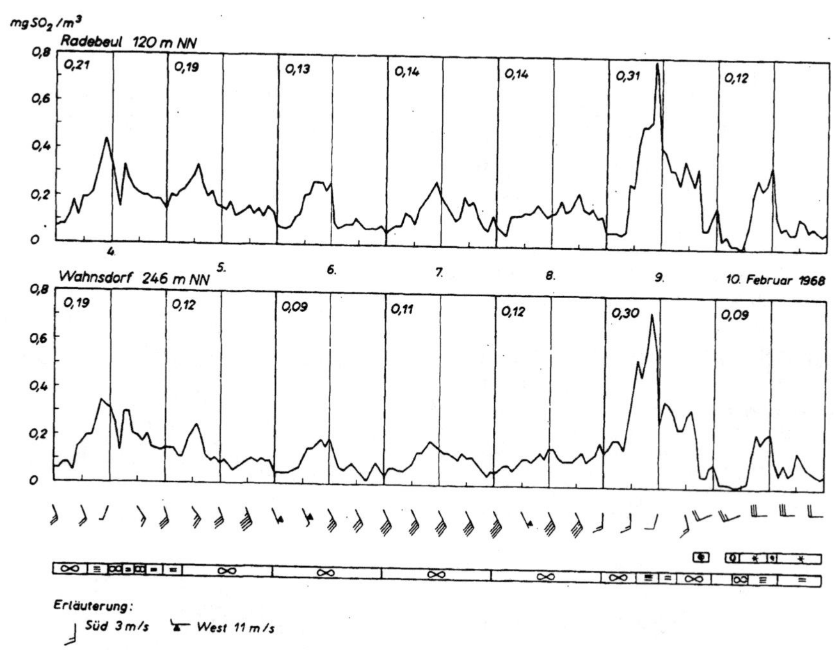

Abb. 6. Verlauf der SO_2-Konzentration (Halbstundenmittelwerte) in Wahnsdorf und Radebeul (4.–10. II. 1968)

5.4. Korrelations- und Regressionsanalyse

Um die Zusammenhänge zwischen den Tagesmittelwerten der beiden Meßreihen zu kennzeichnen, berechneten wir den Korrelationskoeffizienten und die Regressionsgerade. Den Rechnungen liegen nicht die Tagesmittelwerte des Gesamtzeitraumes der Messungen sondern nur die Werte des 1., 4., 7. usw. Tages zugrunde, da aufeinanderfolgende Tagesmittel infolge der von der Wetterlage abhängigen Erhaltungsneigung der Ausbreitungsvorgänge nicht voneinander unabhängig sind. Der Korrelationskoeffizient für die Meßwerte von Wahnsdorf (x) und Radebeul (y) hat den Wert

$$r = 0{,}918.$$

Die Regressionsgerade hat die Gleichung

$$y = 1{,}154\,x + 0{,}005\ (\mathrm{mg/m^3}).$$

Für $P = 95\%$ haben die Konstanten die Vertrauensbereiche

$$\Delta b = 0{,}192, \qquad \Delta a = 0{,}018.$$

Diese Ergebnisse bestätigen die bereits genannten geringen Unterschiede der SO_2-Konzentration zwischen Tal- und Höhenlage.

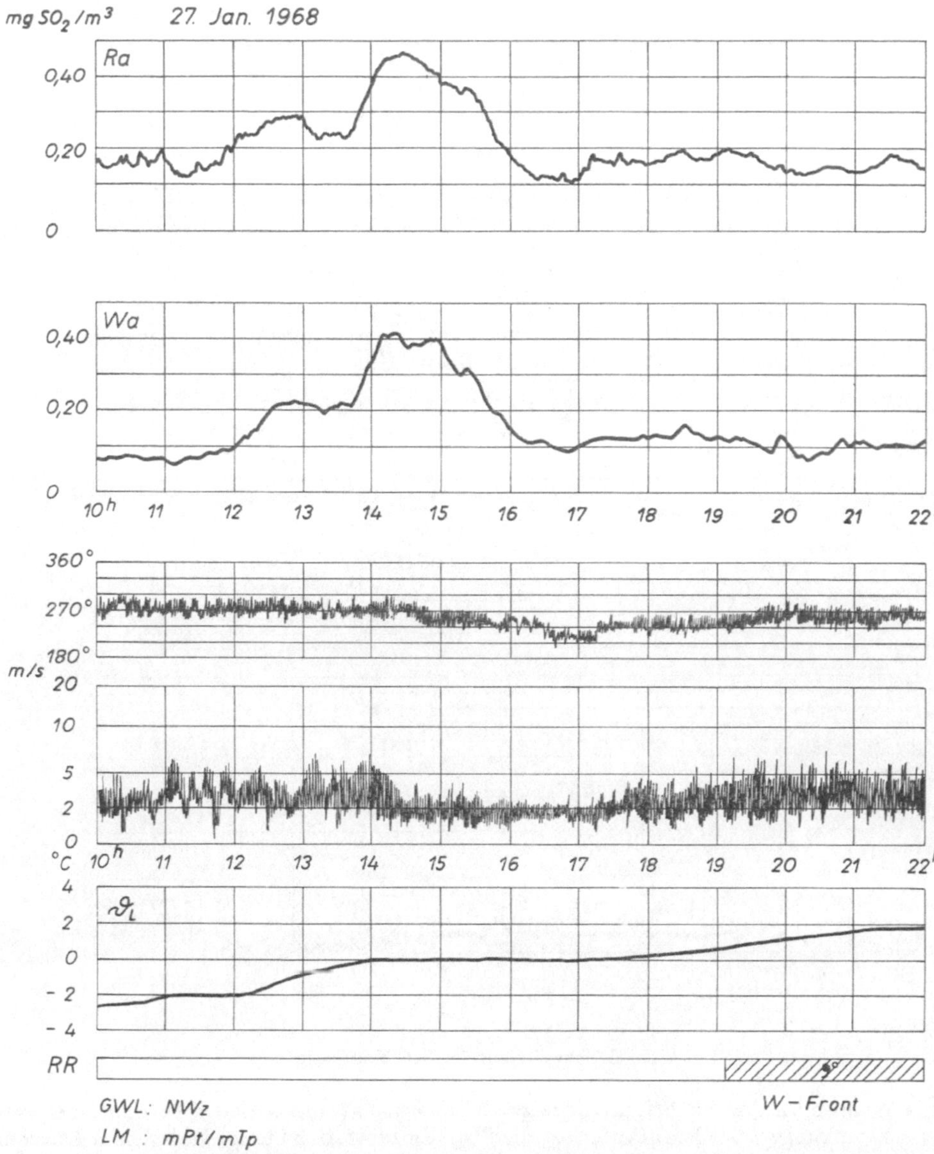

Abb. 7. Gleichsinniger Verlauf der SO_2-Konzentration

5.5. Einzelbeispiele

Anhand von Ausschnitten aus den Registrierungen sollen einige Beispiele für *gleichsinnige* und *unterschiedliche Variationen im Tagesgang* der SO_2-Konzentration zwischen beidenMeßstellen näher erörtert werden.

Bereits der in Abb. 6 dargestellte Verlauf der Halbstundenmittelwerte für die Zeit vom 4. bis 10.Februar 1968 zeigt den engen Zusammenhang der SO_2-Konzentration zwischen Radebeul und Wahnsdorf.

Als Beispiel für *gleichsinnige* Änderungen der SO_2-Konzentration betrachten wir die Registrierungen vom 27. Januar 1968 (Abb. 7). Im Tal und auf der Hochfläche wurde um 12 Uhr ein Anstieg und nach 14 Uhr ein Rückgang der SO_2-Konzentration beobachtet. Aus den Aufzeichnungen von Windrichtung und Windgeschwindigkeit von Wahnsdorf ergeben sich keine Hinweise über die möglichen Ursachen der Variationen. Möglicherweise handelt es sich um Abgasschwaden, die in breiter Front das Tal durchziehen. *Keinesfalls* sind derartige Änderungen, wie oft vermutet, auf lokale Immissionseinflüsse zurückzuführen, wie z. B. Abgasschwaden benachbarter Häuser.

Einen *unterschiedlichen* Verlauf der SO_2-Konzentration zeigten die Registrierungen vom 14. April 1968 (Abb. 8). An diesem Tage traten in Wahnsdorf auffällige Konzentrationsschwankungen auf, in Radebeul dagegen fehlen diese. Einen Hinweis über die möglichen Ursachen dieser Erscheinungen gibt die Böenschreiber-

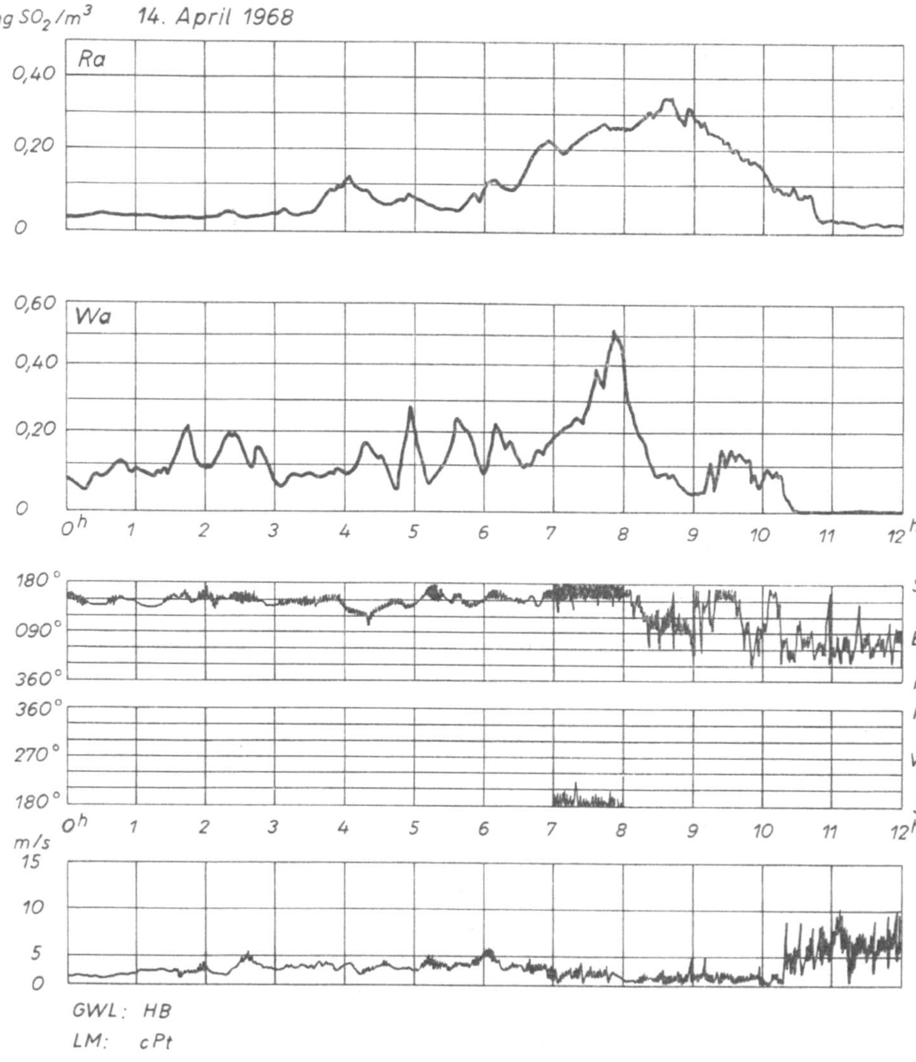

Abb. 8. Unterschiedlicher Verlauf der SO_2-Konzentration

registrierung von Wahnsdorf. Die SE-Strömung zeigt ab Mitternacht kurzzeitige Windrichtungs- und Windgeschwindigkeitsschwankungen, bei deren Auftreten die SO_2-Konzentration infolge turbulenter Durchmischung zurückgeht. Auffällig ist der kurzzeitige Anstieg der SO_2-Konzentration in Wahnsdorf um 8 Uhr. Konzentrationsspitzen dieser Art treten auf, wenn mit zunehmender Einstrahlung die nächtliche Bodeninversion durch die thermische Konvektion zerstört wird. Hierbei werden die hohen Konzentrationen, die sich unter der Inversionsobergrenze angesammelt haben, durch die plötzlich einsetzenden turbulenten Umlagerungen zum Boden verfrachtet (fumigation). In Radebeul löst sich die Inversion später als auf der Hochfläche erst gegen 9 Uhr auf. Nach der Inversionsauflösung kommt es auf der Hochfläche zu konvektiv bedingten Richtungsschwankungen des Windes. Die SO_2-Konzentration geht rasch zurück, da der Wind von SSE auf östliche Richtung dreht, so daß keine mit Rauchgasen verunreinigte Luft mehr zur Meßstelle gelangt. Das Auffrischen des Windes nach 10 Uhr führt zu einer weiteren Durchmischung und damit zu einem Rückgang der SO_2-Konzentration. Aus diesem Beispiel ergibt sich, daß zwischen Tal- und Höhenlage SO_2-Unterschiede auftreten, wenn es bei austauscharmen Wetterlagen zur Ausbildung lokaler Zirkulationssysteme kommt.

SO_2-Unterschiede treten ferner auf, wenn aufgrund der Wetterlage das Windfeld nach Richtung, Geschwindigkeit und Turbulenzzustand Unterschiede zwischen Tal- und Höhenlage aufweist, wie z. B. am 14. Januar 1968 bei einem markanten *Warmfrontdurchgang*. Am 13. Januar gelangte Mitteleuropa in den Einflußbereich eines bei Island liegenden Zentraltiefs. Gegen 22 Uhr 30 drehte der Wind in Wahnsdorf auf SSE (Abb. 9). Damit wurde Luft mit hohem SO_2-Gehalt aus dem Stadtgebiet von Dresden an beide Meßstellen herangeführt. Die von Westen einströmende Warmluft setzte sich in den Nachmittagsstunden des 14. Januar zunächst nur in Wahnsdorf durch (Abb. 10). Der Warmfrontdurchgang ist durch die Wind- und Temperaturregistrierungen belegt (15 Uhr 20). Mit dem Auffrischen des Windes und Drehung auf WSW nimmt die Durchmischung zu, und die Konzentration geht zurück. Radebeul befindet sich zu dieser Zeit noch in der Kaltluft. Während auf der Hochfläche die SO_2-Konzentration bereits zurückgeht, nimmt sie im Tal unter der als Sperrschicht wirkenden, quasihorizontal liegenden Diskontinuitätsfläche noch zu. Gegen 17 Uhr setzt sich die Warmluft bis zur Talsohle durch, und die SO_2-Konzentration geht dann auch hier rasch zurück.

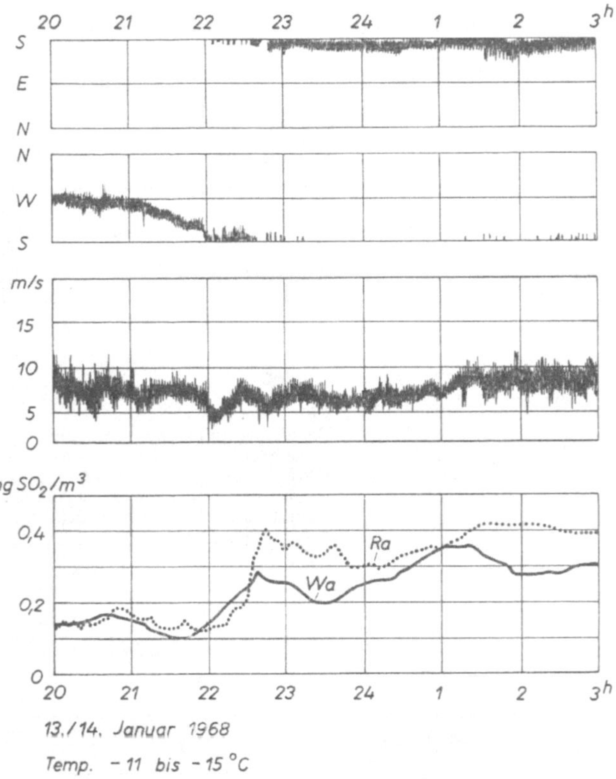

Abb. 9. SO_2-Verlauf bei Windrichtungsänderung

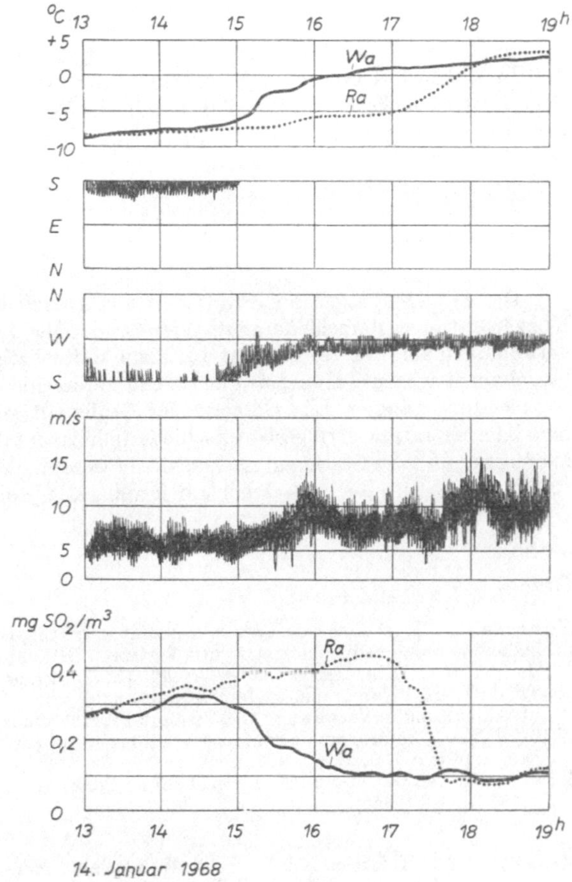

Abb. 10. SO_2-Verlauf bei einem Warmfront-Durchgang

Abschließend soll noch der SO_2-Verlauf vom 9. Februar 1968 erörtert werden. An diesem Tage wurden die *absolut höchsten Konzentrationswerte* des Winters 1967/68 gemessen (Abb. 11).

Bei schwachen südlichen Winden bildete sich an diesem Tage im Elbtal verbreitet Dunst und

Nebel. Durch kleinräumige Zirkulationsprozesse traten in den Morgenstunden an beiden Meßstellen große Schwankungen der SO_2-Konzentration auf. Des weitern stieg die Konzentration im Tal und auf der Hochfläche infolge des fehlenden Austauschs laufend an.

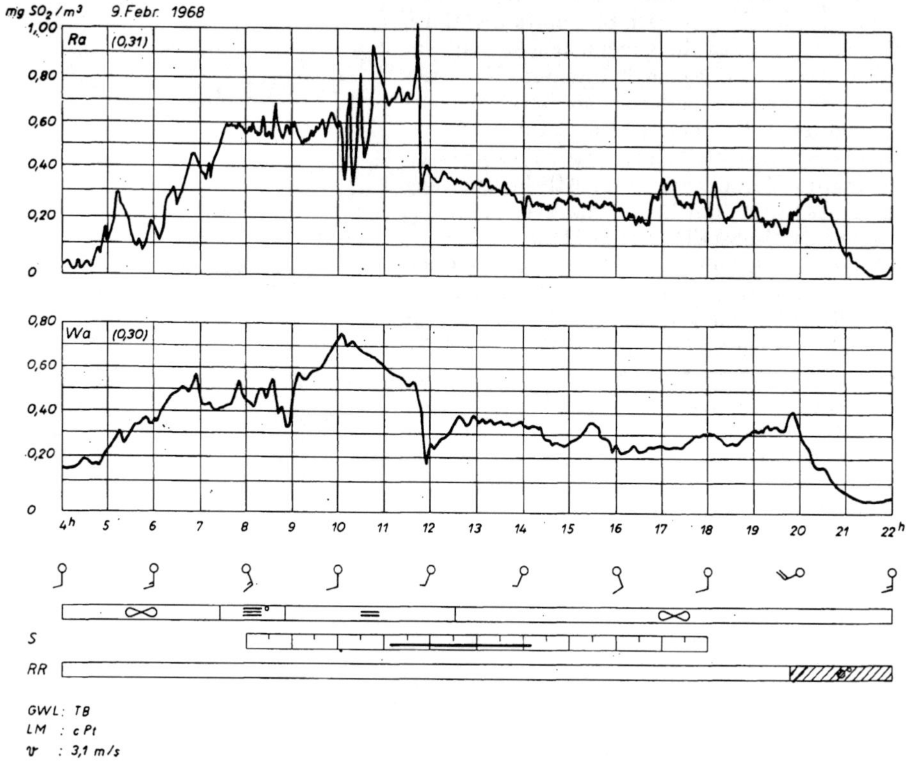

Abb. 11. SO_2-Verlauf am 9. II. 68 (absolutes Immissionsmaximum des Winters 1967/68

In Wahnsdorf betrug die Spitzenkonzentration 0,75 mg/m³ (10 Uhr), in Radebeul 1,04 mg/m³ (11 Uhr 45). Gegen Mittag lockerte die Bewölkung auf, der Wind drehte von SSE auf SSW, und mit der nun einsetzenden Durchmischung ging die SO_2-Konzentration an beiden Stationen zur gleichen Zeit (12 Uhr) auf 0,40 bis 0,30 mg/m³ zurück. Gegen 20 Uhr einsetzender Regen und die Winddrehung auf WSW bewirkten ein weiteres Absinken der SO_2-Konzentration.

6. Schlußfolgerungen

Die SO_2-Messungen am Stadtrand von Dresden zeigen, daß zwischen Tal- und Höhenlage nur geringe Konzentrationsunterschiede vorhanden sind. Die Tagesgänge der SO_2-Konzentration und die Häufigkeitsverteilungen sind im Tal und auf der Höhe weitestgehend ähnlich. Unterschiede treten nur auf, wenn die Austauschvorgänge im Tal und auf der Höhe unterschiedlich sind, z. B. bei austauscharmen Wetterlagen und bei Frontendurchgängen. Das Gebiet einer Großstadt stellt eine Großflächenquelle dar, in deren Randzone die SO_2-Konzentration geringe Unterschiede in horizontaler und vertikaler Richtung aufweist. Dies konnte durch Messungen an zwei Stationen nachgewiesen werden, die 1,4 km entfernt waren und einen Höhenunterschied von 120 m aufwiesen. Bis zu welcher Entfernung die Repräsentanz einer Probenahmestelle reicht, sollen weitere Untersuchungen zeigen.

Literatur

Herrmann, G., Ergebnisse von Parallelmessungen des SO_2-Gehaltes der Atmosphäre nach der Pararosanilin-Methode (SO_2-Meßkoffer) und einem coulometrischen Verfahren (SO_2-Analysator 641) in der ČSSR – Ber. Techn. Univ. Dresden Inst. f. Pflanzenchemie Abt. Rauchschadenforschg. Tharandt (1968).

Novák, J. V. A., Polarograph.-coulometrische Analysatoren für Spurenstoffkonzentrationen von SO_2 – Int. Symposium über Luftreinhaltung u. Verwertung von SO_2 und Flugasche aus Dampfkraftwerken I, Liblice ČSSR, 254–260 (1965a).

Novák, J. V. A., Polarographic-coulometric analyzers measurement of low concentrations of sulphur dioxide – Collect.Cechoslov. Chem. Commun. 30, 2703 (1965b).

West, P. W., und *G. C. Gaeke*, Fixation of sulfur dioxide as disulfitomercurate (II) and subsequent estimation – Analyt. Chem. *28*, 1816–1819 (1956).

Anschriften: Dr. H. Mrose und Dr. habil. W. Warmbt, Meteorologischer Dienst der DDR, Meteorologisches Observatorium Wahnsdorf. DDR-8122 Radebeul 5, Altwahnsdorf 12

551.573:627.81

Verdunstungsmessungen auf dem Oberbecken des Pumpspeicherwerkes Hohenwarte II

Von **J. Neis**

Mit 1 Abbildung

Zusammenfassung: Es war zu untersuchen, ob das neuerbaute Oberbecken des Pumpspeicherwerkes (PSW) Hohenwarte II Wasserverluste durch den Untergrund aufweist. Die Prüfungen erstreckten sich auf hydrologische und meteorologische Faktoren. Über letztere, es handelte sich im wesentlichen um Verdunstungsmessungen, wird berichtet.

Summary: The task was set to investigate whether the newly built upper basin of the pumping storage station (PSW) Hohenwarte II shows any loss of water in the ground. The examination covered hydrological and meteorological factors, the latter being the subject of this report, since mainly evaporation measurements are involved.

1. Einführung

Elektrische Energie läßt sich nicht beliebig speichern. Die Energieabnahme durch die Verbraucher hat einen ausgesprochenen Tagesgang. Einem Energieüberschuß in den Nachtzeiten steht ein erhöhter Bedarf in den sogenannten Spitzenzeiten gegenüber.

Wärmekraftwerke arbeiten im Bandverfahren und können ihre Energieabgabe nur in gewissen Grenzen ändern.

Um den Bedarf an Spitzenenergie abzudecken, werden Pumpspeicherwerke errichtet. Mit billigem Nachtstrom wird Wasser aus einem tief gelegenen Unterbecken über Rohrleitungen oder Kavernen in ein möglichst hoch gelegenes Oberbecken gepumpt. Bei Bedarf kann das Wasser zur Erzeugung von Spitzenenergie wieder abgelassen werden.

Unterbecken werden meist in Flußtälern nach den Grundsätzen des Talsperrenbaus errichtet. Der Bau von Oberbecken stößt dann auf Schwierigkeiten, wenn keine hoch gelegene Talsperre vorhanden ist oder verwendet werden kann. Sie werden daher oft auf Bergkuppen oder Hochflächen aufgesetzt. Je nach den Untergrundverhältnissen muß die Beckensohle mit einem Versickerungsschutz versehen werden. Einige Gesteine sind so dicht, daß die Versickerungen sehr gering bleiben. Verwerfungen und andere geologische Bedingungen sind dann von besonderer Bedeutung.

In der Literatur sind Beispiele beschrieben, wo wegen fehlender oder ungenügender Dichtung Beckenwasserverluste auftraten, die die technische Sicherheit des Bauwerkes gefährdeten. Beckenabdichtungen sind teuer, wenn auf sie verzichtet werden kann, ergeben sich bedeutende ökonomische Vorteile.

2. Das PSW Hohenwarte II

An der Saale, oberhalb von Saalfeld, liegt die Hohenwarte-Talsperre mit dem nachfolgenden Ausgleichsbecken Eichicht. Beide Sperren liegen in dem tief eingeschnittenen Tal des Flusses. Das PSW Hohenwarte II benutzt das genannte Ausgleichsbecken als Unterbecken. Ungefähr 300 m über dessen Wasserspiegel wurde auf einer Hochfläche das Oberbecken errichtet. Die äußere Form ist aus der Abb. 1 ersichtlich. Sie

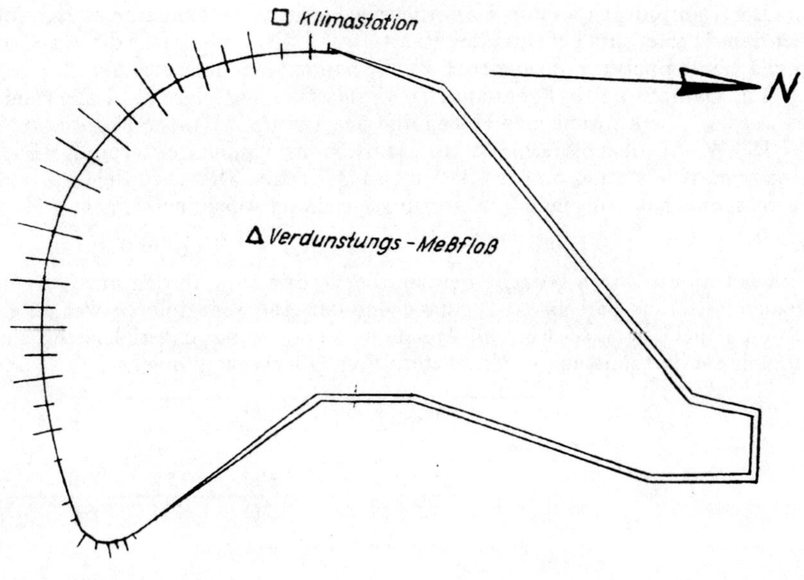

Abb. 1. Lageskizze (1 : 7500) des Pumpspeicherwerkes Hohenwarte II

hatte sich der Geländeform anzupassen. Die geologischen Verhältnisse erlaubten nur den Bau von Schwergewichtsmauern. Eine Seite besteht aus einem Schüttdamm. Da an der Oberfläche wasserundurchlässige Tonschiefer und Grauwacken anstehen, wurde auf eine Beckendichtung verzichtet.

Nach Beendigung des Baus mußte das Oberbecken auf seine Dichtigkeit geprüft werden. Der Wasserstand wurde im Becken schrittweise um jeweils mehrere Meter erhöht.

In den Zwischenzeiten, sie dauerten etwa 2 bis 10 Wochen, wurden alle Veränderungen beobachtet und die Wasserzu- und -abgänge bilanziert. Von meteorologischer Seite waren die Niederschlags- und Verdunstungshöhen beizusteuern. Über sie wird hier berichtet.

3. Meteorologische Messungen

Vor Beginn der meteorologischen Messungen mußte über den notwendigen Genauigkeitsgrad Klarheit bestehen. Er hing ab von den möglichen Fehlergrößen der anderen an der Bilanz beteiligten Größen und von den baulichen Erfordernissen. Weiter mußte das Meßprogramm auf den Bauablauf Rücksicht nehmen. Es konnte und brauchte nicht strengen wissenschaftlichen Anforderungen gerecht werden. Die Aufgabe bestand in der Erfüllung der operativen Notwendigkeiten.

Die Messung des Niederschlages ist im Prinzip einfach, die Übertragung auf Flächen mitunter schwierig. Er wurde am Beckenrand, dort befand sich eine Klimastation, gemessen. Nach den gewonnenen Erfahrungen konnte bei einem Zuschlag von 10% der Niederschlagssumme mit einem annehmbaren Wert der Niederschlagseinnahme des Beckens gerechnet werden.

Wesentlich schwieriger ließ sich die Verdunstung aus dem Becken bestimmen. Theoretische bzw. empirische Ansätze sind bekannt, doch war ihre Anwendbarkeit im konkreten Fall unsicher. Es mußte daher auf direkte Verdunstungsmessungen zurückgegriffen werden. In der Mitte des Beckens wurde ein Meßfloß in dreieckiger Form mit einem Verdunstungskessel aus Blech (Tiefe 60 cm, Durchmesser 50 cm) verankert. Die Maße des Kessels hatten sich nach den damaligen Erfahrungen des Forschungsinstituts für Hydrometeorologie Berlin als günstig erwiesen. Da das Floß nur an einer Ecke verankert wurde, konnte es sich im Wind drehen. Wegen der unregelmäßigen Beckenform bildeten sich oft relativ hohe Wellen, die ein Überschwappen des Kesselwassers begünstigten. Täglich wurden ein bis zwei Mal die Verdunstung und die Wassertemperaturen gemessen.

4. Berechnungsmethode und Meßergebnisse

Eine allgemeine Form der Beziehung zwischen Verdunstung, Dampfdruck-Differenz und Windgeschwindigkeit gibt eine auf *Dalton* zurückgehende Formel an:

(1) $$V = k\,(e_w - e_z)\,\mu^c.$$

Es bedeuten:

V: Verdunstung [mm]
e_w: Dampfdruck in der Höhe z der Lufttemperaturmessung [Torr]
μ: Windgeschwindigkeit [m/s]
k, c: Proportionalitätsfaktoren

Der Dampfdruck an der Wasseroberfläche (e_w) ergibt sich unter der Annahme, daß die Luft unmittelbar über dem Wasser mit Feuchtigkeit gesättigt und die Temperatur der wassernahen Luftschicht mit der Wasseroberflächentemperatur T_w identisch ist. Es handelt sich hier also um den Sättigungsdampfdruck E_w.

Der Dampfdruck e_z konnte aus den Registrierungen der am Beckenrand befindlichen Klimastation berechnet werden. Die schwankende Höhendifferenz zwischen Wasserspiegel und Klimastation wurde berücksichtigt.

Die Windbeobachtungen der Klimastation (es wurden dreiterminige Beobachtungen durchgeführt) zeigten keine enge Korrelation mit den Verdunstungswerten. Diese wurden daher allein dem Dampfdruckgradienten gegenübergestellt. Folgende Verdunstungsgleichung wurde berechnet:

(2) $$V = 0{,}47\,(e_w - e_z) + 1{,}2 \quad [\mathrm{mm}\,d^{-1}].$$

Zunächst mußte daran gedacht werden, die Verdunstung in den durch Niederschlag und Wellenschlag ausgefallenen Zeiten zu berechnen. Entsprechend der Aufgabenstellung war an eine fortlaufende Messung und Berechnung nicht gedacht worden. Aus dem Beobachtungsmaterial lassen sich auszugsweise folgende Monatssummen der Verdunstung in Millimetern vom Oberbecken angeben:

	Aug.	Sept.	Okt.			
1964	112	83	(79)			
	März	April	Mai	Juni	Juli	Aug.
1965	12	54	(39)	77	93	71

(geklammerte Werte sind unsicher).

Die gemessenen Verdunstungsmengen konnten größenordnungsmäßig akzeptiert werden. Im Januar und Februar 1965 hatte sich eine geschlossene Eisdecke ausgebildet.

Vor Beginn der Messungen wurde eingehend geprüft, ob statt der aufwendigen Messung aus der Literatur bekannte Verdunstungsformeln zu benutzen sind. Auf Grund der Wichtigkeit der zu treffenden Aussage wurde sehr schnell die Entscheidung zu Gunsten der direkten Messung getroffen. Nach Abschluß des Probestaus wurden theoretisch ermittelte Verdunstungswerte den Werten der Kesselverdunstung gegenübergestellt. Es zeigte sich, daß weder die Formeln von *Thornthwaite* noch die anderer Autoren den Anforderungen genügten.

5. Beispiel einer Wasserhaushaltsberechnung

Wasserhaushaltsberechnungen mußten für solche Zeiträume ausgeführt werden, in denen weder Wasser auf- noch abgepumpt wurde. Ziel der Arbeit war die Ermittlung einer eventuellen Versickerung. In der Zeit vom 13. 8–17. 10. 1963 war die längste derartige Periode.

Folgende Rechnung kann für das Oberbecken im genannten Zeitraum aufgestellt werden:

1.	Zugänge	
	Niederschläge	130 mm
2.	Abgänge	
	Sickerwasser in den Mauern usw.	– 61 mm
	Verdunstung, berechnet nach Gleichung (2)	– 180 mm
	Summe	– 241 mm
3.	Bilanz	
	Abgänge	– 241 mm
	Zugänge	130 mm
	Differenz	– 111 mm
	Veränderung des Beckenwasserstandes	– 110 mm

Nach dieser Rechnung hat es in der diskutierten Periode kein unkontrolliert abfließendes Wasser gegeben. In anderen Ruheperioden war das Ergebnis ähnlich, wenn auch die Fehlergrenze etwas höher lag. Das vorstehende Ergebnis täuscht eine Genauigkeit vor, die nicht vorhanden war.

Trotz dieser Einschränkung kann aber festgestellt werden, daß die Meßanlage und die Berechnungsmethode den gestellten Anforderungen entsprach. Der große Einfluß der Verdunstung ist den mitgeteilten Zahlen deutlich zu entnehmen.

6. Schlußbemerkungen

Es sollte gezeigt werden, daß mit einer den operativen Anforderungen genügenden Meßanlage hinreichend genaue Meßwerte gewonnen werden können. Der Genauigkeitsgrad wurde vom technischen Problem vorgeschrieben. Der Personal- und Kostenaufwand ließ sich in Grenzen halten.

Anschrift: Dipl. Met. J. Neis, Meteorologischer Dienst der DDR, Amt für Meteorologie Weimar, 53 Weimar, Heinrich-Jäde-Str. 1

551.577.12

Klimatologische Auswertungen zur Darstellung der technisch wichtigen meteorologischen Einflußgröße Schlagregen

Von **H.-D. Piehl**

Mit 3 Abbildungen

Zusammenfassung: Auf der Grundlage der Wind- und Niederschlagsregistrierungen der Säkularstation Potsdam wurden klimatologische Unterlagen über die potentielle Schlagregengefährdung erarbeitet. Es werden mehrparametrige Häufigkeitsverteilungen sowie Andauerstatistiken des Auftretens von Wind (nach Richtung und Geschwindigkeit) und Niederschlag für verschiedene Mittelungszeiträume angegeben.

Für das Gebiet der DDR wird die regionale Verteilung des Schlagregenindexes kartenmäßig dargestellt.

Die Problematik der Übertragung der Unterlagen über die potentielle Schlagregengefährdung auf die Verhältnisse an den verschiedensten Fassaden wird aufgezeigt.

1. Problemstellung

Unter Schlagregen soll definitionsgemäß Regen verstanden werden, dessen Tropfen unter der Wirkung des Windes merklich aus der lotrechten Fallrichtung abgelenkt werden und dadurch auf senkrecht exponierte Flächen unter einem bestimmten Einfallswinkel, der von der Tropfengröße und der Windgeschwindigkeit abhängt, auftreffen.

Schlagregen, oder noch allgemeiner ausgedrückt, Niederschlag in Form von Regen und/oder nassem Schnee in Verbindung mit höheren Windgeschwindigkeiten führt zu wesentlichen Beanspruchungen der Außenwände von Gebäuden. Darüber hinaus ist die Kenntnis der Häufigkeit und der Intensität des Auftretens von Schlagregen für andere Problemstellungen notwendig, wie z. B. für die Beurteilung der Schutzwirkung von Dächern für die darunter abgestellten und eingelagerten Waren und dgl.

Bei hohen Windgeschwindigkeiten ergeben sich beträchtliche Staudrücke an den Außenwandflächen, so daß das Niederschlagswasser in erheblicher Menge durch Risse und Kapillaren der Außenwandflächen in das Wandinnere und in das Gebäude transportiert wird. Durch die dauernden kurz- und langperiodischen Temperaturänderungen in den Außenwänden verstärkt sich die Rißbildung mit zunehmendem Alter der Gebäude.

Die immer häufiger anzutreffenden Außenwände aus vorgefertigten Leichtbetonelementen (Block- und Plattenbau) verhalten sich gegenüber den Beanspruchungen durch Feuchtigkeit wesentlich ungünstiger als die Außenwandkonstruktionen des traditionellen Mauerwerkbaues. Die montierten Außenwände weisen in der Fassadenfläche nur noch wenige Fugen auf. Diese Fugen unterliegen, vor allem auch durch die in den Außenwänden auftretenden kurz- und langperiodischen Temperaturschwankungen, wesentlich größeren mechanischen Beanspruchungen, die bei unsachgemäßem Fugenverschluß zwangsläufig zu Schäden, besonders im Bereich der Fuge, führen. Eintretendes Niederschlagswasser führt auf Grund des geringen Sättigungsgrades der eingesetzten Außenwandmaterialien und des Aufbaus der Wandelemente zu Durchfeuchtungen der Außenwände und zum Austreten des Wassers aus den Außenwänden in das Gebäudeinnere [1].

Um den Grad der Beanspruchung durch Schlagregen beurteilen zu können und um bei Versuchen zur optimalen Gestaltung der Außenwände mit Hilfe künstlicher Schlagregenerzeugung den in der Natur auftretenden Witterungsverhältnissen adäquate Bedingungen zu schaffen, ist es notwendig, geeignete Unterlagen zur Verfügung zu stellen.

Die Untersuchungen zum Problem Schlagregen sollten von meteorologischer Seite aus nach folgenden Schwerpunkten durchgeführt werden:

1. Klimatologische Bearbeitung der Meßergebnisse der meteorologischen Elemente Niederschlag und Wind, wodurch Unterlagen über die potentielle Schlagregengefährdung geschaffen werden. Sie ergeben in Verbindung mit praktischen Messungen der Belastung von Außenwandelementen durch Schlagregen bei gleichzeitiger dauernder Erfassung der übrigen meteorologischen Elemente Unterlagen über die tatsächlichen Beanspruchungen von Außenwänden durch Schlagregen. Dazu sind folgende weitere Schritte in der Untersuchung dieses Problemkomplexes notwendig.

2. Erfassung der Schlagregenmenge auf einer vertikalen Empfängerfläche, die der freien Luftströmung ausgesetzt ist, bei gleichzeitiger Erfassung der Windrichtung.
   Dadurch muß es möglich werden, Beziehungen zwischen diesen Meßergebnissen und denen, die durch die im Meteorologischen Dienst üblichen Messungen des Niederschlags und des Windes gewonnen werden, zu erhalten. Es ist anzustreben, durch eine Reduktion der notwendigerweise zeitlich und örtlich begrenzten

Schlagregensondermessungen auf das über viele Jahre hinweg vorliegende meteorologische Meßmaterial zu verallgemeinerungsfähigen Aussagen für das Gebiet der DDR zu kommen.
3. Erfassung des Schlagregens an repräsentativen Stellen ausgewählter Gebäudefassaden durch den Einbau vertikaler Empfängerflächen. Dadurch wird ein unmittelbarer Anschluß der Messungen der freien Luftströmung an die natürlichen Verhältnisse an einer Gebäudewand möglich.

Die Herleitung von Gesetzmäßigkeiten über die unterschiedliche Verteilung des Schlagregendargebotes über die ganze Fläche der Gebäudefassaden, den Einfluß verschieden gestalteter Oberflächen und ähnliche Probleme sollte Aufgabe der technischen Physik bzw. der angewandten Aerodynamik und der Bauphysik sein.

Die nachfolgenden Ausführungen behandeln den ersten der genannten Bearbeitungsschwerpunkte.

2. Das Beobachtungsmaterial

Den häufigkeitsstatistischen Auswertungen wurden die Meßergebnisse der Säkularstation Potsdam zugrunde gelegt. Die Angaben über Windrichtung und -geschwindigkeit wurden den Registrierungen des Böenschreibers, dessen Geber in 39 m über Grund installiert ist, entnommen; die Werte der Niederschlagssummen entstammen den Registrierungen des Niederschlagsschreibers, dessen Auffangfläche sich 1,2 m über dem Erdboden befindet.

3. Der Schneeanteil am Niederschlag

In den zugrunde gelegten stündlichen oder zehnminütigen Niederschlagsmengen sind auch solche, die z. B. aus Schnee stammen, enthalten. Es ist wünschenswert, den Schneeanteil am Niederschlag von den übrigen Niederschlagsmengen zu trennen, da er für Schlagregenbetrachtungen von geringer Bedeutung ist. Dies ist jedoch nicht ohne weiteres möglich. Im meteorologischen Beobachtungsdienst ist es üblich, Niederschlagsmengen, die ggf. nur zum Teil aus Schnee herrühren (im Extremfall z. B. nur aus einigen Schneeflocken bei sonst vorherrschendem Regen), als Schneefallmengen zu kennzeichnen. Ließe man diese Niederschlagsmengen außer acht, würde man damit gleichzeitig einen Teil der Niederschlagsmengen, der von Regen herrührt und der als Beanspruchungsgröße von Belang ist, nicht berücksichtigen. Aus diesem Grund wurden alle Niederschlagsmengen der Auswertung zugrunde gelegt.

Der Anteil des Schnees am Gesamtniederschlag kann auf Grund von Untersuchungen von *Antonik* und *Böer* [2] abgeschätzt werden. Der mengenmäßige Anteil des Schnees bleibt nach dieser Untersuchung in allen Monaten hinter dem Anteil Schnee und Regen zurück. Im Mittel der Jahre 1901–1950 beträgt bei Betrachtung des gesamten Winterhalbjahres (Oktober bis April) in Potsdam der Anteil des Schnees und Regens 21,9% und der des Schnees 11,7% der Gesamtniederschlagssumme.

Zwei Drittel der in dieser Jahreszeit fallenden Niederschläge sind also Regen. Der 21,9% betragende Anteil Schnee und Regen dürfte darüber hinaus im Hinblick auf seine vielfach durchnässende Wirkung als Beanspruchung im Sinne von Schlagregen von Interesse sein.

4. Unterlagen über Schlagregen (ohne Berücksichtigung der Einfallsrichtung)

Für den Zeitraum 1901 bis 1950 wurden die mittleren stündlichen Werte der Windgeschwindigkeit und der Niederschlagsmenge der Säkularstation Potsdam zu 8 Terminen (01, 04, 07, 10, 13, 16, 19, 22 Uhr) ausgewertet und in der Tab. 1, getrennt nach den meteorologischen Jahreszeiten und für das gesamte Jahr, dargestellt. Im Jahresdurchschnitt ergibt sich, daß mittlere Windgeschwindigkeiten von 5,0 bis 6,9 m/s in 13,5% aller Fälle, mittlere Windgeschwindigkeiten von 7,0 bis 9,9 m/s in 21,5% und solche von 10,0 bis 14,9 m/s in 30,5% aller Fälle mit Niederschlag verbunden sind. Bei höheren Windgeschwindigkeiten fallen Niederschläge in ca 37% aller Fälle. Es zeigt sich also, daß höhere Windgeschwindigkeiten wesentlich häufiger mit Niederschlag verbunden sind als niedrigere. Jahreszeitenmäßig ergeben sich folgende Anteile: Im Winter (Dezember bis Februar) ist die Zahl der Fälle mit Niederschlag sowohl bei Windgeschwindigkeiten von 5,0 bis 6,9 m/s mit 16% als auch bei Windgeschwindigkeiten $\geqq$ 15 m/s mit rund 46% aller Fälle höher als im Jahresdurchschnitt. Während des Sommers treten keine oder nur sehr selten mittlere Windgeschwindigkeiten $\geqq$ 15 m/s auf.

Hohe stündliche Niederschlagssummen ($\geqq$ 10,0 mm) wurden nur während der Sommermonate gemessen. Dabei herrschten gleichzeitig mittlere stündliche Windgeschwindigkeiten bis 10 m/s vor.

Die Bildung von Stundenmitteln kann in manchen Fällen, vor allem während des Sommerhalbjahres, kurzfristig wirksame Wetterereignisse unterdrücken. Im Schauer kommt es oftmals vor, daß der Regen bei böig auffrischenden Winden gegen senkrechte Flächen getrieben wird. Während kurzer Zeit fallen oftmals erhebliche Niederschlagsmengen bei hohen Windgeschwindigkeiten. Gemessen an den Momentanwerten während des Schauers sind sowohl die mittlere stündliche Windgeschwindigkeit als auch die stündliche Niederschlagssumme relativ gering.

Um diese Verhältnisse näher zu untersuchen, wurden weitere Auswertungen mit größerer Zeitauflösung durchgeführt, die nachfolgend dargestellt werden sollen:

Tabelle 1. *Zweiparametrige relative Häufigkeitsverteilung des gleichzeitigen Auftretens von mittleren stündlichen Windgeschwindigkeiten und stündlichen Niederschlagssummen*

Potsdam 1901–50, 8 Termine (01, 04, 07, 10, 13, 16, 19, 22 Uhr)

RR[mm] / v[m/s]	0,0	0,1 bis 0,9	1,0 bis 1,9	2,0 bis 4,9	5,0 bis 9,9	≧ 10,0	Summe	≙ Zahl d. Fälle	n
Dezember bis Februar									
5,0 bis 6,9	11,4	27,4	2,5	0,6	—	—	41,9	1614	9937
7,0 bis 9,9	10,4	27,6	3,4	0,8	0,1	—	42,3	1621	6587
10,0 bis 14,9	2,9	10,2	1,4	0,4	—	—	14,9	567	1689
≧ 15,0	0,2	0,6	0,1	0,0	—	—	0,9	38	82
Summe	24,9	65,8	7,4	1,8	0,1	—	100,0	3840	18295
März bis Mai									
5,0 bis 6,9	12,4	32,1	4,8	1,7	0,3	0,0	51,3	1186	9825
7,0 bis 9,9	9,1	23,7	4,0	1,1	0,0	—	37,9	884	4887
10,0 bis 14,9	1,9	7,6	0,6	0,4	0,0	—	10,5	248	969
≧ 15,0	0,0	0,3	0,0	0,0	—	—	0,3	11	41
Summe	23,4	63,7	9,4	3,2	0,3	0,0	100,0	2329	15722
Juni bis August									
5,0 bis 6,9	13,1	32,7	5,9	5,1	1,5	0,7	59,0	1027	8919
7,0 bis 9,9	6,3	19,2	4,7	3,6	0,9	0,1	34,8	603	3182
10,0 bis 14,9	1,2	3,0	1,3	0,6	0,1	—	6,2	108	407
≧ 15,0	—	—	—	—	—	—	—	—	—
Summe	20,6	54,9	11,9	9,3	2,5	0,8	100,0	1738	12508
September bis November									
5,0 bis 6,9	11,9	32,1	4,7	2,3	0,2	—	51,2	1324	9902
7,0 bis 9,9	7,9	24,4	4,7	1,6	0,1	—	38,7	1006	4531
10,0 bis 14,9	1,8	6,7	0,9	0,5	0,0	—	9,9	257	794
≧ 15,0	0,0	0,2	0,0	0,0	—	—	0,2	7	30
Summe	21,6	63,4	10,3	4,4	0,3	—	100,0	2594	15257
Jahr									
5,0 bis 6,9	12,0	30,6	4,2	2,0	0,3	0,1	49,2	5151	38583
7,0 bis 9,9	8,8	24,6	4,0	1,5	0,2	0,0	39,1	4114	19187
10,0 bis 14,9	2,2	7,5	1,1	0,4	0,0	—	11,2	1180	3859
≧ 15,0	0,1	0,3	0,1	0,0	—	—	0,5	56	153
Summe	23,1	63,0	9,4	3,9	0,5	0,1	100,0	10501	61782

n: Anzahl der Fälle mit Windgeschwindigkeiten in der betreffenden Windgeschwindigkeitsklasse

Für die Säkularstation Potsdam wurden für alle Stundenintervalle des Zeitraumes 1951 bis 1960 die maximalen stündlichen Windspitzen (Böen), die bei mittleren stündlichen Windgeschwindigkeiten ≧ 10,0 m/s aufgetreten sind, in Abhängigkeit von der gleichzeitig in der betreffenden Stunde gefallenen Niederschlagsmenge ausgewertet und in Tab. 2 in Form einer zweiparametrigen Häufigkeitsverteilung dargestellt.

Die Häufigkeitsverteilung des gleichzeitigen Auftretens der mittleren stündlichen Windgeschwindigkeiten ≧ 10,0 m/s und stündlicher Niederschlagsmengen ist zum Vergleich in Tab. 3 enthalten.

Die Gegenüberstellung beider Tabellen zeigt, daß sich bei Zugrundelegung der maximalen stündlichen Böen wesentlich höhere Maßzahlen für die Schlagregenbelastungen infolge Windeinwirkung ergeben. Aus auswertetechnischen Gründen wurden diese Auszählungen nur für solche Stunden durchgeführt, in denen mittlere Windgeschwindigkeiten ≧ 10,0 m/s auftraten. Nach einem von *Nagel* [3] veröffentlichten Diagramm fallen bei Windgeschwindigkeiten ≧ 10,0 m/s bereits große Regentropfen unter Einfallswinkeln von über 50° ein. Solche Bedingungen bedeuten recht erhebliche Belastungen durch Schlagregen, die aber verhältnismäßig selten auftreten. Setzt man die in der Jahreszusammenstellung der Tab. 3 genannte Zahl der Stunden mit Schlagregen unter den genannten Windgeschwindigkeits- und Niederschlagsbedingungen zur Gesamtzahl der Stunden in diesem Zeitabschnitt von 10 Jahren in Beziehung, so ergibt sich, daß nur in 0,6% aller Fälle (oder anders ausgedrückt: in nur 0,6% der gesamten Zeit) Schlagregen dieser Intensität fällt.

Für den Zeitraum September 1957 bis August 1958 wurden die Registrierungen des Böen- und Niederschlagsschreibers der Säkularstation Potsdam in 10-Minuten-Intervallen ausgewertet. Die Ergebnisse sind in Tab. 4 enthalten. Es sind jeweils relative Häufgkeiten angegeben. Dabei sind die Einzelhäufigkeiten auf die

Tabelle 2. *Zweiparametrige Häufigkeitsverteilung des gleichzeitigen Auftretens von maximalen stündlichen Böen (bei mittleren stündlichen Windgeschwindigkeiten ≥10,0 m/s) und stündlichen Niederschlagssummen*

Potsdam 1951–1960

RR[mm] v[m/s]	0,0	0,1–0,9	1,0–1,9	2,0–4,9	5,0–9,9	Summe
Dezember bis Februar						
16,0–17,9	2	2	–	–	–	4
18,0–19,9	26	18	2	–	–	46
20,0–21,9	40	25	6	–	–	71
22,0–23,9	27	29	1	–	–	57
24,0–25,9	14	28	2	1	–	45
26,0–27,9	12	10	1	2	–	25
28,0–29,9	2	3	2	–	–	7
30,0–31,9	5	6	1	–	–	12
32,0–33,9	1	1	2	–	–	4
34,0–35,9	–	–	1	–	–	1
36,0–37,9	1	–	–	1	–	2
Summe	130	122	18	4	–	274
März bis Mai						
16,0–17,9	–	1	–	–	–	1
18,0–19,9	8	7	–	–	–	15
20,0–21,9	14	10	2	–	–	26
22,0–23,9	14	11	2	2	–	29
24,0–25,9	3	9	–	–	–	12
26,0–27,9	3	9	–	–	–	12
28,0–29,9	2	–	–	–	–	2
30,0–31,9	1	1	–	–	–	2
32,0–33,9	–	2	–	–	–	2
34,0–35,9	–	2	–	–	–	2
36,0–37,9	–	1	–	–	–	1
Summe	45	53	4	2	–	104
Juni bis August						
16,0–17,9	–	–	1	–	–	1
18,0–19,9	2	–	–	1	–	3
20,0–21,9	1	–	1	–	–	2
22,0–23,9	1	1	1	–	–	3
24,0–25,9	2	–	–	–	–	2
26,0–27,9	–	–	–	–	–	–
28,0–29,9	–	–	–	–	–	–
30,0–31,9	–	–	–	–	1	1
32,0–33,9	–	–	–	–	–	–
34,0–35,9	–	–	–	–	–	–
Summe	6	1	3	1	1	12
September bis November						
16,0–17,9	2	–	–	–	–	2
18,0–19,9	2	5	–	–	–	7
20,0–21,9	13	11	1	–	–	25
22,0–23,9	4	20	4	–	–	28
24,0–25,9	9	7	2	–	–	18
26,0–27,9	4	3	1	–	–	8
28,0–29,9	–	1	–	–	–	1
Summe	34	47	8	–	–	89
Jahr						
16,0–17,9	4	3	1	–	–	8
18,0–19,9	38	30	2	1	–	71
20,0–21,9	68	46	10	–	–	124
22,0–23,9	46	61	8	2	–	117
24,0–25,9	28	44	4	1	–	77
26,0–27,9	19	22	2	2	–	45
28,0–29,9	4	4	2	–	–	10
30,0–31,9	6	7	1	–	1	15
32,0–33,9	1	3	2	–	–	6
34,0–35,9	–	2	1	–	–	3
36,0–37,9	1	1	–	1	–	3
Summe	215	223	33	7	1	479

Tabelle 3. *Zweiparametrige Häufigkeitsverteilung des gleichzeitigen Auftretens von mittleren stündlichen Windgeschwindigkeiten ≧ 10,0 m/s und stündlichen Niederschlagssummen*

Potsdam 1951–1960

RR[mm] v[m/s]	0,0	0,1–0,9	1,0–1,9	2,0–4,9	5,0–9,9	Summe
Dezember bis Februar						
10,0–11,9	108	93	13	—	—	214
12,0–13,9	17	25	3	4	—	49
14,0–15,9	8	6	2	—	—	16
16,0–17,9	—	5	—	—	—	5
18,0–19,9	—	—	—	—	—	—
20,0–21,9	—	—	1	—	—	1
Summe	133	129	19	4	—	285
März bis Mai						
10,0–11,9	36	35	4	2	—	77
12,0–13,9	6	9	—	—	—	15
14,0–15,9	2	4	—	—	—	6
16,0–17,9	1	4	—	—	—	5
18,0–19,9	—	1	—	—	—	1
Summe	45	53	4	2	—	104
Juni bis August						
10,0–11,9	6	1	3	1	1	12
September bis November						
10,0–11,9	26	36	7	—	—	69
12,0–13,9	8	10	1	—	—	19
14,0–15,9	—	1	—	—	—	1
Summe	34	47	8	—	—	89
Jahr						
10,0–11,9	176	165	27	3	1	372
12,0–13,9	31	44	4	4	—	83
14,0–15,9	10	11	2	—	—	23
16,0–17,9	1	9	—	—	—	10
18,0–19,9	—	1	—	—	—	1
20,0–21,9	—	—	1	—	—	1
Summe	218	230	34	7	1	490

Fälle mit Windgeschwindigkeiten ≧ 5,0 m/s bei gleichzeitigem Niederschlag bezogen. Im Hinblick auf die Gesamtzahl der 10-Minuten-Intervalle ergeben sich für die meteorologischen Jahreszeiten die folgenden relativen Häufigkeiten der Fälle mit Windgeschwindigkeiten ≧ 5,0 m/s bei gleichzeitigem Niederschlag:

Dez. bis Febr.	März bis Mai	Juni bis August	Sept. bis November
12,4%	6,8%	2,8%	6,0%

Die eindeutig geringste Zahl von Schlagregensituationen trat demnach im meteorologischen Sommer auf. Diese Auszählung über ein Jahr kann keinen Anspruch auf Repräsentativität für einen längeren Zeitraum erheben; durch den erheblichen Auswerteaufwand war diese zeitliche Begrenzung zunächst gesetzt. Zum Vergleich der Wind- und Niederschlagsverhältnisse dieses einjährigen Zeitabschnittes mit dem Normalwertzeitraum 1901–1950 sollen die monatlichen Niederschlagssummen und die mittleren Windgeschwindigkeiten herangezogen werden. Danach war der einjährige Zeitraum von September 1957 bis August 1958 zu niederschlagsreich; die Niederschlagssumme betrug 130% vom Normalwert. Dabei fiel vor allem der meteorologische Sommer (Juni bis August) mit 145% vom Normalwert niederschlagsreich aus. Die Windgeschwindigkeiten lagen durchweg unter den Normalwerten; die mittlere Windgeschwindigkeit für diesen einjährigen Zeitraum betrug 3,0 m/s gegenüber dem vieljährigen Mittelwert von 5,1 m/s.

Ein prinzipieller Vergleich mit den in Tab. 1 enthaltenen Auswertungen, die sich auf Stundenintervalle beziehen, soll dennoch angestellt werden. Die Häufigkeiten in den verschiedenen Windgeschwindigkeitsklassen zeigen keine wesentlichen Abweichungen. Dies ist auch nicht zu erwarten, da nach einer gesonderten Untersuchung [4] kaum Unterschiede zwischen Häufigkeitsverteilungen der Windgeschwindigkeit, die auf Stunden- und 10-Minuten-Intervallen beruhen, auftreten.

In den Niederschlagsklassen müssen zwangsläufig Verschiebungen auftreten, da die Klassenbreite in beiden Auswertungen gleich ist. In den in Tab. 4 enthaltenen Häufigkeitsverteilungen, die auf 10-Minuten-Intervallen

Tabelle 4. *Zweiparametrige relative Häufigkeitsverteilung des gleichzeitigen Auftretens von mittleren Windgeschwindigkeiten und Niederschlagssummen in 10-Minuten-Intervallen*

Potsdam, September 1957 bis August 1958

RR[mm] v[m/s]	0,0	0,1–0,9	1,0–1,9	2,0–4,9	5,0–9,9	≧ 10,0	Summe	≙ Zahl d. Fälle
Dezember 1957 bis Februar 1958								
5,0– 6,9	43,0	15,0	–	–	–	–	58,0	931
7,0– 9,9	21,2	9,7	–	–	–	–	30,8	496
10,0–14,9	8,9	1,8	–	–	–	–	10,7	172
≧ 15,0	0,2	0,2	–	–	–	–	0,5	8
Summe	73,3	26,7	–	–	–	–	100,0	1607
März bis Mai 1958								
5,0– 6,9	46,5	19,5	0,3	0,2	–	–	66,6	603
7,0– 9,9	22,3	5,8	0,1	–	–	–	28,2	256
10,0–14,9	3,3	1,7	–	–	–	–	4,9	45
≧ 15,0	0,3	–	–	–	–	–	0,3	3
Summe	72,4	27,0	0,4	0,2	–	–	100,0	907
Juni bis August 1958								
5,0– 6,9	46,2	29,5	2,1	1,3	0,8	–	79,8	298
7,0– 9,9	12,1	5,4	0,5	0,5	0,5	–	19,1	71
10,0–14,9	–	0,5	0,3	0,3	–	–	1,1	4
≧ 15,0	–	–	–	–	–	–	–	–
Summe	58,3	35,4	2,9	2,1	1,3	–	100,0	373
September bis November 1957								
5,0– 6,9	35,8	10,9	0,1	0,1	–	–	46,9	370
7,0– 9,9	39,9	8,0	0,1	–	–	–	48,0	379
10,0–14,9	3,8	1,3	–	–	–	–	5,1	40
≧ 15,0	–	–	–	–	–	–	–	–
Summe	79,5	20,2	0,2	0,1	–	–	100,0	789
September 1957 bis August 1958								
5,0– 6,9	42,6	16,7	0,3	0,2	0,1	–	59,9	2202
7,0– 9,9	24,5	7,9	0,1	0,1	0,1	–	32,7	1202
10,0–14,9	5,5	1,5	0,1	0,0	–	–	7,1	261
≧ 15,0	0,2	0,1	–	–	–	–	0,3	11
Summe	72,8	26,2	0,5	0,3	0,2	–	100,0	3676

beruhen, entfällt ein hoher Prozentsatz, und zwar rund 60 bis 80% der Fälle auf die Klasse 0,0 mm Niederschlag, d. h. auf nicht meßbare Niederschläge. In diesen Fällen können die Fassaden zwar befeuchtet, aber wohl kaum durchnäßt werden. Während in den Monaten Dezember bis Februar nur geringe Niederschlagsintensitäten auftreten, kommen im meteorologischen Sommer in diesem einen ausgewerteten Jahr immerhin in 1,3% der Fälle mit Windgeschwindigkeiten ≧ 5,0 m/s 10minütige Regensummen von 5,0 bis 9,9 mm vor.

Um einen Überblick über die maximal möglichen Niederschlagsintensitäten in Abhängigkeit von der Windgeschwindigkeit zu erhalten, wurden Starkregenauswertungen der Säkularstation Potsdam aus dem Zeitraum 1937 bis 1965 herangezogen. Es mußte dabei auf vorliegendes Material zurückgegriffen werden.

Als Starkregen werden nach einer Formel von Wussow [5] alle Regenfälle oberhalb der Grenze

$$h = \sqrt{5\,t - \left(\frac{t}{24}\right)^2}$$

gerechnet, wobei

h die Regenhöhe in mm
t die Regendauer in min

bedeuten.

In Tab. 5 sind die maximalen Intensitäten dieser Starkregen in Abhängigkeit von den Windgeschwindigkeiten in einer absoluten Häufigkeitsverteilung dargestellt. Die angegebenen maximalen Intensitäten [mm min^{-1}] dauern im allgemeinen nur 1 bis 10 Minuten, einige auch 10 bis 20 Minuten. Die Windgeschwindigkeiten sind über 10 Minuten, während der die Starkregen niedergingen, gemittelt. Aus Tab. 5 ist zu entnehmen, daß die Starkregen im wesentlichen im Sommer auftreten. Sie sind in den Übergangsjahreszeiten weniger häufig und kommen im Winter gar nicht vor. Die während der maximalen Niederschlagsintensitäten herrschenden

Tabelle 5. *Zweiparametrige Häufigkeitsverteilung des gleichzeitigen Auftretens von Höchstwerten der Niederschlagsintensitäten von Starkregen sowie von mittleren Windgeschwindigkeiten*

Potsdam 1937–1965

i[mm min⁻¹] v[m/s]	0,1–0,4	0,5–0,9	1,0–1,4	1,5–1,9	2,0–2,4	2,5–2,9	Summe
März bis Mai							
5,0– 6,9	–	–	–	–	–	1	1
7,0– 9,9	–	2	–	–	–	–	2
10,0–14,9	–	–	1	–	–	–	1
15,0–19,9	–	–	1	–	–	–	1
Juni bis August							
5,0– 6,9	–	4	3	2	–	1	10
7,0– 9,9	–	3	6	1	–	–	10
10,0–14,9	–	1	3	–	1	–	5
September bis November							
5,0– 6,9	–	–	1	–	–	2	3
7,0– 9,9	–	1	–	–	–	–	1

mittleren Windgeschwindigkeiten reichen im allgemeinen bis 15 m/s. Während des Zeitraumes 1937 bis 1965 sind neben den in Tab. 5 aufgeführten Starkregen noch 23 Starkregen mit Windgeschwindigkeiten unter 5,0 m/s aufgetreten.

5. Die Windrichtungsabhängigkeit von Schlagregen

Neben dem Wissen um die Schlagregenintensitäten ganz allgemein ist die Kenntnis der Richtungen, aus denen Schlagregen einfällt, für die Beurteilung der Beanspruchungen von himmelsrichtungsmäßig speziell orientierten Gebäudefassaden durch diese technisch wichtige meteorologische Einflußgröße von Bedeutung. Deshalb wurden die bereits in Tab. 1 enthaltenen Beziehungen zwischen mittlerer Windgeschwindigkeit und stündlichen Niederschlagssummen auf die 8 Hauptwindrichtungen aufgeschlüsselt und die Ergebnisse in Form von Niederschlags-Windrosen in den Abbildungen 1a bis d dargestellt.

Zeigt bereits eine normale Windrichtungsverteilung ein deutliches Überwiegen der Winde aus den Richtungen West, Südwest und Nordwest, so ist bei den Niederschlags-Windrosen diese einseitige Belastung noch eindeutiger ausgeprägt, vor allem bei hohen Windgeschwindigkeiten. Bei hohen mittleren Windgeschwindigkeiten $\geqq$ 15 m/s kommen die niederschlagbringenden Winde ausschließlich aus den drei genannten Richtungen, wobei die Windrichtung West mit durchschnittlich 75% aller Fälle den größten Anteil auf sich vereinigt. In den Sommermonaten ist auch bei mittleren Windgeschwindigkeiten von 5,0 bis 9,9 m/s eine ähnliche einseitige Verteilung vorhanden wie bei den hohen Windgeschwindigkeiten.

6. Die Andauer von Schlagregensituationen

Eine wesentliche Rolle für die Beanspruchung der Fassaden und die Durchfeuchtung der Außenwände spielt die Andauer von Schlagregensituationen. Aus diesem Grunde wurden zwei Andauerstatistiken ermittelt, deren Ergebnisse in Tab. 6 und in Abb. 2 enthalten sind.

Tabelle 6. *Absolute Häufigkeitsverteilung der Andauer von Stundenfolgen mit mittleren Windgeschwindigkeiten $\geqq$ 10,0 m/s und Niederschlagssummen $\geqq$ 1,0 mm*

Potsdam 1951–1960

Andauer [Std.]	1	2	Summe
Dezember bis Februar	21	1	22
März bis Mai	3	1	4
Juni bis August	3	1	4
September bis November	6	1	7
Jahr	33	4	37

Für die in Tab. 6 enthaltene Andauerstatistik wurde von mittleren stündlichen Windgeschwindigkeiten $\geqq$ 10,0 m/s und stündlichen Niederschlagssummen $\geqq$ 1,0 mm ausgegangen, d. h. von erheblichen Schlagregenbelastungen. Es zeigt sich, daß solche Fälle im wesentlichen nur eine Stunde lang anhalten. Die längste

Dauer beträgt im Zeitraum 1951–1960 zwei Stunden. Selbst während Starkwindwetterlagen des Zeitraumes 1961–1967 sind Andauern über vier Stunden nicht aufgetreten.

Für die Windgeschwindigkeitsbereiche $\geqq$ 5,0 und $\geqq$ 10,0 m/s wurden die Häufigkeiten der 10-Minuten-Folgen bei gleichzeitigem Auftreten von meßbarem Niederschlag ($\geqq$ 0,1 mm) ermittelt und in Abb. 2 in Form von Summenprozent-Kurven (Überschreitungshäufigkeiten) dargestellt.

Im Windgeschwindigkeitsbereich $\geqq$ 5,0 m/s treten die längsten Folgen von 10-Minuten-Intervallen im Winter und Frühjahr mit etwa 200 Minuten (20 mal 10 Minuten) auf. In allen Jahreszeiten kommen Folgen mit über 50 Minuten Dauer nur in etwa 10% aller Fälle vor. Bei Windgeschwindigkeiten $\geqq$ 10,0 m/s, sind diese Folgen von 10-Minuten-Intervallen wesentlich kürzer. Im Winter dauerte die längste Folge 70 Minuten, im Sommer und Herbst sind 10-Minuten-Intervalle mit meßbarem Niederschlag und mittlerer Windgeschwindigkeit $\geqq$10,0 m/s mehrmals hintereinander gar nicht aufgetreten. Es soll an dieser Stelle jedoch nochmals betont werden, daß sich diese Auswertungen nur auf einen einjährigen Zeitraum beziehen, der im Abschnitt 4 näher charakterisiert worden ist.

7. Regionale Verteilung der Schlagregenhäufigkeit innerhalb des Gebietes der DDR

Die bisherigen Auswertungen erfolgten durchweg auf Grund der Wind- und Niederschlagsregistrierungen der Säkularstation Potsdam. Die Ergebnisse können mit einer für praktische Belange hinreichenden Genauigkeit als gültig für das Binnentiefland der DDR angesehen werden, was auch aus der in Abb. 3 enthaltenen Verteilungskarte für den Schlagregenindex, wie er von *Lacy* und *Shellard* [6] definiert wurde, hervorgeht.

Untersuchungen, die von der Building Research Station (*Garston*, England) [7] durchgeführt worden sind, haben gezeigt, daß die Regenmenge, die auf eine senkrechte Mauer auftrifft, direkt proportional dem Produkt aus Niederschlagsmenge auf eine horizontale Fläche – wie sie durch die meteorologischen Stationen gemessen wird – und der Windgeschwindigkeit während des Regens ist.

Die Windgeschwindigkeiten während der Regenzeiten weichen im einzelnen von den mittleren Verhältnissen ab. Dennoch ist das Produkt aus mittlerer jährlicher Menge an Niederschlag in flüssiger Form (Regenmenge) und mittlerer jährlicher Windgeschwindigkeit als ein Index für Schlagregen nach *Lacy* und *Shellard* verwendbar. Da eine konstante Beziehung zwischen mittlerer jährlicher Windgeschwindigkeit allgemein und der mittleren jährlichen Windgeschwindigkeit während des Regens besteht, werden die wirklichen Verhältnisse durch die Verwendung der allgemeinen mittleren jährlichen Windgeschwindigkeit nicht falsch wiedergegeben.

Die für England gefundenen Beziehungen wurden auf die Verhältnisse der DDR übertragen. Die Übertragbarkeit dieser Beziehungen muß durch geeignete Messungen in der DDR noch nachgewiesen werden. Die Berechnung des Schlagregenindexes sollte allerdings auf langen Beobachtungsperioden des gleichzeitigen Auftretens von Niederschlag und Wind beruhen, wie dies bei der Berechnung des Schlagregenindexes für das Gebiet der DDR (s. Abb. 3) der Fall ist.

Der Schlagregenindex ist das Produkt aus jährlicher Regenmenge [mm] und mittlerer jährlicher Windgeschwindigkeit [m/s], dividiert durch 1000, seine Dimension ist formal $m^2 s^{-1}$. Die Zahlenwerte sollten jedoch dimensionslos zur Charakterisierung der relativen Schlagregengefährdung verwendet werden.

Um die mittleren jährlichen Regenmengen zu erhalten, wurde der Schneeanteil nach *Antonik* und *Böer* [2] vom Gesamtniederschlag abgezogen.

Aus Abb. 3 ist die Verteilung des Schlagregenindexes im Gebiet der DDR zu ersehen. Im überwiegenden Teil des Tieflandes (hierzu gehört auch Potsdam) beträgt der Schlagregenindex 1 bis 2. Im unmittelbaren Küstenraum und in einem Gebiet, das im wesentlichen den Bezirk Schwerin und den Norden des Bezirkes Neubrandenburg umfaßt sowie im Mittelgebirgsraum und dessen Vorland errechnet sich der Schlagregenindex zu 2 bis 3, er erreicht in den höheren Lagen der Mittelgebirge 3 bis 4 und in den Kammlagen 4 bis 8.

Zur regionalen Verteilung des Schlagregenindexes muß allgemein bemerkt werden, daß durch lokalklimatische Einflüsse und Faktoren (Orographie, Oberflächenbeschaffenheit, Bewuchs, Bebauung u. ä.) innerhalb der Gebiete mit regional einheitlichem Schlagregenindex bedeutende lokale Unterschiede auftreten können. Insbesondere trifft dies auf windgeschützte Lagen zu, z. B. in den von Süd nach Nord verlaufenden Tälern der Mittelgebirge, in denen die Windverteilung durch einseitige Windabschirmungen oder Windführungen am Relief anormale Formen aufweist.

Auch mit zunehmender Höhe über dem Erdboden werden merkliche Unterschiede der Schlagregenbeanspruchungen zu erwarten sein. Die bisher vorliegenden Untersuchungen lassen jedoch noch keine sichere Abschätzung über die Größenordnung der Veränderungen zu.

8. Abschließende Bemerkungen

Messungen zu den im ersten Abschnitt genannten Bearbeitungsschwerpunkten zwei und drei sind in England, Norwegen, Dänemark und Holland z. B. durch *Lacy* [7], [8], *Svendson* [9], *Korsgaard* und *Madsen* [10], *Rose* und *Farbrother* [11] und *Levert* [12] durchgeführt worden. *Lacy* [13] gibt darüber einen ausführlichen Überblick.

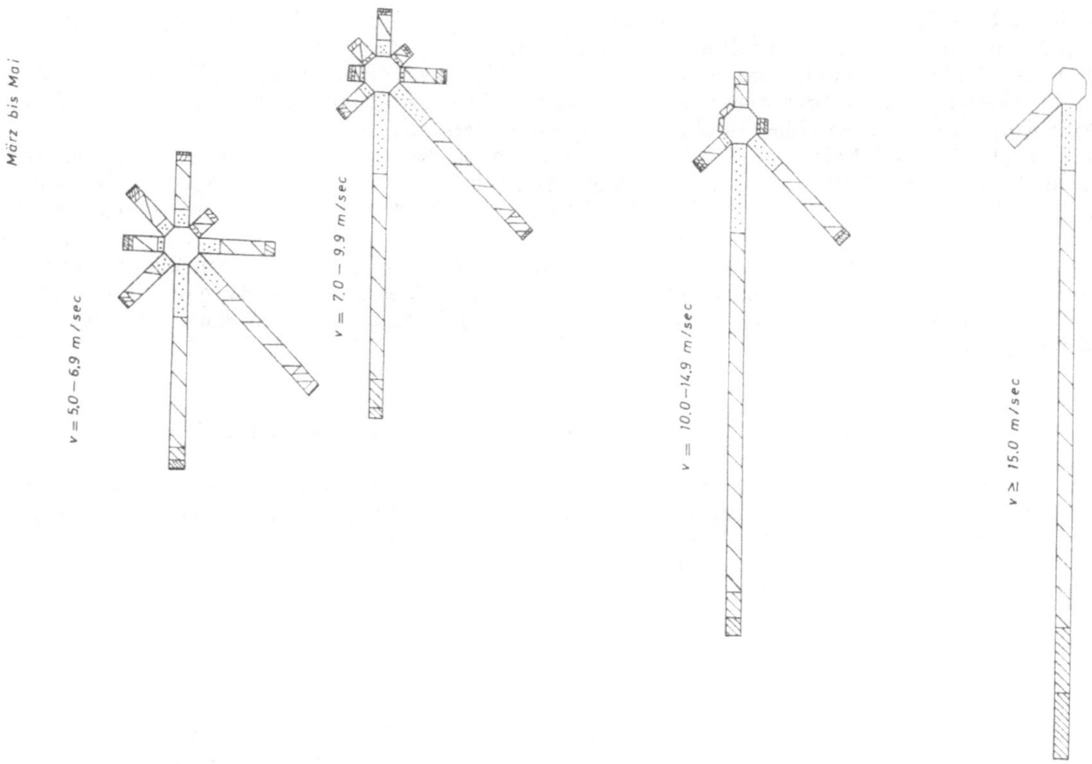
März bis Mai
v = 5,0 – 6,9 m/sec
v = 7,0 – 9,9 m/sec
v = 10,0–14,9 m/sec
v ≥ 15,0 m/sec

Abb. 1b

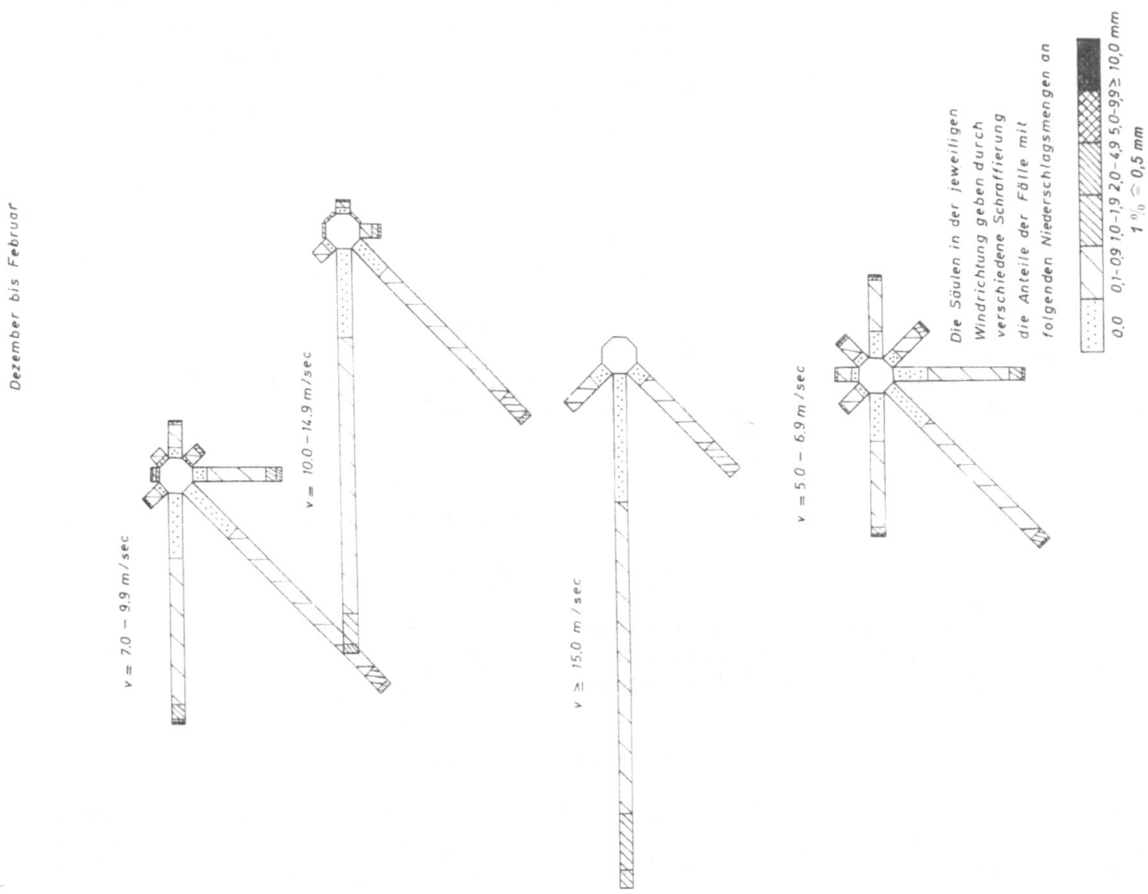
Dezember bis Februar
v = 7,0 – 9,9 m/sec
v = 10,0–14,9 m/sec
v ≥ 15,0 m/sec
v = 5,0 – 6,9 m/sec
Die Säulen in der jeweiligen Windrichtung geben durch verschiedene Schraffierung die Anteile der Fälle mit folgenden Niederschlagsmengen an
0,0 0,1–0,9 1,0–1,9 2,0–4,9 5,0–9,9 ≥ 10,0 mm
1 % ≙ 0,5 mm

Abb. 1a

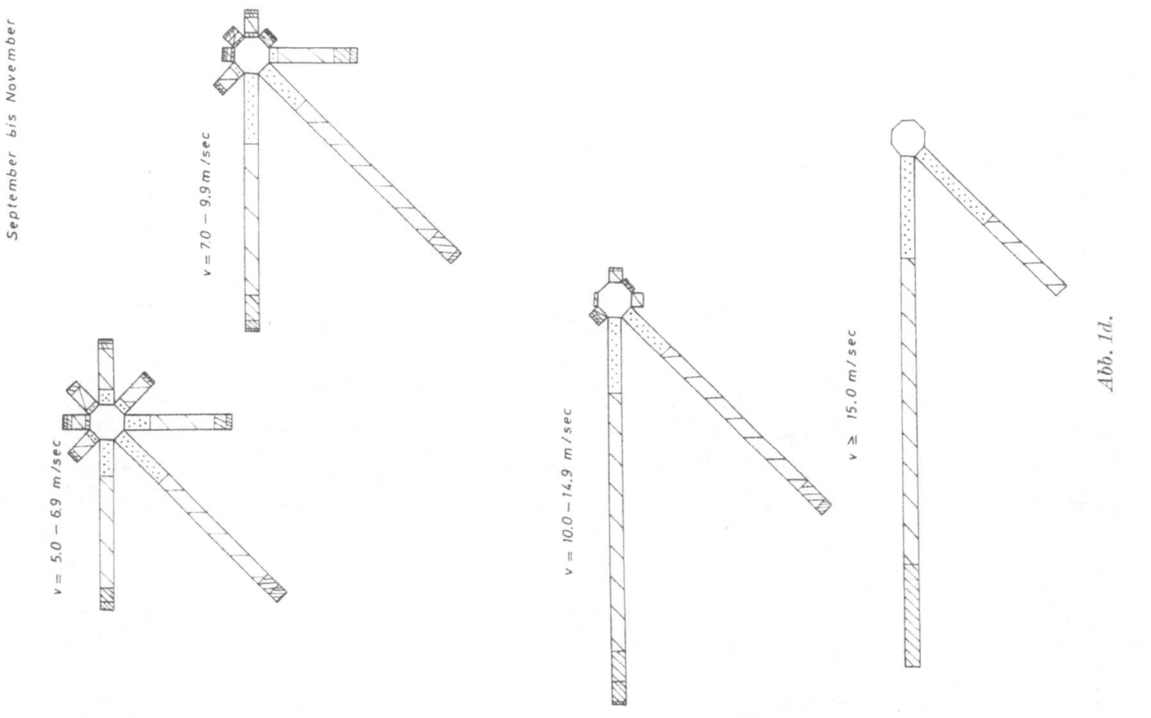

Abb. 1d.

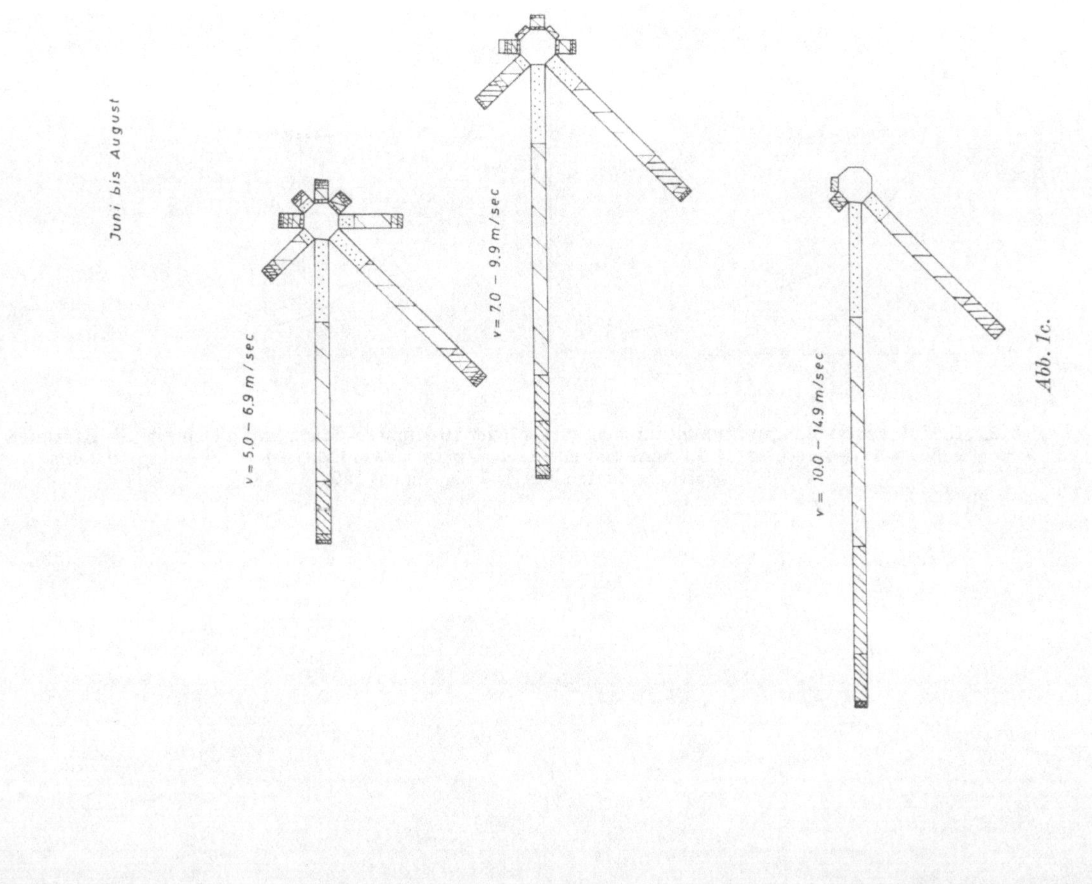

Abb. 1c.

Abb. 1a–d. Niederschlagswindrosen. Potsdam (1901–1950) 8 Termine (01, 04, 07, 10, 13, 16, 19, 22 Uhr)

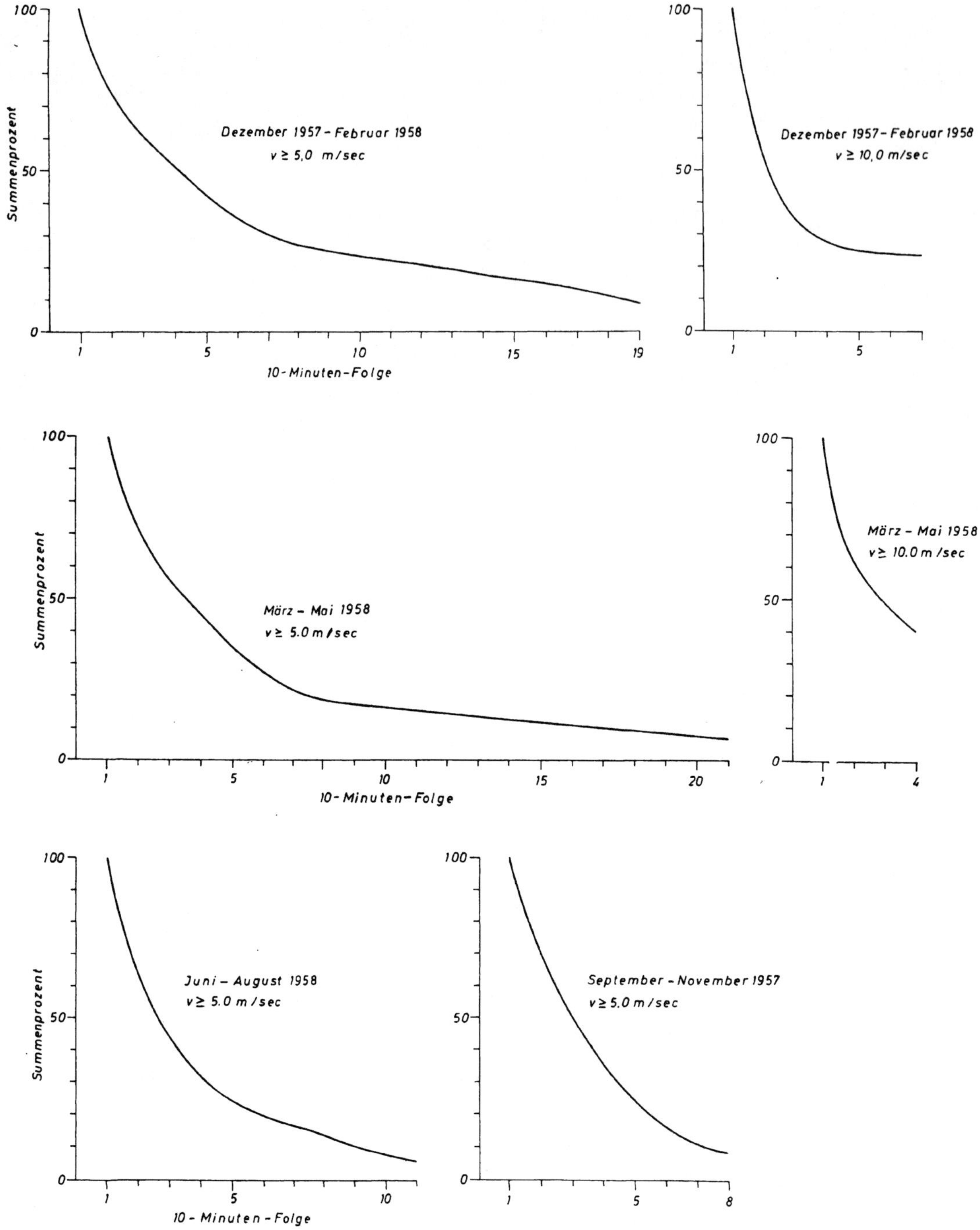

Abb. 2. Häufigkeitsverteilungen (Summenprozentkurven) der 10-Minuten-Folgen mit gleichzeitigem Auftreten von meßbarem Niederschlag ($\geq$ 0.1 mm) und mittleren Windgeschwindigkeiten $\geq$ 5.0 und $\geq$ 10.0 m/s. Potsdam September 1957 bis August 1958

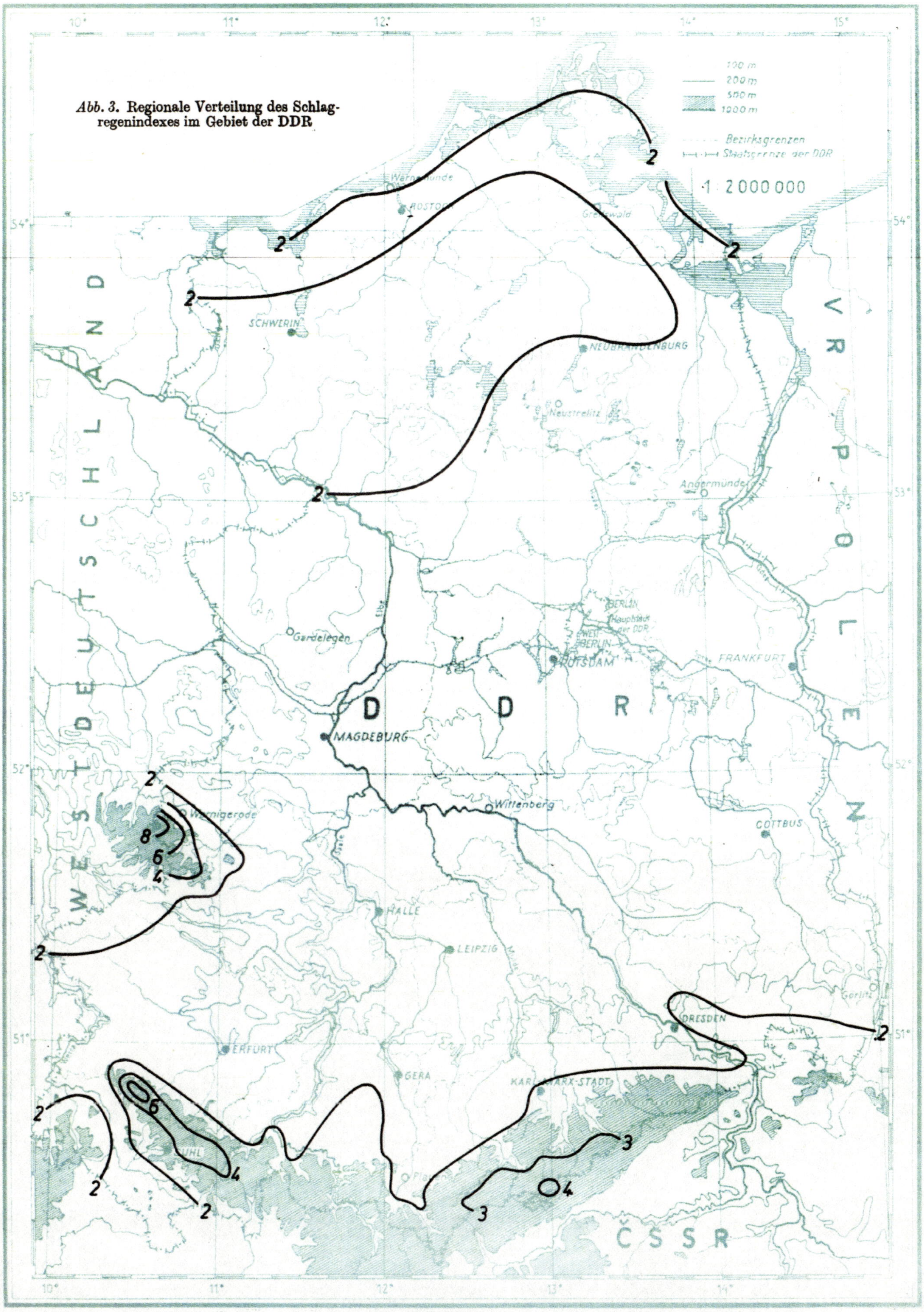

Abb. 3. Regionale Verteilung des Schlagregenindexes im Gebiet der DDR

Im Meteorologischen Dienst der DDR sind meßtechnische Untersuchungen zu diesen Bearbeitungsschwerpunkten begonnen worden mit dem Ziel zu prüfen, inwieweit sich die in Nordwesteuropa gewonnenen Untersuchungsergebnisse auf die demgegenüber kontinentaleren Verhältnisse Mitteleuropas übertragen lassen bzw. um die für unser Gebiet gültigen Beziehungen zu ermitteln.

Literatur

[1] *Grabowski, H., G. Hirschfelder, H. Hildebrandt,* u. *H. Gibbels,* Feuchtigkeitsschutz bei Außenwänden (Montagebauweise). Der Bau, Beilage zu Nr. 3 vom 20. 1. 1967.
[2] *Antonik, B.,* und *W. Böer,* Der Schneeanteil am Niederschlag im Gebiet der Deutschen Demokratischen Republik. Z. f. Meteor. 16 (1962), 231–239.
[3] *Nagel, J. F.,* Fog Precipitation on Table Mountain. Quart. Journal of the Royal Met. Soc. 82 (1956), 452–460.
[4] *Piehl, H.-D.,* Unterschiede in den Häufigkeitsverteilungen der Windgeschwindigkeiten bei Zugrundelegung verschiedener Mittelungszeiträume.Unveröffentlichtes Manuskript.
[5] *Wussow, G.,* Untere Grenzwerte dichter Regenfälle. Meteor. Zeitschr. 39 (1922), 173–178.
[6] *Lacy, R. E., H. C. Shellard,* An Index of driving rain. Meteorol. Magazin 91 (1962), 177–184.
[7] *Lacy,* R. E., Observations with an directional raingauge. Ibid. 77 (1951), 283–292.
[8] *Lacy, R. E.,* Observations with a directional raingauge. Quart. J. R. Met. Soc. 77 (1951), 283–292.
[9] *Svendson, S. D.,* Driving rain. Norwegian Building Research Institute, Oslo 1954.
[10] *Korsgaard, V.,* and *T. L. Madsen,* Apparatus for measuring and registering of driving rain. Technological University of Danmark, The heat insulation laboratory, Copenhagen 1962.
[11] *Rose, C. W.,* and *H. G. Farbrother,* A method of obtaining average bearing and incidence of rainfall. Quart. J. R. Met. Soc. 86 (1960), 408–411.
[12] *Levert, C.,* Some problems concerning the „three-dimensional location "of rain. Koninklijk Nederlands Meteorologisch Instituut. De Bilt, Wetenschappelijk Rapport W. R. 59–2 (1959).
[13] *Lacy, R. E.,* Driving-rain maps and the onslaught of rain on buildings. Building Research Station, Research Series 54 (1965).

Anschrift: Dipl.-Met. Hans-Dieter Piehl, Meteorologischer Dienst der DDR, Hauptamt für Klimatologie, 15 Potsdam, Michendorfer Chaussee 23

551.586:634.0

Die Entwicklung der Forstmeteorologie in Tharandt

Von **H. Pleiss**

Die Forstmeteorologie im heutigen Sinn ist an der Forstakademie in Tharandt bei Dresden, der ältesten Forsthochschule der Welt, seit der Mitte des vorigen Jahrhunderts in Lehre und Forschung betrieben worden. Die Vorlesung in Meteorologie wurde zunächst von Vertretern der mathematisch-physikalischen Grundlagenfächer gehalten, seit 1922 von dem jeweiligen Direktor des Meteorologischen Observatoriums Wahnsdorf bei Dresden (Prof. E. Alt und Dr. J. Goldschmidt). Nach dem 2. Weltkrieg mußte der Lehrbetrieb wieder neu aufgebaut werden. Dr. F. W. Müller, der spätere Leiter des Amtes für Meteorologie Dresden, hielt die Vorlesungen von 1948–1951.

Im Jahre 1951 gründete die Fakultät für Forstwirtschaft der Technischen Hochschule Dresden eine Dozentur für Meteorologie in Tharandt. Dr. J. Goldschmidt, der nach dem Tode von E. Alt im Jahre 1936 einen Lehrauftrag erhielt, wurde jetzt zum nebenamtlichen Dozenten berufen. Als wissenschaftlicher Assistent war Dipl.-Forsting. H. Junghans tätig, der in erster Linie das Anschauungsmaterial für die Vorlesungen erarbeitete. J. Goldschmidt konnte die ihm liebgewordene Lehrtätigkeit nur noch kurze Zeit ausüben, da ihn der Tod am 1. Nov. 1952 völlig unerwartet aus seiner Tätigkeit riß. H. Junghans hielt vertretungsweise die Vorlesung im Sommersemester 1953. Die Lehraufgaben übernahm anschließend Dipl.-Met. Dr. H. Pleiß, Leiter der Klimaabteilung im Amt für Meteorologie Dresden. Die bestehende Dozentur wurde am 1. Jan. 1954 in das Institut für Forstliche Meteorologie und Klimakunde umgewandelt mit dem Ziel, die Meteorologie in Lehre und Forschung an der Fakultät für Forstwirtschaft in stärkerem Maße als bisher zu vertreten. Vor allem sollten geländemeteorologische Forschungen durchgeführt werden. Die kommissarische Leitung hatte vorübergehend der Direktor des Instituts für Bodenkunde und Standortslehre, Prof. H. Sachße. Vom 1. Sept. 1954 wurde H. Pleiß mit der Wahrnehmung einer Professur mit Lehrauftrag für das Fach Forstliche Meteorologie und Wahrnehmung der Geschäfte des Direktors des neu gegründeten Institutes beauftragt. Die erforderlichen Mitarbeiter konnten relativ leicht und schnell gewonnen werden, schwieriger war dagegen ihre Unterbringung. Anfangs standen nur zwei Räume (Cotta-Bau) einschließlich der im Aufbau befindlichen Mechaniker-Werkstatt zur Verfügung. Im Herbst 1956 erfolgte der Umzug in das Erdgeschoß und in die erste Etage des Grundstückes Dippoldiswalter Str. 9. Die oberste Etage konnte erst ab 1963 mit genutzt werden, allerdings mußte die Außenstelle im früheren Jagdschloß Grillenburg aufgegeben werden.

Die personelle Kapazität umfaßte maximal:

1 Professor mit Lehrstuhl
2 wissenschaftliche Mitarbeiter
1 wissenschaftlicher Assistent
4 Wetterdiensttechniker
4 technische Assistenten
1 Sekretärin
1 Mechanikermeister
2 Mechaniker

Für das Studium der Forstwirtschaft sind neben der Standard-Vorlesung, die vier Stunden einschl. einer Übungsstunde umfaßt, weitere einstündige Vorlesungen in Forstlicher Biometeorologie und Waldhydrologie aufgebaut worden. Außerdem wird für Ausländer tropische und subtropische Meteorologie gehalten. Dem Institut wurden in jüngster Zeit die meteorologischen Lehrveranstaltungen bei der Hydrologenausbildung übertragen. Für Landschaftsgestalter und Städtebauer werden Einführungsvorlesungen vorbereitet. Eine Reihe von Geräten für Vorlesungs- und Übungszwecke stellte die inzwischen gut ausgebauteInstitutswerkstatt selbst her.

Auf dem Gebiet der Forschung waren anfangs keine Voraussetzungen für experimentelle Arbeiten gegeben, so daß klimatologische Unterlagen des Meteorologischen Dienstes ausgewertet wurden. Um geländeklimatologische Untersuchungen im Tharandter Wald vornehmen zu können, war es notwendig, in diesem Gebiet einige Klimastationen zu errichten. Die Beobachtungen an den früheren Klimastationen Tharandt und dem 8 km entfernten Grillenburg wurden fortgesetzt und außerdem entstand eine forstklimatologische Beobachtungsstation mit einem 18 m hohen Turm auf der knapp 1 ha großen Waldwiese Wildacker. Mit einem großen Sondernetz einfacher Hilfsstationen und den erwähnten Stationen konnten die Temperaturverhältnisse des Tharandter Waldes, besonders in bezug auf Spätfrostgefährdung der Standorte, in den Jahren 1955 und 1956 erforscht werden. Dabei zeigte sich, daß der Einfluß der Topographie in den meisten Fällen wesentlich stärker als der des

Bestandsaufbaues ist. Nicht selten wurden Unterschiede in den Temperaturminima einer Nacht von 10 Grad auf räumliche Entfernungen von weniger als 1 km gemessen.

Die geländeklimatologische Untersuchung aller Reviere des Staatlichen Forstwirtschafts-Lehrbetriebes Tharandt geschah von 1962–1964. An über 20 Stationen erfolgten Temperaturbeobachtungen 17 Monate lang. Einen wesentlichen Teil der meteorologischen Geländekartierung bildeten Meßfahrten mit dem Kraftwagen, in dem elektrische Temperaturschreiber für zwei Höhenniveaus installiert waren.

Der Erforschung des Waldrandklimas war eine Untersuchung gewidmet, die in den Jahren 1958–1961 in der Forstbaumschule Hetzdorf und auf dem Wildacker vorgenommen wurde. Für den Außen- und Innensaum von Waldbestandsrändern sind Strahlung, Wind und Hydrometeore eingehend untersucht und meteorologisch-physikalisch interpretiert worden.

Neben den experimentellen Arbeiten sind aus dem Institut eine ganze Reihe theoretisch-klimatologisch-statistischer Untersuchungen hervorgegangen. Erwähnt seien die Monographie über den Fichtelberg von H. Pleiß, die Abhandlung über die Sonnenstrahlung von H. Junghans und rechnerische Kartierung von Schwefeldioxid-Relativwerten im Rauchschadengebiet von G. Flemming. Außerdem sind Untersuchungen zu Brand-, Sturm- und Nebelfrostschäden durchgeführt worden. Die Rauchschadenforschung wurde in einem gewissen Umfang betrieben, da der Fakultät diese Aufgabe als Schwerpunkt zugeordnet ist.

Die Forschungsarbeiten des Instituts wurden von 1963 an in zunehmendem Maße auf Wasserhaushaltsfragen des Waldes konzentriert, da wasserwirtschaftlichen Problemen in allen Industriestaaten eine vorrangige Bedeutung zukommt. Die Intensität der Wassernutzung ist von allen europäischen Ländern in der DDR am größten. Die hydrologische Rolle von Waldbeständen kennt man in großen Zügen, jedoch fehlt eine quantitative Untersuchung der einzelnen Komponenten des Wasserhaushaltes von Beständen. Es wird vielleicht einmal die Zeit kommen, wo bestimmte Waldgebiete nicht mehr nach einer maximalen Holzerzeugung, sondern nach Gesichtspunkten eines optimalen Wasserdargebotes bewirtschaftet werden.

Zur Erfüllung der übertragenen Aufgaben wurde die forstmeteorologische Station Wildacker zu einer hydrometeorologischen Versuchsstation erweitert. Um die Transpiration eines Waldgebietes zu ermitteln, wurde ein Versickerungsfeld von 151 m² Oberfläche in einem 50jährigen Fichtenbestand angelegt. Der Boden besteht aus sandigem Staublehm über tonigem Lehm und sandigem Ton; in 1 m Tiefe beginnt eine wasserundurchlässige Schicht, die Wurzeln der Fichten reichen jedoch nur bis 40 cm, im Höchstfalle bis 60 cm Tiefe. Der für Wasserhaushaltsbetrachtungen notwendige, abgeschlossene Bodenraum wurde durch seitliche Abmauerung einer Parzelle mit Beton bis zur undurchlässigen Tonschicht geschaffen. An der tiefsten Stelle des sich schwach neigenden Geländes wird das Sickerwasser der abgemauerten Parzelle über einen Trommelzähler gemessen. Um die Undurchlässigkeit der wassertragenden Schicht überprüfen zu können, wurden neben dem Versickerungsfeld verschiedene Versickerungsmesser mit je 3 m² Oberfläche und für Tiefen von 4, 2 und 1 m errichtet. Die Messungen am Sickerfeld laufen bereits über ein Jahr.

Um die Evapotranspiration für kurze Perioden zu erfassen, ist eine Groß-Lysimeteranlage nach dem hydrostatischen Prinzip entsprechend dem Vorbild von Waldai (UdSSR) gebaut worden. Die Monolithgefäße haben eine Oberfläche von je 3 m² und eine Tiefe von 1,5 m. Das Nettogewicht eines Bodenmonolithen beträgt etwa 10 t, die Gewichtsänderung wird von der hydrostatischen Waage registriert. Vier Schwimmer erzeugen einen Gesamtauftrieb von etwa 16 t, jeder derselben taucht in einen mit Wasser gefüllten Behälter, die untereinander als kommunizierendes System verbunden sind. Jeder Monolith kann auf einem schweren Schienenrollwagen von der Waage über eine Drehscheibe in eine Abstellboxe gefahren werden, so daß auch hier seine Oberfläche im Niveau des Waldbodens liegt. Die Meßgenauigkeit der Anlage beträgt 0,3 mm Wasseränderung. Zur Bestimmung des Niederschlags sind zwei runde Sammelgefäße ebenfalls von je 3 m² Oberfläche im Erdbodenniveau aufgebaut. Zur Füllung der Lysimeteranlage ist ein Brunnen von 6 m Tiefe errichtet worden, der außerdem zur Messung des Grundwasserstandes dient. Zur Ermittlung der potentiellen Verdunstung werden zwei runde Verdunstungskessel von 3 m² Oberfläche und 0,5 m Tiefe benutzt. Die Wasserstandsänderungen werden registriert.

Die Verdunstung der Schneedecke wird auf einer umgebauten 1000 kp-Waage bestimmt, die im Erdreich in einer ausbetonierten Grube aufgestellt ist. Eine 10 m² große quadratische Auffangfläche aus imprägniertem Holz und anfangs mit Folie bespannt, ist zur Mitte hin schwach geneigt, damit das abtauende Schmelzwasser abfließen kann. Die auf der Waage befindliche Schneedecke wird täglich gewogen und das Schmelzwasser volumetrisch bestimmt. Die Genauigkeit der Waage beträgt 0,5 kg, dies entspricht einem Niederschlag von 0,05 mm.

Neben dem Versickerungsfeld wird die Verdunstung nach der Wärmehaushaltsmethode ermittelt. Ein 8 m hoher Turm aus Dural trägt auf seiner oberen Plattform einen auskurbelbaren 12 m langen Funkmast, an dem verschiedene Instrumente montiert sind. Die Registrierung aller Größen erfolgt in einem elektrisch geheizten Meßhaus aus Beton-Fertigteilen und einer Isolation aus Heraklitplatten.

Der Wert des hydrometeorologischen Versuchsfeldes besteht nicht nur in der Ermittlung der einzelnen Wasserhaushaltsgrößen, sondern auch im Vergleich der verschiedenen Verfahren untereinander.

Während der langen Bauzeit der gesamten Anlage sind in einem benachbarten 70jährigen Fichtenbestand umfangreiche Interzeptionsmessungen mit verschieden großen Auffangflächen vorgenommen worden. In diesem Zusammenhang konnte die Ermittlung der Winterniederschläge wesentlich verbessert werden. Zur Messung wird eine handelsübliche Kühlsole analog der Chlorkalzium-Methode benutzt. Anstelle der volumetrischen Bestimmung des aufgefangenen Niederschlags wird die Dichteänderung der durch Niederschlag verdünnten Sole mit einem Aräometer ermittelt. Weiter befindet sich ein Registriergerät mit Kühlsole in Erprobung.

Um den Abfluß und auch die Verdunstung eines kleineren, jedoch voll bewaldeten Einzugsgebietes zu erfassen, wurde im Westteil des Tharandter Waldes am Wernersbach eine Abflußmeßstelle errichtet. Das Einzugsgebiet ist rund 450 ha groß. An einer engen Talstelle kurz nach dem Einfließen des Triebenbaches wurde die Meßstelle errichtet und der gesamte Talquerschnitt mit einer Betonmauer bis auf das Grundgestein abgedichtet. Mit einem Thomsonwehr und zwei Pegelschreibern wird der Abfluß registriert, wobei ein empfindlicher Trommelschreiber die niedrigen Wasserstände im Maßstab 1:1 aufzeichnet. Im Einzugsgebiet befinden sich 5 Niederschlagsmeßstellen, die im Winterhalbjahr nach dem Sole-Niederschlagsmeßprinzip arbeiten. Der Bau einer weiteren Abflußmeßstelle im völlig unbewaldeten Gebiet war vorgesehen.

Im Zuge der Hochschulreform wurde das knapp 15 Jahre bestehende Institut – wie alle anderen Hochschulinstitute – aufgelöst und sein materieller und personeller Bestand wegen der forschungsmäßig engen Bindungen der neu gegründeten Sektion Wasserwesen in Dresden zugeordnet, wo es mit dem kurz vorher gegründeten Institut für Hydrologie einen Bereich bildet.

Arbeiten des ehemaligen Instituts für Forstliche Meteorologie und Klimakunde

Habilitationen:

1958	Prof. Dr. Pleiß	Wetter und Klima des Fichtelberges
1967	Dr. Junghans	Sonnenscheindauer und Strahlungsempfang geneigter Ebenen
1968	Dr. Flemming	Untersuchungen des Windes und der Turbulenz in ihrer Abhängigkeit von der Geländeform und in ihrem Einfluß auf die Rauchausbreitung

Dissertationen:

1957	Dr. Junghans	Geländeklimatische Untersuchungen im Tharandter Wald
1962	Dr. Flemming*	Das Klima an Waldbestandsrändern

Diplomarbeiten:

1955	Weiser, F.	Die Sonnenscheindauer in Sachsen untersucht an den Stationen Fichtelberg und Wahnsdorf
1956	Baumann, L.	Ermittlung mittlerer Schneedeckenhöhen in Sachsen (1. 1. 1936–31. 12. 1955)
1956	Beschnidt, R.	Konimetrische Untersuchungen staubförmiger Luftverunreinigungen am Westrand des Tharandter Waldes
1956	Jahn, K.	Quantitative Untersuchungen des Kondensationskerngehaltes der Luft am Westrande des Tharandter Waldes
1957	Strecker, R.	Temperaturuntersuchungen verschiedener Bodenarten auf der Freifläche und im Bestand
1957	Thieme, E.	Kleinklimatische Messungen im Forstbotanischen Garten zu Tharandt
1957	Tillwicks, W.	Das Klima von Tharandt
1957	Wolf, R.	Kleinklimatische Untersuchung im Weißeritztal zwischen Tharandt und Hainsberg
1958	Heymann, G.	Ein Beitrag zum Klima von Grillenburg und Tharandt
1958	Uhlig, E.	Der Temperaturgang verschiedener Bodenarten unter gleichen äußeren Bedingungen
1959	Armitter, W.	Ein Beitrag zur Klimatologie des Geisingberges
1959	Henke, G.	Ein Beitrag zu Bodenfeuchtigkeitsmessungen auf forstwirtschaftlich genutzten Flächen
1959	Liebermann, M.	Lokalklimatische Niederschlagsmessungen im Tharandter Wald
1965	Halung, H.-J.	Die Böigkeit der Windgeschwindigkeit in einer Tal- und Hochflächenlage
1965	Lippold, R.	Schneeanteil am Gesamtniederschlag im Osterzgebirge
1965	Zachow, H.	Ein Beitrag zu den Besonnungsverhältnissen im Tharandter Wald
1968	Eckardt, L.	Zusammenhang zwischen Jahresniederschlag und Grundwasserstand
1968	Hoppenz, K.-J.	Vergleichende Betrachtungen von errechneten und gemessenen Niederschlagsintensitäten

Anschrift: Prof. Dr. H. Pleiß, Technische Universität Dresden, Sektion Wasserwesen, Bereich Hydrologie und Meteorologie, 8027 Dresden, George-Bährstr. 1

*) Verfahren an der Karl-Marx-Universität Leipzig durchgeführt

551.573:551.481.18

Die Verdunstungsverluste der Oberen Seen Mecklenburgs

Von **Dieter Richter**

Mit 3 Abbildungen

Zusammenfassung: Die Erfassung der Verdunstungsverluste von freien Wasserflächen bereitet prinzipiell keine größeren Schwierigkeiten mehr. Ausgehend von den gestellten Genauigkeitsansprüchen ergab sich bei den Untersuchungen an den Oberen Seen die Notwendigkeit zur Anwendung der Wärmehaushaltsmethode. Grundlegend neue Erkenntnisse zur Verdunstungsbestimmung selbst waren demzufolge nicht zu erwarten. Die eigentliche Problematik bestand in der Gewinnung und Bearbeitung der erforderlichen Beobachtungsdaten. Auf diesem Gebiet konnten einige Ergebnisse erzielt werden, die auch über die Aufgabenstellung hinaus von allgemeinem Nutzen sind. In erster Linie trifft das auf die Bearbeitung der Werte der Wassertemperatur zu. Aus dem Vergleich mit der Lufttemperatur ergaben sich Beziehungen, mit denen auf der Grundlage der Beobachtungen der Klimastation Waren/Müritz die Aufstellung langjähriger Reihen der Verdunstung von den Oberen Seen möglich ist.

Summary: The determination of evaporation losses from open water surfaces is in principle no more a major problem. With a view to the required accuracies the researches at the Upper Lakes had to be made on the basis of the heat belance method. Hence, entirely new information regarding the determination of evaporation were not expected. The specific problem was to obtain and to elaborate the requisite observational data. In this respect some results were obtained which are, even beyond the scope of the targets, of some general use, which, in the first instance, applies to the elaboration of water temperature data. From the comparison with air temperatures, relations were found which, using obervational data from the climatological station at Waren/Müritz, provide long-term evaporation series for the Upper Lakes.

1. Einleitung

Die Untersuchungen zur Bestimmung der Verdunstungsverluste der „Oberen Seen" Mecklenburgs erfolgten im Rahmen eines Forschungsauftrages auf Grund einer aus der Praxis gestellten Anforderung an das Forschungsinstitut für Hydrometeorologie.

Für die Lösung dieser Aufgabe wurde es als zweckmäßig erachtet, nach der Wärmehaushaltsmethode zu arbeiten, da diese Methode die physikalisch exaktesten Voraussetzungen für die Erfassung der Verdunstungsverluste von einer Seefläche bietet. Die Anwendung empirischer Berechnungsverfahren als grundsätzliche Arbeitsmethode erschien dagegen nicht ratsam, da hierzu spezielle, für den zu untersuchenden See gültige Koeffizienten vorliegen sollten. Diese können wie das Beispiel des Stechlinsees zeigt (*Richter*, 1965, 1967), aus direkten Messungen mit Floßverdunstungskesseln abgeleitet werden. Derartige Messungen waren jedoch bei der Größe der Oberen Seen wegen der oftmals starken Wellenausbildung nicht ratsam. Bei einer Übertragung empirischer Koeffizienten aus bekannten Verdunstungsformeln können dagegen kaum mehr als überschlägige Berechnungen erwartet werden, die im vorliegenden Falle nicht den gewünschten Genauigkeitsansprüchen genügen.

In dieser Hinsicht bestehen bei der Anwendung der Wärmehaushaltsmethode keine Bedenken. Auf der Grundlage klimatologischer Berechnungen einzelner Wärmehaushaltskomponenten und mit Hilfe einiger spezieller Messungen ist nach dieser Methode eine relativ genaue Bestimmung monatlicher Verdunstungshöhen zu erwarten. Für kürzere Zeiträume muß allerdings mit größeren Ungenauigkeiten gerechnet werden. Außerdem sind die meisten Formeln zur Berechnung der Wärmehaushaltskomponenten nur unter Verwendung von Monatsmittelwerten brauchbar.

2. Die durchgeführten Untersuchungen

Ausgehend von den in der Einleitung skizzierten Überlegungen wurden die Untersuchungen auf der Müritz in die Wege geleitet. Zusätzlich zu der bestehenden Klimastation Waren erfolgte die Einrichtung von zwei Klimameßstellen in Klink und Boek. Die Thermometerhütten wurden jeweils in 2 m Höhe direkt über der freien Wasserfläche aufgebaut. Hierzu diente in Klink ein bereits vorhandener 25 m in den See ragender Steg und in Boek eine speziell hierfür errichtete Eisenkonstruktion im Wasser, ca. 10 m vor einer etwa 100 m in die Müritz hinausgehenden Landzunge. Zu den im Rahmen des Meßprogrammes erfaßten Daten gehören die Temperaturextreme und die trockene und feuchte Temperatur der Luft, die Windgeschwindigkeit und die Temperatur an der Wasseroberfläche.

Zur Erfassung der Wärmeinhaltsänderung dienten monatliche Messungen der vertikalen Temperaturverteilung (Temperatur-Tiefenserien), die im ersten Beobachtungsjahr (1965) von Mai bis Oktober auf der Müritz durchgeführt wurden. Für 1966/67 erfolgte eine Erweiterung des Meßprogrammes unter Einbeziehung des Kölpin-, Fleesen- und Plauer Sees. (Abb. 1) Für die letzten zwei Jahre konnten auch aus den örtlichen Produktionsgenossenschaften werktätiger Fischer Beobachter für tägliche Messungen der Temperatur an der Wasseroberfläche gewonnen werden.

Das gesamte Beobachtungsmaterial wurde nach der technischen Auswertung statistisch bearbeitet. Das Hauptaugenmerk lag hierbei auf der Entwicklung von Beziehungen zu den Klimadaten von Waren. Bei diesen Berechnungen konnten auch einige bereits 1959/61 erfaßte Meßdaten mit einbezogen werden. Als besonders wichtig erwies es sich, die Zusammenhänge zwischen Luft- und Wassertemperatur herauszuarbeiten.

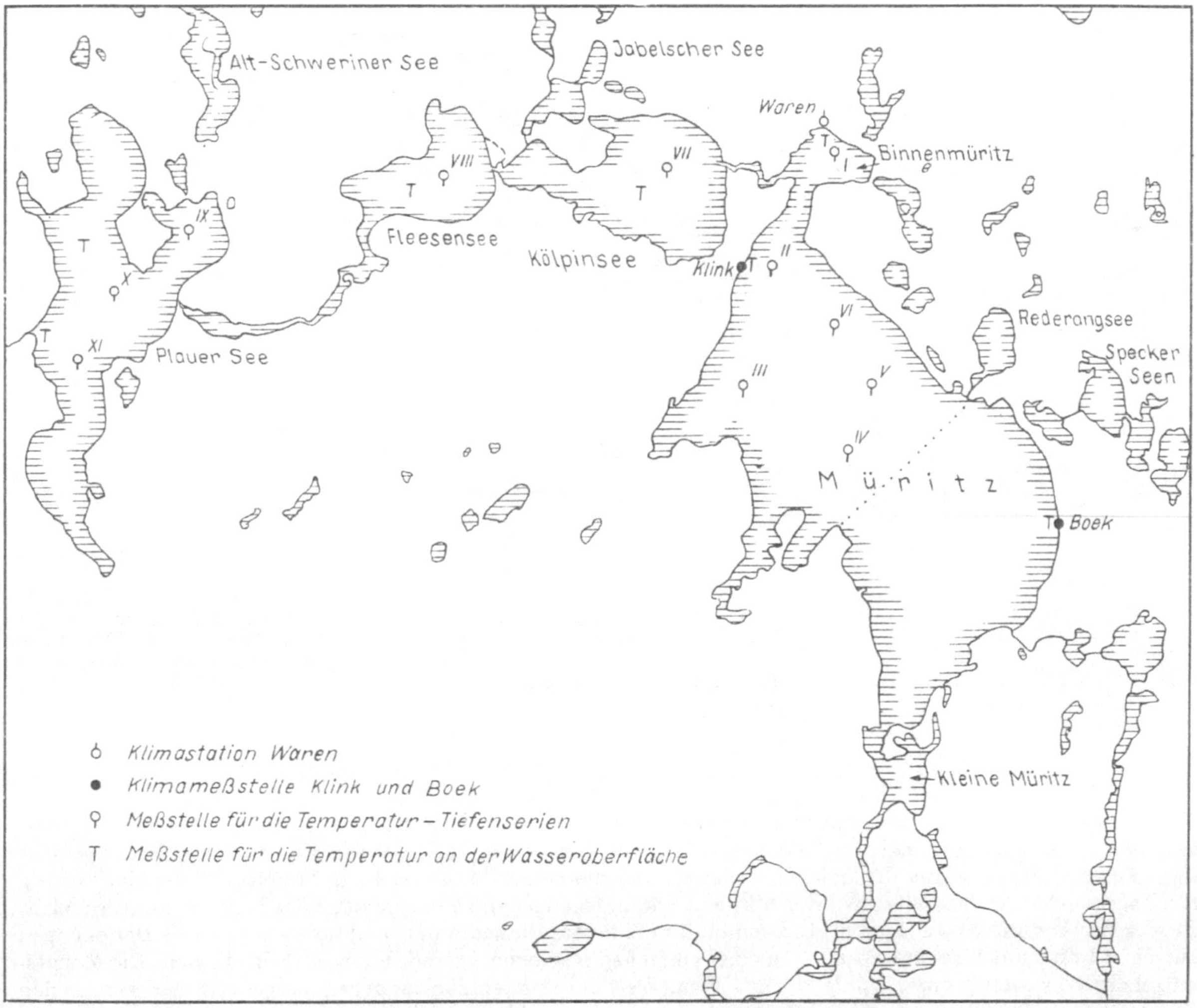

Abb. 1. Übersichtskarte von den Oberen Seen mit Lageplan der Meßstellen

Für die Untersuchungen selbst waren die umfangreichen Erfahrungen aus den langjährigen Arbeiten am Stechlinsee von großem Nutzen. Sie bildeten zusammen mit der eng gefaßten Thematik die Voraussetzung, daß die Messungen und die Auswertungen in einer sehr zielgerichteten Form durchgeführt werden konnten.

3. Die erzielten Arbeitsergebnisse

Wie bereits hervorgehoben, sollte die Bestimmung der Verdunstungshöhe von den Oberen Seen mit Hilfe der Wärmehaushaltsmethode erfolgen. Da hierzu einerseits ausreichende Kenntnisse über das thermische Verhalten eines Gewässers notwendig sind, andererseits jedoch die entsprechenden Temperaturmessungen nicht in genügendem Umfang vorlagen, bestand als eine der wichtigsten Aufgaben, Beziehungen zwischen der Wassertemperatur und der Lufttemperatur herzuleiten. Hierbei war zu berücksichtigen, daß mit zunehmender Tiefe eines Sees eine immer größere Verzögerung in der Änderung der Wassertemperatur gegenüber der Lufttemperatur auftritt. Eine graphische Darstellung der Beziehung Luft- Wassertemperatur ergibt die bekannte

Schleifenkurve, wie sie auch *Karbaum* (1966) in seinen Untersuchungen festgestellt hat. (Abb. 2) Dagegen läßt sich dieses Verhältnis für einen sehr flachen See auch durch eine Regressionsgerade gut ausdrücken.

Weiterhin ist zu beachten, daß die Wassertemperatur eines bestimmten Tages aus dem vorausgegangenen Wetterablauf resultiert, wobei die Strahlung und die advektiv herangeführte Wärme einen entscheidenden Einfluß haben. Beide Größen sind jedoch ebenso bestimmend für die Lufttemperatur. Da die Luft in ihrer

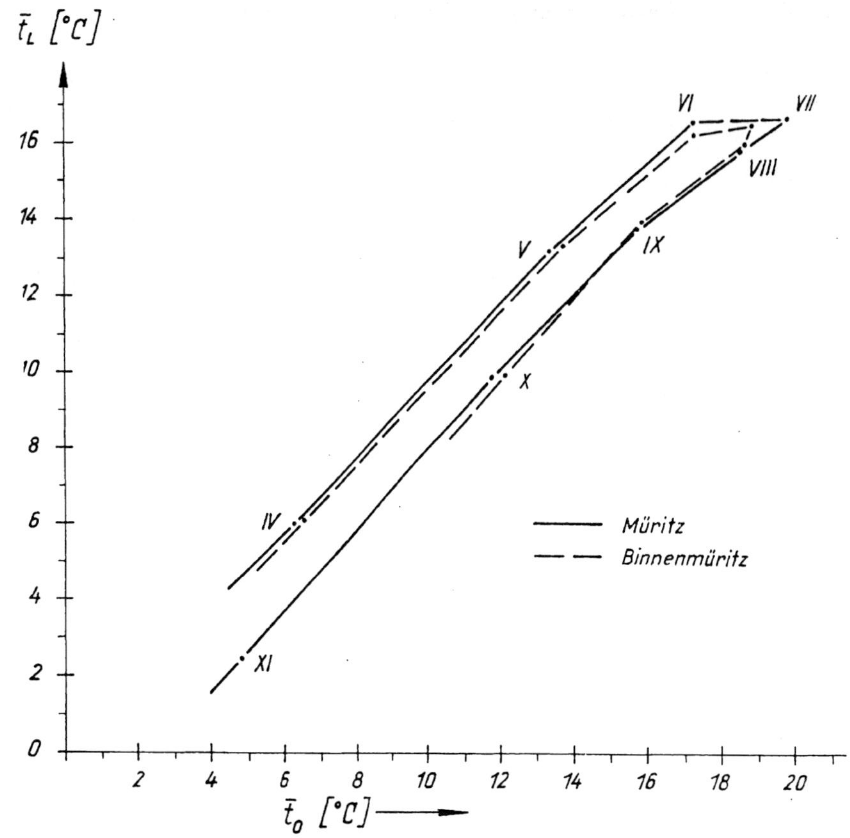

Abb. 2. Bezugskurven zwischen den mittleren Monatswerten der Lufttemperatur von Waren [$\bar t_l$] und der Temperatur an der Wasseroberfläche der Müritz und der Binnenmüritz [$\bar t_0$] der Jahre 1965 bis 1967

Erwärmung (oder Abkühlung) unmittelbar den Strahlungs- und Advektionseinfluß ausdrückt, kann die Lufttemperatur des vorausgegangenen Zeitraumes ein gutes Hilfsmittel für die Bestimmung der Wassertemperatur sein. Für die Müritz wurde die beste Korrelation und die geringste Abweichung bei einer Gegenüberstellung des Tageswertes der Wassertemperatur mit dem vorausgegangenen Dekadenmittel der Lufttemperatur erzielt. Bei der Anwendung dieses Ergebnisses konnten für die tiefere Binnenmüritz und für die Müritz die Beziehungen zwischen Luft- und Wassertemperatur in einer einfachen Regressionsgeraden ausgedrückt werden. Die Monatsmittel der Wassertemperatur wurden hierzu einem Wert der Lufttemperatur gegenübergestellt, der sich aus den Tagesmitteln des betreffenden Monats und denen der letzten Dekade des vorausgegangenen Monats ergab. (Abb. 3) Dagegen erwies es sich für den Kölpin- und Fleesensee als günstiger, bei gleichen Berechnungen die Lufttemperatur der vorausgegangenen Dekade nicht mit zu berücksichtigen. Beide Seen sind im Mittel flacher als die Müritz. Für den Plauer See ergaben beide Varianten gleichwertige Ergebnisse.

Die nahezu einheitliche Oberflächentemperatur und das auf Grund der nur zweijährigen Messungen relativ geringe Wertekollektiv ließen es zweckmäßig erscheinen, für den Kölpin- Fleesen- und Plauer See eine gemeinsame Bezugsgleichung zu errechnen. Diese stimmte fast völlig mit der Beziehung für die Müritz überein, nur mit dem Unterschied, daß bei ihrer Anwendung die Ausgangswerte der Lufttemperatur unterschiedlich sind.

Müritz: $\bar t_0 = 1{,}12\,\bar t'_L + 0{,}10$; $r = 0{,}99$; $s = 0{,}60$
Kölpin-Fleesen-Plauer See: $\bar t_0 = 1{,}12\,\bar t_L + 0{,}15$; $r = 0{,}98$; $s = 0{,}65$

$\bar t_0$ – Monatsmittel der Temperatur der Wasseroberfläche
$\bar t_L$ – Monatsmittel der Lufttemperatur
$\bar t'_L$ – Erweitertes Monatsmittel der Lufttemperatur unter Berücksichtigung der letzten Dekade des Vormonats
r = Korrelationskoeffizient,
s-Streuung

Mit diesen Gleichungen erfolgte die Berechnung der Temperatur an der Wasseroberfläche, welche wiederum die Grundlage für die Ermittlung der „Effektiven Ausstrahlung“ und der Temperatur- und Dampfdruckgradienten bildete.

Eine weitere Untersuchung galt der mittleren Temperatur des gesamten Wasserkörpers, die als Ausgangswert für die Bestimmung der Wärmeinhaltsänderung diente. Hierzu wurden aus den einzelnen Temperaturtiefenserien die gewichteten Mittel der Wassertemperatur berechnet und der jeweils gemessenen Oberflächentemperatur gegenübergestellt. Auch in diesem Falle bestanden sehr enge Beziehungen, da das Wasser entweder gut durchmischt ist oder – wie es beim Fleesen- und Plauer See bzw. bei der Binnenmüritz der Fall ist – die unter der Sprungschicht liegenden Wassermengen relativ gering sind. Somit war es möglich, aus Dekadenwerten der Lufttemperatur auf das Tagesmittel der Wasseroberflächentemperatur zu schließen und daraus nachfolgend das gewichtete Mittel der Wassertemperatur zu berechnen. Die monatliche Änderung dieser Temperatur diente sodann zur Bestimmung der Wärmeinhaltsänderung.

Die Übertragbarkeit der in Waren gemessenen Klimadaten auf die Verhältnisse über der freien Wasserfläche mußte ebenfalls geprüft werden. Hierzu erfolgten Vergleiche zu den Dekadenmitteln der Lufttemperatur und des Dampfdruckes der Meßstellen in Klink und Boek. Dabei waren zwischen diesen beiden Stationen keine Unterschiede festzustellen. Gegenüber der Station Waren lagen allerdings die Temperaturen im Sommer etwas tiefer, im Winter etwas höher, was als unmittelbare Auswirkung der Wassernähe erwartet werden konnte. Die Unterschiede zwischen den einzelnen Dampfdruckwerten waren nur geringfügig. Die gefundenen Beziehungen kamen bei der Berechnung der Temperatur- und Dampfdruckgradienten zur Anwendung.

Auf der Grundlage der Klimadaten von Waren und der Ergebnisse der durchgeführten Untersuchungen erfolgte die Berechnung der einzelnen Wärmehaushaltskomponenten. Die Globalstrahlung und die kurzwellige Reflexion wurden nach den bereits am Stechlinsee erprobten Verfahren ermittelt. Hierzu dienten eine von *Hinzpeter* (1953) entwickelte Formel zur Berechnung der Globalstrahlung und die bekannte Reflexionstabelle nach *Dirmhirn* (1953). Da bei dem Verfahren von *Hinzpeter* die Globalstrahlung bei wolkenlosem Himmel bekannt sein muß, wurde diese vom Stechlinsee übernommen. Dieser Schritt beinhaltet die berechtigte Annahme, daß an der nur 50 km entfernt gelegenen Station Waren im Mittel die gleiche atmosphärische Trübung herrscht, wie sie aus dem Vergleich der *Rayleigh*-Strahlung mit der gemessenen Globalstrahlung vom Stechlinsee bekannt ist.

Bei der Berechnung der Reflexion waren für die Wintermonate nur angenäherte Aussagen möglich. In diesen Monaten mußten sowohl die wahrscheinliche Eisbedeckung der Seen aus der Lufttemperatur als auch die möglichen Reflexionswerte der mit Eis oder Schnee bedeckten Flächen geschätzt werden. Die an Hand von Erfahrungswerten pauschal getroffenen Annahmen führten in dieser Jahreszeit nur zu unsicheren Werten.

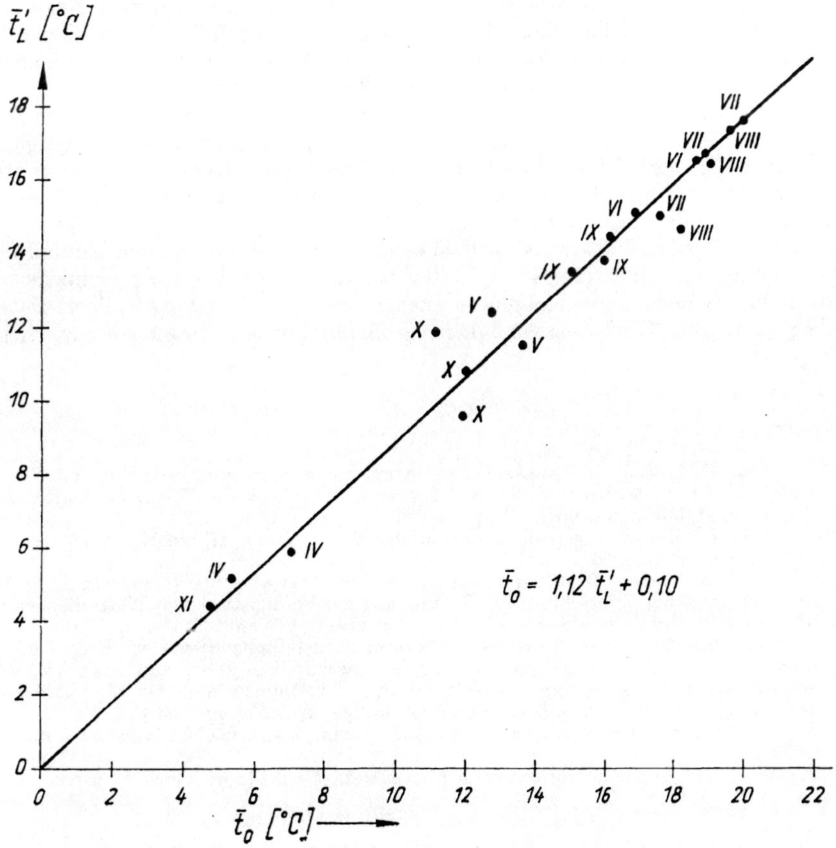

Abb. 3. Darstellung der Bezugsgleichung zwischen dem Monatsmittel der Temperatur an der Wasseroberfläche der Müritz [$\bar{t}_0$] und dem erweiterten Monatsmittel der Lufttemperatur [$\bar{t}_L'$]

Die Bestimmung der effektiven Ausstrahlung erfolgte nach der bekannten Formel von *Angström* (1915), wobei der Einfluß der Bewölkung durch ein Korrekturglied nach *Asklöf* (1920) Berücksichtigung fand.

Der nächste Schritt war die Bilanzierung der Wärmehaushaltskomponenten. Die Aufschlüsselung der verbleibenden Restwärme in die Anteile des turbulenten und latenten Wärmestromes erfolgte nach dem *Bowen*-Verhältnis. Zur Berechnung der hierfür notwendigen Temperatur- und Dampfdruckgradienten fanden die Beziehungen aus den Klimavergleichsmessungen an der meteorologischen Station Waren und über der Müritz Verwendung. Das war in erster Linie für die Wintermonate wichtig, da hiernach genauere Temperaturgradienten über der freien Wasserfläche berechnet wurden. Die Umrechnung der Dampfdruckwerte hatte dagegen keinen wesentlichen Einfluß auf das Ergebnis der gesamten Berechnungen.

Nach der aufgezeichneten Methode wurde die Verdunstungswärme für die Jahre 1958 bis 1967 bestimmt. Die Umrechnung des Verdunstungsverlustes in mm Wassersäule erfolgte unter der Annahme, daß für 1 Gramm Wasserverdunstung 590 cal verbraucht werden, gleichzusetzen mit einem Energieverbrauch von 59 cal pro 1 mm Verdunstung, bezogen auf die Fläche von 1 cm^2. Die Ergebnisse zeigten, daß keine wesentlichen Verdunstungsunterschiede zwischen den einzelnen Seen auftreten. Als Beispiel wird in Tab. 1 die 10jährige Reihe der Verdunstung von der Müritz wiedergegeben.

Tabelle 1. *Monatliche Verdunstungshöhen (mm) der Müritz (1958/67)*

	I	II	III	IV	V	VI	VII	VIII	IX	X	XI	XII	Jahr
1958	23	10	14	27	65	105	162	107	90	50	43	25	721
1959	21	12	(10)	(67)	129	130	120	121	115	38	45	0	808
1960	4	11	26	83	94	113	128	86	110	43	6	11	715
1961	11	0	49	20	115	76	132	81	74	40	51	15	664
1962	(15)	20	12	23	120	116	90	115	88	48	27	14	688
1963	16	8	26	19	68	146	131	137	80	45	8	16	700
1964	8	20	13	7	81	161	114	112	95	59	(10)	10	690
1965	3	11	0	38	117	88	130	105	57	67	40	4	660
1966	14	5	13	7	121	113	113	125	94	56	29	11	701
1967	7	13	35	94	76	114	122	134	67	48	46	13	769
Mittel	12	11	20	39	99	116	124	112	87	49	31	12	712

Eine zusätzliche Untersuchung galt der Beeinflussung der Verdunstung durch die schilfbewachsenen Uferzonen der Müritz. Hierzu war es notwendig, auf empirische Ansätze von *Kusnezov* (1964) und *Gelbuch* (1964) zurückzugreifen, da zu diesem Problem im Rahmen des Forschungsauftrages keine zusätzlichen Messungen durchgeführt wurden. Es zeigte sich, daß gegenüber der freien Wasserfläche lediglich in den Hochsommermonaten eine Verdunstungserhöhung von 10 bis 20% auftritt. Im allgemeinen dürfte das Problem bei der Größe der Oberen Seen von untergeordneter Bedeutung sein.

Insgesamt konnte mit den vorliegenden Arbeitsergebnissen das gesteckte Ziel der Untersuchungen erreicht werden. Die berechneten Verdunstungshöhen entsprechen den nach bisherigen Erfahrungen zu erwartenden Resultaten. Es zeigt sich an dieser nach den Stechlinseeforschungen zweiten größeren Untersuchung zur Verdunstung freier Wasserflächen, daß bei einem ausreichend vorhandenen Beobachtungsmaterial die Wärmehaushaltsmethode auch routinemäßig für Verdunstungsberechnungen Verwendung finden kann. Allerdings sind hierzu in jedem Falle zusätzliche Messungen notwendig, die den Einfluß der lokalen Verhältnisse bei der Übertragung von klimatologischen Daten beinhalten. In dieser Problematik sind auch die größeren Mängel empirischer Berechnungsverfahren zu suchen, da die hierzu notwendigen Daten meteorologischer Elemente, insbesondere die Windgeschwindigkeit, größeren lokalen Einflüssen unterliegen, als die Wärmehaushaltskomponenten.

Literatur

[1] *Angström, A.*, A Study of Radiation of the Atmosphere, Smithson. Inst. Mic. Coll. Vol. 65
[2] *Asklöf, A.*, Zitiert bei Kortüm, F.: Beiträge zur Klimatologie des Wärmehaushaltes der Erdoberfläche im Norddeutschen Flachland, Habilitationsschrift, Geophys. Inst. Uni. Leipzig
[3] *Dirmhirn, I.*, Einiges über die Reflexion der Sonnen- und Himmelstrahlung an verschiedenen Oberflächen (Albedo) Wetter und Leben, 5, 86
[4] *Gelbuch, T. M.* (1964), Die Evapotranspiration von bewachsenen Gewässern aus: Materialien der Allunionskonferenz über Probleme der Erforschung und Regulierung der Verdunstung von Wasserflächen und von Böden, Waldai (org. russ.)
[5] *Hinzpeter, H.*, Studie zum Strahlungsklima von Potsdam, Veröff. d. Met. u. Hydr. Dienst d. DDR, 10, Berlin,
[6] *Karbaum, H.* (1966), Über die Wassertemperatur flacher Binnenseen, Gerl. Beitr. Geophys. 75, H. 1
[7] *Kusnezov, V. I.* (1964) Die Berechnung der Verdunstungshöhe freier und bewachsener Wasserflächen mit Hilfe von Daten experimenteller Untersuchungen, aus: Materialien der Allunionskonferenz über Probleme der Erforschung und Regulierung der Verdunstung von Wasserflächen und von Böden, Waldai (org. russ.)
[8] *Richter, D.* (1965), Die Verdunstung von der freien Wasserfläche, dargestellt am Beispiel des Stechlinsees, Diss. Uni. Leipzig
[9] *Richter, D.* (1966), Results of comparison measurements made with floating pans on Lake Stechlin, Publ. IASH, Nr. 70

Anschrift: Dr. D. Richter, Meteorologischer Dienst der DDR, Forschungsinstitut für Hydrometeorologie, 102 Berlin, Inselstr. 12

551.501.81

Über die Verwendung von Radarinformationen für mesometeorologische Verfahren und für die Beratung der Volkswirtschaft

Von **G. Schimsa**

Zusammenfassung: Die Existenz kleinräumiger Wettersysteme (Mesosysteme) spielt beim synoptischen Ablauf oftmals eine wesentliche Rolle. Betrachtet wird die Radarmeteorologie als Hilfsmittel der mesometeorologischen Forschung. Abschließend wird eine Übersicht über den gegenwärtigen Stand des Radarnetzes der DDR gegeben; seine Aufgaben werden kurz umrissen.

Summary: The occurrence of small-scale weather systems (meso-systems) is in many cases significant to the synoptic development. The paper deals with radar meteorology as a method in meteorological research. A survey is presented on the present state of the GDR radar network and its tasks.

Die meteorologischen Systeme, die für das Wettergeschehen an einem bestimmten Punkt verantwortlich zeichnen, weisen einen spektralen Bereich auf, der von den Zellen der Allgemeinen Zirkulation auf der einen Seite bis zu den kleinsten lokalen konvektiven Phänomenen wie Staubtromben auf der anderen Seite reicht. Anscheinend zeigt sich keine Lücke im besagten Spektrum, denn beide, sowohl das größte als auch das kleinste System, liefern ihren speziellen Beitrag zum ablaufenden Wetter. Die größeren synoptischen Systeme weisen auf die Gebiete der Wetterentwicklung allgemein hin; innerhalb dieser Gebiete stellt man ausgeprägte örtliche Veränderungen fest, die sich nicht befriedigend in Termen synoptischer Merkmale erklären lassen.

Als mesoscale Phänomene sind jene kleinräumigen Wettererscheinungen anzusehen, die in ihrer räumlichen Ausdehnung bereits zu groß sind, um von einer einzelnen Beobachtungsstation erfaßt zu werden. Ein konventionelles Beobachtungsnetz ist weder zeitlich noch räumlich in der Lage, diese Erscheinungsarten wegen ihrer Kleinheit zu beschreiben.

In gut überwachten Gebieten liegen synoptische Beobachtungsstationen in einem Abstand von ca. 100 bis 200 km auseinander, während der Abstand zwischen den einzelnen Radiosondenstellen ungefähr 200 bis 400 km beträgt. Damit ist das spektrale Band der mesoscalen Struktur zwischen einigen Kilometern am unteren Ende und einigen hundert Kilometern am oberen Ende gegeben. Diese mesoscale Definition erklärt in der Tat, warum dieser Bereich so wenig erforscht ist und die Mesometeorologie als das unbekannte Territorium der Meteorologie bezeichnet wird.

Natürlich existieren bereits einige Arbeiten, die sich mit der Passage mesometeorologischer Erscheinungen und ihren zeitlichen Änderungen an einzelnen Stationen befassen ([1], [2], [3] und [4]). Im Falle einer Konvertierung des räumlichen Schnitts in einen Zeitschnitt mittels des Verlagerungsvektors ergeben Zeitschnittanalysen keine wesentlichen Auskünfte über den zeitlichen Ablauf einer mesoscalen Erscheinung, ihre Persistenz und ihre Vorhersagbarkeit, so daß für diesen Zweck ein Mesonetz erforderlich ist. In [4] versuchte *Blackmer* den Raum- und Zeiteinfluß in der Beziehung Radarechos-Bodenwettersituation zu ergründen. Unter Verwendung von Radarwerten aus dem Thunderstormprojekt wurden zwei Methoden an Hand von Beispielen des Wind- und Temperaturfeldes unter einem Radarecho diskutiert, um räumliche und zeitliche Schnitte abzuleiten. Während bei einem räumlichen Schnitt die Zeitgradienten der Parameter analysiert und nach *Fujita* (5) in Raumgradienten konvertiert und als Interpolationshilfsmittel zwischen den Stationen auf der synoptischen Karte benutzt wurden, verwendete *Blackmer* bei einer begrenzten Stationszahl oder nur einer Station den Zeitschnitt.

Wie schon hieraus zu ersehen ist, stellt das Bodenwetterradar ein wertvolles Hilfsmittel zur Beobachtung mesoscaler Erscheinungen dar, die von ausgeprägten Niederschlagsechos konvektiver und stratiformer Art innerhalb von ausgedehnten Niederschlagsgebieten begleitet sind. Radar und Vorhersage mesoscaler Erscheinungen lassen sich in guten Einklang bringen; diese Erscheinungen können leicht auf dem Rundsichtschirm (PPI) eines Radars geordnet werden und lassen sich hinsichtlich der Verlagerung und Entwicklung über Zeiträume von Minuten bis zu mehreren Stunden beobachten. *Wilson* und *Kessler* [6] fanden, daß 50% der Nieschlagsechos mit einer insgesamten Fläche von 1500 bis 4000 km² nach 3 Stunden noch identifiziert werden konnten. Echos mit einer Länge von 500 bis 600 km waren in vielen Fällen noch nach 9 Stunden feststellbar.

Da die kleinsten makrometeorologisch noch bedeutsamen Erscheinungen in der Atmosphäre eine Größe von 100 bis 300 km haben, andererseits die größten mikrometeorologischen Vorgänge aber einige 100 Meter betragen können, erkennt man, daß das Gebiet der Mesometeorologie hauptsächlich in den Arbeitsbereich der Radarmeteorologie fällt, daß heißt derjenigen Disziplin, die sich im wesentlichen auf die vom Radargerät gelieferten Informationen über atmosphärische Vorgänge stützt, da das Radargerät imstande ist, einen Bereich von einigen 100 Metern bis zu 300 bis 400 Kilometern zu überwachen. Das Bodenwetterradar, das seine Informationen aus der Rückstreuung elektromagnetischer Energie an Niederschlagsteilchen in der Atmosphäre bezieht, läßt zunächst zwei Haupttypen des Niederschlages – Flächen- und Zellenniederschlag – erkennen, die sowohl im Sommer als auch im Winter mit verschiedener Häufigkeit auftreten. Die in sehr mannigfaltiger Form auftretenden Echos zwingen zu Klassifizierungen und zu Ordnungen, die damit bereits Teil der Mesometeorologie werden.

Während die Entstehung von großräumigem Flächenniederschlag (Aufgleitniederschlag) mehr ein Problem der Allgemeinen Meteorologie ist und vom Radar (bei einer Station) nur teilweise erfaßt werden kann, gibt es beim Zellenniederschlag eine Reihe prinzipieller Fragen, die mit Erfolg speziell mit dem Radar gelöst werden könnten. Wegen des klein- oder höchstens mittelräumigen Charakters von konvektiven Niederschlägen kann mit dem Radar die Bildung, Erhaltungsneigung und Auflösungstendenz von Niederschlagszellen in allen Einzelheiten verfolgt werden.

Die Hauptfrage bei konvektiven Niederschlägen ist ihre Größenordnung von nur einigen Kilometern und weiterhin warum Zellen mit einem Durchmesser größer 25 km kaum beobachtet werden; ferner bleibt noch die Frage nach dem Entstehungsort offen. Natürlich liegt die Vermutung nahe, daß bei der Entstehung von Schauern oder Gewittern Zufälligkeiten mit im Spiele sind, jedoch ließe sich der Kreis zufälliger Erscheinungen ziemlich stark einengen.

Auch bei dem Übergang von Schauern zu Gewittern scheint es, als ob Zufälligkeitseffekte vorherrschen, die durch zu geringe Maschenweiten des Beobachtungsnetzes oder durch eine zu geringe Anzahl von Beobachtungen hervorgerufen werden.

Bei synoptisch-meteorologischen Wetterlagen mit ähnlichem Ablauf findet man häufig, daß bei Schauerlagen die Anzahl und auch die Form der Echos stark variiert und auch nicht durch Ausrechnung der Labilitätsenergie aus Radiosondenaufstiegen erklärt werden kann. Vielmehr scheinen noch andere Effekte, wie die Konvergenz und Divergenz der atmosphärischen Strömungen in bodennahen Schichten und in der Höhe, ausschlaggebend zu sein, die mit dem konventionellen Netz kaum zu erfassen sind und teilweise durch die Radarmeteorologie (Doppler- und Lichtradargeräte – Lidar –) geklärt werden könnten. Offen bleiben weiterhin noch die niederschlagsfreien Räume in und zwischen den Niederschlagszellen, Anhäufung von Schauerechogruppen in einem bestimmten Sektor, die zum Teil sehr unterschiedliche Lebensdauer von Schauerzellen, die wiederum implizit die maximale Regenintensität beinhaltet. Das letztere Problem besitzt eine wesentliche prognostische Bedeutung, da schließlich die Wetterradarbeobachtungen für kurzfristige Niederschlagsprognosen (Gewitter, Regen und Schnee) verwendet und im Falle des Schnees auch Sichtvorhersagen an Flugplätzen angefertigt werden. Ein Hauptproblem der Mesometeorologie ist die exakte Erfassung des festen und flüssigen Niederschlages über einer bestimmten Fläche. Das gleiche Hauptproblem zeigt sich auch in der Radarmeteorologie in der quantitativen Messung der Niederschlagsintensität. Das Radarbild vermittelt indirekt und auch subjektiv diese Größe durch die flächenmäßige Darstellung auf dem Bildschirm und durch eine Abschätzung des Helligkeitsgradienten. Moderne Verfahren in den USA und in der Sowjetunion bestehen darin, daß das rückgestreute Echosignal elektronisch integriert und gemittelt wird und man damit eine Registrierung der Rückstreufähigkeit des Niederschlages und somit der Niederschlagsintensität erhält. Aus den unterschiedlichen Intensitäten innerhalb des Echos (Isoechoverfahren), der Höhe der Echoobergrenze, die mittels eines vertikal schwenkenden Radars (RHI) bestimmt werden kann, und der Sfericsaktivität lassen sich die einzelnen Reifestadien von konvektiven Echos verfolgen.

Analysiert man die Autokorrelationsfunktion der Amplitudenschwankung aufeinanderfolgender Radarimpulse, so erhält man ein quantitatives Maß für die Stärke der Echofluktuation und damit für die Turbulenz in einer Niederschlagszelle. Derartige Turbulenzmessungen lassen sich auch mit dem Doppler-Radar durchführen. Es eignet sich zur Beobachtung von gleichförmigen und turbulenten Teilchenbewegungen im Bereich von Wolken und bedingt auch in wolkenfreier Luft. Die durch das Doppel-Radar ortbaren atmosphärischen Zielobjekte sind natürliche Partikel, insbesondere Niederschlagsteilchen und feste Bestandteile der Atmosphäre, weiterhin künstliche Partikel, die zur Erforschung der Luftströmung dienen, und die Atmosphäre selbst, die bei genügender Varianz ihres Brechungsindex einen solchen Rückstreubeitrag liefern kann, daß z. B. Luftturbulenzen untersucht werden können.

Ein weiterer Fortschritt beim Studium von Niederschlägen im mesoscalen Bereich läßt sich durch das CAPPI-Verfahren erzielen; man erhält nämlich wegen des unterschiedlichen Höhenverlaufs des Radarstrahls mit wachsender Entfernung auf dem PPI-Schirm Echos aus verschiedenen Niveaus. Bei diesem Verfahren, das man mit entsprechendem Zeitaufwand auch bei einem einfachen Radar anwenden kann, werden bestimmte Höhenwinkel der Radarantenne eingestellt und jeweils die entsprechenden Radarbilder manuell oder elektronisch abgenommen. Wird die Antenne vorprogrammiert, können die Bilder rasch elektronisch verwertet werden und ergeben in kürzester Zeit eine Übersicht über die Niederschlagsverhältnisse in den einzelnen Höhenniveaus.

Von besonderer Bedeutung für die Weiterentwicklung quantitativer Auswertungen des Radarbildes ist die Digitalisierung der Radarbildinformationen und die Eingabe dieser in eine Ziffernfolge aufgelöster Radarbilder in einen Elektronenrechner, wobei das Radarbild durch eine vielspaltige Matrix ersetzt wird. Statt des digitalisierten PPI-Bildes, das neben der Flächenbedeckung durch die Ziffern noch die Intensität des Echos durch die Ziffernhöhe beinhaltet, lassen sich auch bei Vertikalbeobachtungen an deren Stelle die Echohöhen einsetzen. Die in Form von Ziffernfolgen vorliegenden Radarbilder lassen sich elektronisch viel einfacher und schneller für operative Zwecke und auf eventuelle statistische Zusammenhänge hin auswerten.

Die bisher von nur einer Station betrachteten Möglichkeiten der Radarüberwachung eines bestimmten Gebietes lassen sich bei einem sorgfältig geplanten Radarnetz [7] beträchtlich erweitern. Unter Einbeziehung moderner Übertragungsmethoden können dann Räume kontinuierlich auf atmosphärische Vorgänge im meso-, mitunter auch im makroscalen Bereich dreidimensional überwacht werden. Es sei jedoch vermerkt, daß die Fülle des dann zur Verfügung stehenden Beobachtungsmaterials nur noch durch die bereits erwähnte Digitalisierung des Radarbildes erschöpfend ausgewertet werden kann.

Der Radarbeobachtungs- und -auswertedienst in der DDR

Die im Laufe des Jahres 1963 zunächst sporadisch, ab Januar 1965 kontinuierlich durchgeführten Radarbeobachtungen konzentrierten sich zunächst auf eine Bodenwetterradarstation am Zentralflughafen Berlin-Schönefeld. In den Jahren 1966 und 1967 folgten zwei weitere gleichgeartete Radarstationen an der Ostsee (Seewetterdienststelle Warnemünde) und im Binnenland (Wetterdienststelle Leipzig). Alle drei Geräte arbeiten im X-Band (3,2 cm) mit einer Sendeimpulsleistung von 40 kW. Mit diesen Geräten wird das Gebiet der DDR überdeckt und außerhalb des Landes von den Grenzen aus gerechnet jeweils ein Gebiet mit einer Tiefe von mindestens 200 km überwacht.

Der Zentrale Radarauswertedienst am Zentralflughafen Berlin-Schönefeld erhält vorerst alle 3 Stunden verschlüsselte Radarbeobachtungen (ähnlich dem WMO-Code) und telefonische Hinweise von den Stationen in Leipzig und Warnemünde, die zur Verbreitung zusammengesetzter Radarkarten dienen. Im Bereich des Zentralflughafens wird die meteorologische Radarberatung wegen der räumlichen Trennung Briefing-Radarstation mittels Faksimile durchgeführt (analysierte Radarkarten), gleichzeitig erfolgt im Parallelbetrieb die Betreuung der Zentralen Wetterdienststelle in Potsdam. Zur Erhöhung der Informationsgeschwindigkeit ist im Jahre 1969 die Übermittlung analysierter Radarkarten mittels industriellem Fernsehen zum beratenden Meteorologen und zu den Besatzungen vorgesehen.

Während der Radarstation Berlin-Schönefeld die Betreuung der Luftfahrzeugbesatzungen obliegt und zusätzlich die Zentrale Wetterdienststelle über Gewitter- und Niederschlagsverhältnisse orientiert wird, sind Warnemünde und Leipzig neben der Zumeldung mit der Überwachung des eigenen Versorgungsgebietes beauftragt. Bei der Seewetterdienststelle Warnemünde werden an den Überseehafen Rostock vor Einsetzen von Niederschlägen Radarinformationen an den zuständigen Hafendispatcher gegeben, damit Lade- und Löscharbeiten von feuchteempfindlichen Waren rechtzeitig unterbrochen werden können. Die Werften erhalten nach Anforderung ebenfalls Radarhinweise.

Die radarmäßige Beratung durch die Wetterdienststelle Leipzig liegt schwerpunktmäßig in der Versorgung der Großbetriebe und der polizeilichen Bezirksbehörde ihres Bereiches, wobei die besondere Betonung im Sommer auf akute Gewitterlagen, im Winter dagegen auf der rechtzeitigen Schneefallwarnung liegt. Mitgeteilt werden Eintrittszeiten, Andauer und eine qualitative Einschätzung des meteorologischen Ereignisses. Ferner stehen noch Beratungen von öffentlichen Veranstaltungen im Vordergrund. Weitere Institutionen wie die Eisenbahn, Energieversorgung und Stadtreinigung sollen in das Beratungsprogramm aufgenommen werden.

Literatur

[1] *Elliot, R. D.*, Mesoscale analysis of existing meteorological network data. Final Report on Contract No. Cwb 10326 to the U. S. Weather Bureau, April 1963
[2] *Fujita, T.*, A review of research on analytical mesometeorology. Research Paper 8, Department of Geophys. Sciences, University of Chicago, Febr. 1962
[3] *Stout, G. E.*, Mesometeorological system for a dense network station. Presented at IUGG Meeting, Toronto 1957
[4] *Blackmer, R. H.*, The use of radar data in mesometeorological analysis. 6. Radar Conference, S. 207 ff.
[5] *Fujita, T.*, Results of detailed studies of squall lines. Tellus. 7, 1955: 405–436
[6] *Wilson, J. W.*, Movement and predictability of radar echos. Techn. Memo. IERTM-NSSL-28, Norman, Oklahoma 1966
[7] *Irvin, W.*, Observational network for weather radar and rawinsonde. BAMS 45, 1964, 7

Anschrift: Dr. Gerhard Schimsa, Meteorologischer Dienst der DDR, Flugwetterwarte Schönefeld, 1189 Berlin-Schönefeld

551.510.72

Über die räumliche Ausdehnung radioaktiver Luftkörper

Von **M. Zier**

Mit 1 Abbildung

Zusammenfassung: Für Tagesmittelwerte der langlebigen Gesamt-β-Aktivität der Luft (Aerosole) an verschiedenen Stationen des Radioaktivitätsmeßnetzes des Meteorologischen Dienstes der DDR wurden einfache lineare Korrelationskoeffizienten R berechnet. Die Abhängigkeit der Korrelationskoeffizienten von der Entfernung r der Meßstellen, d. h. die Korrelationsfunktion $R(r)$ ließ sich darstellen durch $R(r) = 1 - \alpha r$. Daraus wurde die Makroskala L_l des Radioaktivitätsfeldes berechnet. Sie dient als Maß für die mittlere Größe der radioaktiven Luftkörper. Für das Winterhalbjahr 1963/64 ergab sich $L_l = 340$ km, für das Sommerhalbjahr 1964 $L_l = 780$ km. Die Ergebnisse werden diskutiert.

Summary: For diurnal mean values of the atmospheric long-lived total β-activity (aerosols) at various stations of the radio-activity network of the Meteorological Service of the GDR, simple linear correlation coefficients R were calculated. The dependence of the correlation coefficients on the distance r to the measuring places, i. e. the correlation function $R(r)$ was presented as $R(r) = 1 - \alpha r$. From this the macro-scale L_l of the radio-activity field was determined, which serves as a measure for the average size of the radio-active air mass. For the winter season 1963/64 L_l was 340 km, for the summer 1964 L_l was 780 km. The results are discussed.

1. Einleitung

Bei einer Kernwaffenexplosion entsteht eine radioaktive Wolke, die in die atmosphärischen Zirkulationsprozesse einbezogen wird. Die räumliche Ausdehnung der Wolke ist eine Funktion der Zeit. Nach dem Einstellen des Temperaturgleichgewichts sorgt für ein Anwachsen der Wolke mit der Zeit vor allen Dingen die turbulente Diffusion in der Atmosphäre.

Für Überwachungsaufgaben ist es wichtig, außer der Zugrichtung auch die räumliche Ausdehnung der Wolke zu kennen. Die Zugrichtung läßt sich ungefähr aus den synoptischen Karten entnehmen, nicht jedoch die räumliche Ausdehnung. Mit einem weltweiten dichten Meßnetz könnte man sowohl die Zugrichtung als auch die räumliche Ausdehnung verfolgen. Es ist jedoch nicht möglich, überall Stationsnetze zur Überwachung der Radioaktivität der Atmosphäre einzurichten. Insbesondere die Ozeane stellen riesige Löcher im weltweiten Überwachungssystem dar. Aber auch auf den Kontinenten können die Meßstellen in Anbetracht des damit verbundenen Aufwandes nicht beliebig dicht gewählt werden. Man wird daher nach einem Kriterium für die notwendige Dichte der Meßstellen suchen.

Es bieten sich die aus der Theorie der Turbulenz bekannten Methoden der statistischen Beschreibung stetiger Felder an. Eingehend werden diese Methoden z. B. von *Obuchow* [1], *Monin* und *Jaglom* [2] und *Pantschew* [3] beschrieben. Sie stellen eine Anwendung der Theorie der Zufallsfunktionen auf Felder skalarer und vektorieller Zufallsgrößen dar und liefern eine Aussage über die Struktur dieser Felder. Es gibt bereits zahlreiche Arbeiten über die Struktur der Felder der meteorologischen Hauptelemente Wind, Temperatur und Luftdruck. Im folgenden wird versucht, anhand von Messungen der langlebigen Gesamt-β-Aktivität der Aerosole in der bodennahen Luftschicht die räumliche Ausdehnung radioaktiver Luftkörper, d. h. die Makrostruktur des Radioaktivitätsfeldes zu bestimmen.

2. Eigenschaften des Radioaktivitätsfeldes

Wenn man die nächste Umgebung des Kernwaffenexplosionsortes außer Betracht läßt, kann man das Radioaktivitätsfeld als stetiges Feld einer skalaren Zufallsgröße auffassen. Am weitesten ausgearbeitet ist die Theorie der homogenen und isotropen Zufallsfelder. Ein Zufallsfeld im Raum heißt statistisch homogen, wenn die Wahrscheinlichkeitsverteilung für die Werte des Feldes in jedem System von Beobachtungspunkten M_1, $M_2, \ldots, M_N$ invariant gegenüber einer Verschiebung des starren Systems der Beobachtungspunkte ist. Ein Zufallsfeld heißt statistisch homogen und isotrop, wenn die Wahrscheinlichkeit für die Werte des Feldes außer bei Verschiebungen auch bei Drehungen und Spiegelungen des starren Systems der Beobachtungspunkte invariant ist [3]. Die Korrelationsfunktion $R(\vec{r})$ ist in diesem Fall lediglich vom Abstand r der Beobachtungspunkte, d. h. vom Betrag des Vektors $\vec{r}$, nicht jedoch von seiner Richtung abhängig.

Diese Eigenschaften besitzt das Radioaktivitätsfeld nur in erster Näherung. Bisher sind keine Untersuchungen über die Struktur des atmosphärischen Radioaktivitätsfeldes bekannt geworden. Aus der raschen Abnahme der Radioaktivität mit zunehmender Höhe innerhalb der Stratosphäre, aus der stark ausgeprägten

Breitenabhängigkeit der Radioaktivität mit einem Maximum in mittleren Breiten sowie aus der vorherrschenden zonalen Strömung in der Atmosphäre folgt jedoch schon, daß das Radioaktivitätsfeld bestenfalls statistisch homogen in Richtung einer west-östlichen Achse sein kann, die parallel zur Erdoberfläche liegt. Die Voraussetzung der Isotropie ist noch weniger erfüllt. Das ist vor allem bei der Untersuchung der Makrostruktur des Radioaktivitätsfeldes zu berücksichtigen. Im folgenden wird deshalb das Radioaktivitätsfeld als ebenes, lokal homogenes und isotropes Feld angesehen, wobei im Auge behalten werden muß, daß die Ergebnisse zunächst nur für das Gebiet und das Zeitintervall gelten, für das sie berechnet worden sind.

Zur Untersuchung der Struktur des Radioaktivitätsfeldes können nur Meßwerte herangezogen werden, die nach einer einheitlichen Meßmethode erhalten worden sind. Aus diesem Grunde haben wir uns auf das Meßnetz des Meteorologischen Dienstes der DDR beschränkt [4]. Nachteilig ist hierbei allerdings dessen geringe räumliche Ausdehnung: Nord-Süd-Ausdehnung etwa 500 km, Ost-West-Ausdehnung etwa 250 km. Diese Tatsache und die geringe Anzahl von 9 Stationen erlaubten nicht zu überprüfen, bis zu welcher räumlichen Ausdehnung das Radioaktivitätsfeld als homogen und isotrop angesehen werden kann. An jeder Meßstelle wurden täglich etwa 60 m^3 Luft in 2 m Höhe über Grund durch Membranfilter gesaugt. 3 Tage nach der Exposition wurde die Gesamt-β-Aktivität der Proben gemessen und daraus die mittlere Aktivität der Luftvolumeneinheit berechnet [4].

In [5] und [6] wurde die Abhängigkeit der Bestimmtheitsmaße B dieser Aktivitätswerte von der Entfernung der Meßstellen für einige Sommer- und Winterhalbjahre angegeben. Das Bestimmtheitsmaß ist gleich dem Quadrat des einfachen linearen Korrelationskoeffizienten R und gibt an, welcher Teil der Aktivitätsvariationen an einer Meßstelle durch die Variationen an der anderen Meßstelle erklärt werden kann. B diente so als Maß für die Repräsentativität der Meßwerte. Für die Bestimmung der räumlichen Ausdehnung der radioaktiven Luftkörper gehen wir zu den Korrelationskoeffizienten über.

In Abb. 1 sind die Korrelationskoeffizienten verschieden weit voneinander entfernter Meßstellen für 2 Sommerhalbjahre (April bis September 1963 und 1964) sowie für ein Winterhalbjahr (Oktober 1963 bis März 1964) über der Entfernung r der Meßstellen aufgetragen. Diese Zeitabschnitte wurden ausgewählt, da hier keine Kernwaffenversuche stattfanden und die vorangegangenen Testserien mehr als 3 Monate zurücklagen. Die Wahrscheinlichkeit für das Auftreten hochradioaktiver Teilchen, sogenannter heißer Teilchen, war gering. Wird ein solches Teilchen an einer Station zufällig aufgefangen, dann beeinflußt es das Meßergebnis bei dem relativ geringen Luftdurchsatz stark. In [5] war gezeigt worden, wie stark sich das Auftreten frischer Spaltprodukte auf das Bestimmtheitsmaß und damit auch auf den Korrelationskoeffizienten auswirken kann.

Für die Korrelationsrechnungen wurde nur jeder dritte Tagesmittelwert verwandt, um den Einfluß der Erhaltungsneigung weitgehend auszuschalten. Die Korrelationskoeffizienten sind durch Buchstaben gekennzeichnet, die auf die betreffenden Stationen hinweisen.

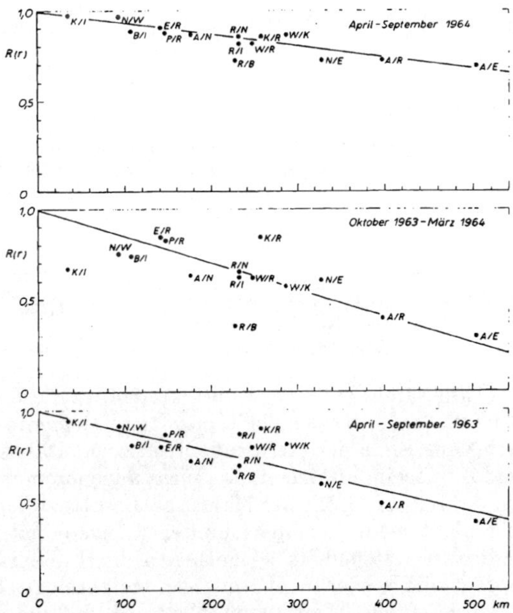

Abb. 1. Abhängigkeit des Korrelationskoeffizienten $R(r)$ für die langlebige Gesamt-β-Aktivität der Aerosole von der Entfernung r der Meßstellen für verschiedene Sommer- und Winterhalbjahre. Die Werte von $R(r)$ sind durch Stationsbuchstaben gekennzeichnet: A Kap Arkona, B Brocken, E Bad Elster, I Großer Inselsberg, K Kaltennordheim, N Neuglobsow, P Potsdam, R Dresden-Wahnsdorf, W Weisen bei Wittenberge

Die in Abb. 1 eingetragenen Ausgleichsgeraden lassen diejenigen Punkte unberücksichtigt, bei denen eine starke lokale Beeinflussung der Ausgangswerte vermutet werden mußte. Das sind die Korrelationskoeffizienten für Kaltennordheim und den Großen Inselsberg (K/I) sowie für Dresden-Wahnsdorf und den Brocken (R/B) im Winterhalbjahr. Wie bereits an anderer Stelle erwähnt [4, 5, 6], unterscheiden sich die Radioaktivitätswerte auf Mittelgebirgsgipfeln besonders im Winter von den Meßwerten tiefgelegener Stationen. Ursache sind erstens die Kondensationsprozesse, durch die die radioaktiven Teilchen im Bergniveau aus der Atmosphäre entfernt werden, sowie zweitens austauschhemmende Inversionen zwischen Berg und Tal.

Der geringe Umfang des statistischen Materials läßt nur eine grobe Bestimmung des Verlaufs der Korrelationsfunktion $R(r)$ zu. Die eingetragenen Ausgleichsgeraden können analytisch dargestellt werden durch

$$R(r) = \begin{cases} 1 - \alpha_1 r & \text{für } r \leq \dfrac{1}{\alpha_1} \\ 0 & \text{für } r > \dfrac{1}{\alpha_1} \end{cases} \tag{1}$$

Für α_1 bzw. $\frac{1}{\alpha_1}$ ergaben sich die in Tab. 1 angegebenen Werte. Die räumliche Ausdehnung der radioaktiven Luftkörper wurde – analog wie in der statistischen Theorie der Turbulenz – nach der folgenden Definitionsgleichung (vgl. [3]) bestimmt:

(2) $$L_1 = \int_0^\infty R(r)\, dr$$

L_1 wird Makroskala oder Makromaßstab genannt und ist in unserem Fall ein statistisches Maß für die mittlere Größe (Durchmesser) desjenigen Gebietes, in dem noch eine merkliche Korrelation zwischen den Werten der Radioaktivität besteht. L_1 gibt daher die mittlere Größe der radioaktiven Luftkörper an. Davon zu unterscheiden ist die maximale Größe L_0 dieser Luftkörper, für die $R(L_0) = 0$ ist. L_0 wird äußerer Maßstab genannt. Setzt man Gl. (1) in (2) ein, dann erhält man

(3) $$L_{1,1} = \int_0^{\frac{1}{\alpha_1}} (1 - \alpha_1 r)\, dr = \frac{1}{2\alpha_1} = \frac{1}{2} L_{0,1}$$

Die Korrelationsfunktionen der meteorologischen Hauptelemente Temperatur T und Luftdruck P werden andererseits in der Literatur (vgl. [3]) häufig analytisch dargestellt in der Form

(4) $$R(r) = e^{-\alpha_2 r}$$

und

(5) $$R(r) = e^{-\alpha_3^2 r^2}.$$

In unserem Falle gibt Gl. (1) die Verhältnisse besser wieder. Diesem Unterschied kann man aber auf Grund des geringen Umfangs unseres statistischen Materials keine große Bedeutung beimessen. Außerdem stellt (1) die ersten beiden Glieder der Reihenentwicklung von (4) dar und kann deshalb als erste Näherung von (4) aufgefaßt werden.
Für (4) ergibt sich jedoch

(6) $$L_{1,2} = \int_0^\infty e^{-\alpha_2 r}\, dr = \frac{1}{\alpha_2}$$

Die entsprechenden Werte von $L_{1,2}$ sind ebenfalls in Tab. 1 angegeben und liegen wesentlich über den Werten von $L_{1,1}$.

Tabelle 1. *Räumliche Skalen (äußere Skala L_0, Makroskala L_1) des Radioaktivitätsfeldes nach Messungen der langlebigen Gesamt-β-Aktivität der Aerosole in 2 m über Grund auf dem Gebiet der DDR in den Jahren 1963 und 1964*

Zeitraum	α_1 10^{-3} km^{-1}	$L_{0,1} = \frac{1}{\alpha_1}$ km	$L_{1,1} = \frac{1}{2\alpha_1}$ km	$L_{1,2} = \frac{1}{\alpha_2}$ km
April–Sept. 1963	1,12	890	445	790
Okt. 1963–März 1964	1,48	680	340	540
April–Sept. 1964	0,64	1560	780	1280

Insgesamt muß festgestellt werden, daß die Größe der radioaktiven Luftkörper vergleichbar ist mit der Makroskala der meteorologischen Hauptelemente ($\approx$ 1000 km), insbesondere im Sommer 1964, also 1,5 Jahre nach dem Ende der Kernwaffentestserien. Das Sommerhalbjahr von 1963 scheint noch durch frische Spaltprodukte beeinflußt zu sein, da nicht angenommen werden kann, daß die radioaktiven Luftkörper erst im Laufe von Jahren die Größe der Makroskalen meteorologischer Felder erreichen. Andererseits können sie diese Größe auch nicht wesentlich überschreiten. Längere Zeit nach und in großer Entfernung von Kernwaffentests wird das Radioaktivitätsfeld im wesentlichen durch die räumliche Struktur der troposphärischen Reinigungsprozesse geprägt, die wiederum eng mit den meteorologischen Hauptelementen verbunden sind.

Schließlich kommt zum Ausdruck, daß die radioaktiven Luftkörper im Sommer eine wesentlich größere mittlere Ausdehnung haben als im Winter. Das war bereits früher festgestellt worden [5, 6].

Literatur

[1] *Obuchow, A. M.*, Statistische Beschreibung stetiger Felder. Sammelband zur statistischen Theorie der Turbulenz, Berlin 1958, S. 1–42
[2] *Monin, A. S.*, und *A. M. Jaglom*, Statistitscheskaja Gidromechanika, Mechanika Turbulentnosti. T. 2, Moskwa 1967
[3] *Pantschew, S.*, Slutschainije funkzii i turbulentnost. Leningrad 1967
[4] *Zier, M.*, Die Radioaktivität der Luft und des Ausfalls in der DDR in den Jahren 1964 und 1965. Kernenergie *10* (1967) 2, 59–64
[5] *Zier, M.*, Zur Dichte von Meßnetzen für die Überwachung der Radioaktivität der Atmosphäre. Kernenergie *11* (1968) 2, 57–59
[6] *Zier, M.*, Phasenbeziehungen und territoriale Repräsentativität von Tagesmittelwerten der langlebigen Gesamt-β-Aktivität der Aerosole. Gerlands Beitr. Geophys. (im Druck)

Anschrift: Dipl.-Phys. M. Zier, Meteorologischer Dienst der DDR, Meteorologisches Observatorium Wahnsdorf, DDR – 8122 Radebeul 5, Altwahnsdorf 12

Besprechungen

Klinker, L.: Modellvorstellung über Regulationsprinzipien des menschlichen Organismus (Versuch einer einheitlichen Deutung von biologischer Tages- und Jahresrhythmik). Abhandlungen des Meteorologischen Dienstes der DDR Nr. 87 (Band XI), Akademie-Verlag Berlin 1968, 20 S., 6 Abb. – Preis M 10,–

Die Existenz jahres- und tagesrhythmischer Variationen im Ablauf von Funktionsgrößen, die für die Tonisierung des menschlichen Organismus bestimmend sind, ist seit langem bekannt, ebenso wie die Beeinflussung dieser Variationen durch exogene Einwirkungen, insbesondere durch den Wetterablauf als existent angesehen werden muß. Nicht zufriedenstellend sind vor allem die bisherigen Deutungen des Jahresganges, für dessen langzeitigen Ablauf sicherlich nicht *ein* synchronisierender Anstoß genügt, der dem größten Intensitätsgradienten des Lichtes ausgangs des Winters zugeschrieben wird. Ebenso können die Erklärungsversuche für den Wettereinfluß nicht ausreichend befriedigen.

Ein maßgebender Grund für diese Unzulänglichkeiten mag der methodischen Behandlung der Fragenkomplexe Jahresrhythmus, Tagesrhythmus und Wetter als mehr oder weniger voneinander unabhängige Komplexe zuzuschreiben sein. Um so begrüßenswerter ist der mit der vorliegenden Modellvorstellung unternommene Versuch, zumindest die Tages- und Jahresrhythmik einheitlich zu deuten und mit der gleichen Erklärung auch eine Einbeziehung des Wetterkomplexes zu ermöglichen.

Ausgangspunkt war die Feststellung von jeweils viergipfeligen Schwingungen von physiologischen Daten, Kureffekten und Mortalitätsreihen im Jahres- bzw. Tagesablauf. Für den Tagesgang wird das Sonnenlicht als Erreger und Zeitgeber angenommen, das im Jahresgang in den Zeiten einen stabilen Funktionsmechanismus erkennen läßt, in denen die Taglängen durch 6 teilbar sind. Die größten Instabilitäten werden sichtbar, wenn die Taglängen hiervon um 3 Stunden abweichen. Variationen der Taglängen durch die Wetterlage können dann zu bestimmten Zeiten regulierend bzw. dysregulierend wirken.

Mit dieser Arbeit werden neben Meteorologen, die vor allem in biologisch angewandter Richtung arbeiten, in erster Linie Physiologen und Biologen selbst angesprochen, aber auch weite Kreise der praktischen Medizin.

G. Hentschel

Caton, P. G. F.: A study of vertical air motion and particle size in showers using a Doppler radar. (Eine Studie über vertikale Luftbewegung und Teilchengröße in Schauern mit Hilfe eines Doppler-Radars) Meteorol. Office, Scientific Paper Nr. 26 (1967) 32 Seiten. 27 Lit.. 12 Abb., 1 Tab.

Das Studium der Niederschlagsprozesse unter Anwendung der Radartechnik nimmt in vielen Ländern einen breiten Raum im Rahmen der Forschungsprogramme zur Radar-Meteorologie ein. Moderne Verfahren, wie die Doppler-Radartechnik, sind ein unentbehrliches Hilfsmittel im Gesamtbereich der Untersuchungen zur Physik der Atmosphäre geworden. Im Ergebnis zahlreicher theoretischer Arbeiten können die in Niederschlägen absorbierte Sendeenergie wie die Intensität des Radarechos mit der erforderlichen Genauigkeit bestimmt werden, wenn die Tropfenkonzentration und das Tropfenspektrum bekannt sind. Bei der quantitativen Radarniederschlagsmessung ist jedoch der umgekehrte Weg zu beschreiten. Die Konzentration und das Spektrum der Tropfengröße sind aus der mittleren Intensität des Radioechos oder der Absorption der Radiowellen auf dem Ausbreitungsweg zu bestimmen. Diese Untersuchungen zur Tropfenverteilung sind auf der Grundlage der Doppler-Technik möglich. Dadurch kann die quantitative Radarniederschlagsmessung wesentlich verbessert werden.

Seit 1959 wurde an der Radarstation Pershore mit Hilfe eines Doppler-Radars mit 3,2 cm Wellenlänge in Schauern die Vertikalgeschwindigkeit der Niederschlagspartikel gemessen. Bei Kenntnis der minimalen Endgeschwindigkeit der Niederschlagsteilchen kann die Geschwindigkeit der vertikalen Luftbewegung abgeleitet werden. Diese Ableitung wird durch die Analysen von 7 Beobachtungsreihen beschrieben, wobei die Ergebnisse für das Entwicklungs-, Reife- und Auflösungsstadium einer typischen Schauerzelle behandelt werden.

Die Radarbeobachtung im Entwicklungsstadium ist häufig durch die schnelle Transformation der Zelle erschwert. Durch die Bindung des Radarechos an die Niederschlagspartikel ist in diesen Fällen eine gleichermaßen rasche Änderung des Radarechos bedingt. Trotzdem ist aus der Analyse der Beobachtungen zu erkennen, daß die Niederschlagspartikel am schnellsten in Gebieten mit stark aufwärts gerichteter Bewegung wachsen. In der Nähe des Echogipfels ist dieser Vorgang besonders ausgeprägt. Die größten Partikel sind unterkühlte Wassertröpfchen von 2,0 bis 2,5 mm beziehungsweise Graupelkörper mit einem Durchmesser von 3,5 mm. Diese wurden innerhalb der Aufwindsäule in einer Höhe von 2,0 bis 2,5 km festgestellt. In diesem Bereich der maximalen vertikalen Geschwindigkeit tritt ein dementsprechendes lokales Maximum der Echointensität auf. Dieses Maximum der Echointensität ist nicht mit dem des Schmelzbandes identisch, in dem systematische Änderungen in der Breite des Partikelspektrums auftreten. Letztere werden unmittelbar unter der Nullgradgrenze gefunden, woraus gefolgert werden kann, daß diese durch das Schmelzen von Eiskristallen, Schneeflocken und Graupelkörnern hervorgerufen werden. Eine Verallgemeinerung der Beobachtungen einer Schauerzelle im Reifestadium ist in Anbetracht der komplexen Zusammenhänge schwierig. Die erhaltene zweidimensionale RHI-Darstellung besitzt weniger Aussagekraft als ein dreidimensionales Strukturbild. Dennoch ist zu erkennen, daß aufwärts gerichtete Bewegung im oberen Wolkenteil und abwärts gerichtete Bewegung in der Nähe der Wolkenbasis vorherrschen. Eine große Breite des Spektrums der Niederschlagspartikel ist in den meisten aufsteigenden Bewegungen festzustellen. In der Mehrzahl der Analysen wird eine gute Korrelation zwischen großer Breite des Spektrums und aufwärts gerichteter Bewegung und kleiner Breite des Spektrums und abwärts gerichteter Bewegung gefunden. Die Geschwindigkeit abwärts gerichteter Luftbewegung scheint bei Annäherung an die Wolkenbasis größer zu werden. An diese ist die räumliche Verteilung der Größe der Niederschlagsintensität am Boden gebunden. Analysen von Schauerzellen im Zerfallstadium zeigen, daß hierbei die Vertikalbewegung in beiden Richtungen nur geringe Beträge erreicht. Vorherrschend ist die abwärts gerichtete Bewegung in der Nähe der Wolkenbasis. Im allgemeinen ist die Breite des Spektrums infolge der Eisphase oberhalb der Nullgradgrenze gering, während diese infolge des Schmelzvorganges unter der 0°-Isotherme sehr rasch wächst. Ein wesentliches Ergebnis der Arbeit ist der Nachweis der Eisphase über einer, unter der Nullgradgrenze vorhandenen schnellen Zunahme des Tropfenspektrums. Anderenfalls ist die Aussage über die Natur der darüberliegenden Eispartikel unsicher.

Die vorliegende Arbeit ist zur Wolkenphysik konvektiver Niederschlagszellen und zur Niederschlagsmessung mit Radar von Bedeutung. M. Bauer

Sonntag, D.: Hygrometrie. Ein Handbuch der Feuchtigkeitsmessung in Luft und anderen Gasen. Akademie-Verlag, Berlin, 1966–1968. 1086 Seiten, 443 Abbildungen, 231 Tabellen. Preis M 181.–'

Die seit dem Jahre 1966 in sechs Lieferungen erschienene Monographie über physikalische Grundlagen und praktische Methoden der Feuchtigkeitsmessung liegt nun als umfangreicher Band abgeschlossen vor. Der Bedeutung der Hygrometrie für Meteorologie, Biologie, Medizin und Industrie Rechnung tragend, wird eine detaillierte Darstellung der Entwicklung und des Standes der experimentellen und theoretischen Arbeiten über Feuchtigkeitsmeßmethoden gegeben. Die Monographie ist das Ergebnis einer sorgfältigen Durcharbeit aller erreichbaren Literatur auf diesem Gebiet sowie einer abgewogenen Zusammenfassung und Darstellung des vielseitigen Stoffes. Der theoretisch interessierte Leser wird über die Prinzipien der verschiedensten Meßmethoden ebenso gewissenhaft unterrichtet wie der Praktiker, der viele Einzelheiten über Aufbau und Funktionsweise einer ganzen Reihe von Meßgeräten erfährt.

In insgesamt 21 Kapiteln, von denen jedes mit einer Literaturübersicht abschließt, gibt der Verfasser einen praktisch vollständigen Überblick über Grundlagen und Methoden der Feuchtigkeitsmessung. Nach einem einleitenden Teil, der insbesondere den thermodynamischen Grundlagen der Hygrometrie gewidmet ist, wird ausführlich auf die Theorie des Psychrometers, auf verschiedene Psychrometertypen sowie auf Auswertungen von Psychrometermessungen eingegangen. In einem weiteren Kapitel beschäftigt sich der Verfasser eingehend mit dem Effekt der Feuchtigkeit auf die Längenänderung hygroskopischer Materialien, er berichtet über Untersuchungsergebnisse an Haarhygrometern und gibt Hinweise für deren Eichung und praktische Anwendung. Daneben werden weiterhin Textilfaser-, Zellophan- und Goldschlägerhaut-Hygrometer besprochen. Ein Kapitel ist den Taupunkthygrometern gewidmet, unterteilt in solche, bei denen die Kondensation durch isobare Abkühlung an nichthygroskopischem Material erfolgt, sowie in adiabatische und elektrolytische Taupunktshygrometer.

Dann folgen Absorptionshygrometer, deren Wirkungsweise auf verschiedenen nichtelektrischen Prinzipien beruht (absorptionsbedingte Massen-, Volumen-, Druck-, Temperatur- und Konzentrationsänderung), sowie elektrische Ab- und Adsorptionshygrometer, basierend auf dem Widerstand von wäßrigen elektrolytischen Lösungen und Salzen (Kohlefilm- und Flüssigkeitsfilmhygrometer). Nach Ausführungen über die spektrale Wasserdampfabsorption werden optische Hygrometer diskutiert (Bestimmung des Niederschlagswassers der Atmosphäre aus Dampfdruck, Aktinometer- und Spektrographenmessungen), weiterhin die Verwendung von Infrarot, UV und polarisiertem Licht sowie die in der Meteorologie in den letzten Jahren intensiv betriebene Methode der Feuchtigkeitsbestimmung der Atmosphäre aus Strahlungswerten von Satelliten. Darstellung von Feuchtigkeitsmeßverfahren mit Hilfe des Brechungsindexes, der Dichte, des Schalls und der Wärmeleitfähigkeit sowie Ausführungen über Sättigungs- und Bistreifenhygrometer, Hygroskope in Pflanzen- und Tierreich vervollständigen die Übersicht über das Fachgebiet. Zwei Kapitel über Eich- und Prüfmethoden sowie Auswerteverfahren der Feuchtigkeitsmessungen beschließen die umfangreiche Monographie. O. Czepa

ACTA HYDROPHYSICA. Band XIII. Heft 1 (brosch. 12.50 M) und Heft 2 (brosch. 9,– M) Akademie-Verlag. Berlin 1968.

In Fortsetzung der Beiträge des Instituts für Physikalische Hydrographie der DAW zur Küstenforschung in der DDR sind aus den beiden vorliegenden Heften der ACTA HYDROPHYSICA zunächst drei Aufsätze von *Ertel* zu nennen, die sich einmal mit dem Ausgleich von Störungen der Strandlinien an Flachküsten (H. 1, S. 5, H. 2, S. 85) befassen, zum anderen aber auch auf die Morphologie der litoralen Sandriffe (H. 2, S. 77) eingehen. Akkumulation und Erosion beim Strandlinienausgleich als Kombinationseffekt sehend, bietet sich nach *Ertel* die Möglichkeit der mathematischen Formulierung des in den Gleichgewichtszustand zurückzuführenden Überganges in einer Differential-Differenzengleichung. Bei zeitlich variablem Küstenstrom (H. 2, S. 85), d. h. sofern der Ausgleichsvorgang des durch eine vorangegangene Störung deformierten Strandlinienprofils in einer oszillatrischen Verschiebung parallel zur ungestörten Strandlinie mit einer mit der Zeit ständig abnehmenden Amplitude der Deformation erfolgt, findet sich die Lösung mittels der *Einstein-Kolmogoroff*'schen Gleichung, wobei deren Koeffizienten als Funktionen der Zeit anzusehen sind. Ziel der letzten Arbeit (H. 2, S. 77) ist die Erweiterung der deskriptiven geomorphologischen Darstellungen der litoralen Sandriffe in analytischer Hinsicht; sie finden eine physikalisch begründete Erklärung mittels einer linearen Differentialgleichung dritter Ordnung.

Aus Heft 1 des neuen Bandes der ACTA HYDROPHYSICA bliebe außer dem bereits zitierten Beitrag von *Ertel* noch die Arbeit von *Hoeg* und *Schellenberger* (H. 1, S. 11) zu erwähnen, in der in Auswertung einer einjährigen Meßreihe in den Uferzonen des Müggelsees (Juni 1965 bis Juli 1966) über die Änderungen der Lichtextinktion in einem eutrophen See und deren Ursachen berichtet wird. Parallel zum zeitlichen Gang der Trübung wurden fortlaufend die Geschwindigkeit und die Richtung des Windes sowie die Luft- und die Wassertemperatur aufgezeichnet. Die vergleichenden Betrachtungen zeigen eine Abhängigkeit des Extinktionskoeffizienten insofern, als die Lichtdurchlässigkeit im Mittel zunächst konstant bleibt und erst bei höherer Windgeschwindigkeit und damit ausgelöster Aufwirbelung von Bodenmaterial abnimmt. Bezüglich der Wassertemperatur wird die größte Durchsichtigkeit bei Temperaturen von 5 bis 7 °C festgestellt; bei höheren Temperaturen und damit verbundener Planktonentwicklung nimmt der Extinktionskoeffizient ab. Mit diesen Ergebnissen wird der Beitrag in vieler Hinsicht interessant; nicht nur, daß damit Probleme der hydrologischen Optik, mit der Beschreibung der Meßstelleneinrichtungen auch deren instrumentelle Aspekte aufgezeigt werden, finden sich dazu auch noch Hinweise für die hydrometeorologische Forschung, speziell aber zur Limnometeorologie.

Mit Korrelationsanalysen von Monatswerten des Gebietsniederschlages und der Abflüsse der Weißen Elster für die Periode 1921 bis 1940 wird von *Czepa* Heft 2 eingeleitet. Unter Anwendung geeigneter Filter werden die periodischen Komponenten in den Zeitreihen eliminiert, insbesondere aber wird versucht, mit einem Trendextrapolationsfilter den Abfluß des nachfolgenden Monats abzuschätzen. Während die Filterung der Zeitreihen zur Eliminierung der periodischen Anteile durchaus befriedigende Ergebnisse lieferte, blieb die Trendextrapolation ebenso wie die nachträgliche Varianzreduktion der Extrapolationsfehler zunächst noch unbefriedigend. Als Grund dafür werden von *Czepa* die stochastischen Beziehungen zu vergangenen Abfluß- und Niederschlagsabweichungen angesehen; u. U. war aber auch das Ausgangsmaterial nicht so sorgfältig vorbereitet, wie es als Grundlage für gute Analysen vorausgesetzt wird. Die hierfür von *Kalweit* (Der Wasserhaushalt, Bd. 1 u. 2, Berlin 1953) übernommenen Daten sind nicht in jedem Falle eindeutig.

Die Reihe der hydrometeorologischen Themen findet ihre Fortsetzung in der Arbeit von *Fojt* mit Daten zur Höhe der Schneedecke im Erzgebirgsraum (H. 2, S. 91). Von 45 Stationen werden für die Monate November bis April die Mittelwerte verschiedener Elemente für den 25jährigen Zeitraum 1935 bis 1944 und 1946 bis 1960 mitgeteilt. Die Interpretation beschränkt sich allerdings nur auf die Feststellung, daß bei allen untersuchten Elementen eine mehr oder weniger gleichmäßige Zunahme mit ansteigender Seehöhe zu beobachten und bei gleicher Höhenlage im Osterzgebirge außer größeren Schneehöhen auch eine größere Beständigkeit der Schneedecke als im Westerzgebirge anzutreffen sei.

Abschließend bleibt noch der Beitrag von *Mauersberger* zu nennen. Er behandelt die stationäre Entnahme von Grundwasser aus einer homogenen, orthotropen Speicherschicht unter Berücksichtigung einer Versickerungsspende. Hierzu werden die mathematischen Lösungsverfahren vorgestellt, die, zunächst nur für den im isotropen Grundwasserträger abgeteuften Brunnen entwickelt, sich ohne Schwierigkeiten auch auf den Brunnen im orthotropen Grundwasserleiter übertragen lassen. Insbesondere werden die Brunnenergiebigkeit und das nichtlineare Randwertproblem behandelt, als dessen Lösung das Geschwindigkeitspotential und die Gestalt der freien Oberfläche simultan ermittelt werden müssen. Die Lösung des eigentlichen Problems erfolgt in Anwendung der Kollaktionsmethode. Das Verfahren ist an sich einfach zu handhaben, erfordert keinen allzu großen Rechenaufwand und liefert bei sachgemäßer Anwendung durchaus brauchbare Ergebnisse.

H. Schubert

Dobson, G. M. B.: Exploring the Atmosphere (Die Erforschung der Atmosphäre). At the Clarendon Press, Oxford 1968, 210 Seiten, 38 Abb., 3 Tab. – Preis 42 s

Das Internationale Geophysikalische Jahr (IGJ) von 1957–1958 im Jahr höchster Sonnenaktivität) führte dazu, daß viele neue Erkenntnisse gewonnen wurden. Dies war der Anlaß für den Autor, 1962 die erste Auflage von „Exploring the Atmosphere" zu schreiben, wobei er sich ausdrücklich an den interessierten Nicht-Spezialisten wandte, um ihm die Ergebnisse geophysikalischer Forschungen vor Augen zu führen. Als 1964–1965 das Jahr der ruhigen Sonne (IQSY) bei geringster Sonnenaktivität durchgeführt wurde, wurden wieder soviele neue Erkenntnisse gewonnen, daß sich der Autor veranlaßt sah, eine Zweitauflage herauszubringen, wobei außer vielen Einfügungen vor allem ein neues Kapitel über die Magnetosphäre hinzukam.

Das Buch ist in einfachem Englisch geschrieben und liest sich recht gut. Bemerkenswert ist der Verzicht auf Literaturangaben wie auch auf jegliche mathematische Formel. Besondere Hervorhebung verdient die Benutzung des C-G-S-Systems und der Celsius-Temperaturskala.

Zunächst wird in dem Buch eine Übersicht über die atmosphärischen Vorgänge bis in höchste Höhen gegeben. Dann werden die Ursachen für das Vorhandensein der Troposphäre, der Stratosphäre und der Thermosphäre dargelegt. Als Nächstes wird die Bildung von Wolken, Regen, Hagel und Gewittern im Lichte der neuesten Erkenntnisse erörtert. Dem Ozon in der unteren Stratosphäre ist ein weiteres Kapitel gewidmet. Weitere Kapitel beschäftigen sich mit der Ionosphäre, wobei Ergebnisse der Satellitenmeteorologie wie auch von Raketenaufstiegen guten Einblick in den neuesten Stand geben. Schließlich ist das letzte Kapitel der Magnetosphäre und den nach ihrem Entdecker benannten Van Allen Strahlungsgürteln gewidmet. Trägt man dem Umstand Rechnung, daß das Buch nicht für den Spezialisten gedacht ist, so kann es empfohlen werden. Es gibt Einblick in das derzeitige Wissen über atmosphärische Vorgänge nach dem neuesten Stand der Forschung.

W. Keller

Imyanitov, I. M., und E. V. Chubarina: Electricity of the Free Atmosphere (Die Elektrizität der freien Atmosphäre). Leningrad 1965. Übersetzung aus dem Russischen, Israel Program for Scientific Translations, Jerusalem 1967, 212 Seiten, 45 Abbildungen, 117 Lit., 20 Tabellen im Text, 52 Tabellen im Anhang.

Vf. berichten über die Beiträge der UdSSR zum Internationalen Geophysikalischen Jahr 1957/58, zur anschließenden Internationalen Geophysikalischen Kooperation und zum Internationalen Jahre der Ruhigen Sonne 1964/65 auf dem Gebiete der Elektrizität der freien Atmosphäre. In Leningrad, Kiew und Tashkent wurden täglich an mehreren Terminen Flugzeugaufstiege durchgeführt, um bis in Höhen von 6000 m den luftelektrischen Potentialgradienten zu messen und meteorologische Beobachtungen durchzuführen. Aus den erhaltenen Daten wurden die Tages- und Jahresgänge des Potentialgradienten und der elektrischen Raumladungsdichte in den verschiedenen Höhen abgeleitet, ebenso die Gänge der Spannung der Atmosphäre gegen Erde in 6000 m Höhe. Das wichtigste Ergebnis ist wohl die Feststellung, daß die Gänge des Potentialgradienten in einigen hundert Metern dem allgemeinen Weltzeitgang folgen. Diese Erscheinung läßt sich mit Hilfe der alten Kondensator-Theorie des luftelektrischen Feldes nicht erklären. Vf. entwickelten neue Vorstellungen zur Deutung dieses Effektes. Die Aufstiege wurden auch bei bewölktem Himmel durchgeführt. Diese Messungen sind von besonderem Wert, denn bisher wurden hauptsächlich die Gewitterwolken näher untersucht. Die Schichtwolken bedecken aber einen viel größeren Teil der Erdoberfläche als die Gewitterwolken, so daß auch die weniger ergiebigen elektrischen Prozesse, die sich in den Schichtwolken abspielen, für die globale Ladungsbilanz von Bedeutung sein können. Das Werk macht uns mit vielen neuen Problemen und Anschauungen über die elektrischen Prozesse bekannt, die sich in der freien Atmosphäre abspielen. Es gibt dem Theoretiker ein umfangreiches Material an Meßwerten in die Hand, das im Anhang in vielen Tabellen zusammengestellt ist.

E. von Kilinski

Rudloff v., Hans: Die Schwankungen und Pendelungen des Klimas in Europa seit dem Beginn der regelmäßigen Instrumenten-Beobachtungen (1670). Verlag Friedr. Vieweg & Sohn, Braunschweig 1967.

Das vorliegende Werk, das in der Reihe „Die Wissenschaft" – Einzeldarstellungen aus allen Gebieten der Naturwissenschaft – als Band 122 erschienen ist, soll weder eine Neubearbeitung noch eine Erweiterung der umfassenden Bearbeitung von A. Wagner: Das Problem der Klimaschwankungen und Klimaänderungen, das ebenfalls in der Reihe „Die Wissenschaft" erschien, sein. Auch heute, 25 Jahre nach dem Erscheinen von A. Wagners Buch über die Klimaschwankungen, gilt uneingeschränkt seine Schlußfolgerung, daß unser Klima zwar gewissen Schwankungen unterliegt, eine eindeutige Klimaänderung aber nicht nachweisbar ist, wie der Autor feststellt.

Das Buch, das 370 Seiten hat – davon 43 Seiten Tabellen – enthält 89 Abbildungen. Ein Beitrag von H. Flohn „Über die Klimaschwankungen in historischer Zeit" gibt einen Überblick über die Klimaverhältnisse vor Beginn der regelmäßigen Instrumenten-Beobachtungen. 1114 Literaturangaben gestatten es, den in den einzelnen Themenkreisen dargebotenen Stoff mit Hilfe der Originalliteratur noch eingehender zu erarbeiten.

Wegen des stark angewachsenen Beobachtungsmaterials in den letzten 25 Jahren beschränkt von Rudloff die Bearbeitung seines Themas nur auf Europa.

Im einzelnen enthält das Buch folgende Kapitel:

I. Das Beobachtungsmaterial
II. Begriff und Spektrum der Klimaschwankungen
III. Der zeitliche Ablauf der Klimaschwankungen in Europa
IV. Tabellenanhang
V. Literaturverzeichnis
VI. Sachverzeichnis

Nach einer Beschreibung der Beschaffung und einer Einschätzung der Güte der Meßreihen werden die Säkularreihen der Haupt-Klimaelemente eingehend behandelt. Bei den Hauptklimaelementen handelt es sich um den Luftdruck, die Temperatur, den Niederschlag, den Schneefall und die Schneedecke, die Strahlung sowie den Wind und die Zirkulation. Hierbei werden Fragen der Reduktion und Homogenisierung der Reihen eingehend besprochen, wobei der Stadteinfluß besonders behandelt wird.

Bei der Auswertung der rund 130 Beobachtungsreihen geht der Verfasser auch auf die Frage der Gebietsmittel ein. Für den räumlichen und zeitlichen Vergleich werden die Abweichungen vom Mittelwert zur Darstellung gebracht. Als Bezugsperiode wählt v. Rudloff den Zeitraum 1851 bis 1950 für die Hauptklimaelemente bzw. 1901 bis 1950 für diejenigen Elemente, von denen nur kürzere Beobachtungszeiträume vorhanden sind, aus. Auf Grund einer eingehenden Einschätzung der dreißigjährigen Normalperiode (Abweichungen von längeren Perioden und Fragen der Aufbereitung der dreißigjährigen Reihe) kommt er zu dem Ergebnis, daß die von ihm gewählten Zeiträume am günstigsten für die Lösung des bearbeiteten Problems sind.

Nach einer Einordnung der heutigen Schwankungen des Klimas in gültige Maßstäbe innerhalb der großen Ereignisse im Klimageschehen (z. B. Eiszeiten) werden Definitionen der Klimaschwankungen gegeben. Von Rudloff schlägt vor, die „Signifikanz" der Klimaschwankung durch Halbsigma-Grenze festzulegen. Sie entspricht im mitteleuropäischen Raum der Keil'schen Empfehlung, die eine Schwankung des Temperaturmittels zweier aufeinanderfolgender 30-Jahres-Perioden von mindestens einem Grad fordert.

Auf Grund der vorliegenden Untersuchung werden mit Hilfe des Halbsigma-Wertes folgende Arten der Klimaschwankungen vorgeschlagen: Klimaschwankung, Klimaverschiebung, Klimaänderung, Klimaverwerfung, Klimawende und Klimapendelung. Unter Klimapendelungen werden alle zeitlich kürzeren und größenordnungsmäßig die Halbsigma-Grenze nicht erreichenden Veränderungen. Pulsationen oder Oszillationen verstanden. Klimapendelungen sind kaum imstande, Veränderungen in der Pflanzen- und Tierwelt hervorzurufen.

Die von v. Rudloff vorgeschlagenen Definitionen ermöglichen es, für verschiedene Gebiete und Zeiträume eindeutig festzulegen, welcher Art die Änderungen sind und räumlich-zeitliche Vergleiche durchzuführen.

Zur Periodenforschung und Persistenz stellt der Verfasser fest, daß mit den bisherigen Hilfsmitteln keine einzige, wirklich reelle Periode im Sinne überzufälliger, regelmäßiger Schwankungen in unserem Klimaverlauf aufgedeckt werden konnte. Längere Rythmen mögen vorhanden sein. Wegen der nicht so weit zurückreichenden exakten Messungen sind sie aber kaum zu überprüfen. Klimaperioden ohne physikalische Ursachen sind undenkbar.

Im letzten Kapitel wird der zeitliche Ablauf der Klimaschwankungen in Europa behandelt. Nach dem Abschnitt über die Klimaschwankungen in historischer Zeit von H. Flohn wird der räumliche und zeitliche Ablauf der Haupt-Klimaelemente seit Beginn der Instrumenten-Beobachtungen bis 1965 und sein Verhältnis zu den Perioden 1851 (1901) bis 1950 beschrieben. Die Untersuchungen erstrecken sich auf die vier Jahreszeiten. H. v. Rudloff rekonstruiert mit Hilfe alter Weinstatistiken Badens und Luxemburgs sowie der 1608 beginnenden Sonnenfleckenkurve die Sommer Europas bis zu jenem Jahr.

Die beiden folgenden Abschnitte behandeln zeitweilige Schwankungen des Klimas im Jahresablauf, Verschiebung der Witterungsregelfälle (Singularitäten) und echte Klimaschwankungen der letzten 300 Jahre. Es wird gezeigt, daß bereits innerhalb von 50- bis 60jährigen Beobachtungsreihen die Mehrzahl der Witterungsregelfälle nicht persistent war. Als markanteste echte Klimaschwankung dürfte nach v. Rudloff die mit dem Jahre 1897 eingetretene sein. Sie umfaßte alle Klimaelemente, alle Jahreszeiten und den gesamten europäischen Bereich. Sie ist heute noch nicht ganz überwunden, wenn sich auch z. T. jetzt entgegengesetzte Erscheinungen bemerkbar machen.

Im letzten Abschnitt seines Buches untersucht v. Rudloff die wahrscheinlichsten Ursachen der Klimaschwankungen während der vergangenen 300 Jahre. Er sieht als Ursache der Schwankungen und Pendelungen unseres Klimas das von Strahlung, Land- und Meerverteilung in Gang gehaltene Zirkulationssystem unserer Atmosphäre an. Die Sonne ist dabei die Kraft, die die Zirkulation in Bewegung hält. Strahlungsschwankungen sind daher die Hauptursache für die Klimaschwankungen. Eine Einschätzung der Wirkungen, die z. B. durch die zunehmende Industrialisierung, durch Autoabgase und Atomversuche hervorgerufen werden können, zeigt, daß Klimaschwankungen gleicher Größenordnung bereits in früheren Jahrhunderten auftraten, als diese Voraussetzungen noch nicht gegeben waren.

Die Frage, ob eine exakte Voraussage des künftigen Klimaablaufes möglich ist, wird vom Autor verneint. Wahrscheinlich ist es aber, daß sich unser Klima weiterhin in den Grenzen bewegen wird, die in den vergangenen 500 bis 1000 Jahren bestanden.

Die benutzten Methoden der Darlegung der klimatologischen Unterlagen (Tabellen, Diagramme und Karten) sind sehr gut und ergänzen den Text in vorbildlicher Weise. Das Werk vermittelt einen ausgezeichneten Überblick über den derzeitigen Stand der Entwicklung auf diesem Gebiet der Klimatologie.

Das ständige Anwachsen des Beobachtungsmaterials wird bei zukünftigen Bearbeitungen gleicher Art den Einsatz elektronischer Rechen- und Datenverarbeitungsanlagen zur Voraussetzung haben müssen, wenn optimale Ergebnisse erzielt werden sollen.

B. Antonik

Schriftleitung: Prof. Dr. *H. Ertel*, Berlin, und Prof. Dr. *E.-A. Lauter*, Kühlungsborn · Verantwortlicher Redakteur: Dr. *R. Haake*, Potsdam. ***Verlag:*** Akademie-Verlag GmbH, 108 Berlin, Leipziger Straße 3–4, Fernruf 22 0441 · Telex-Nr. 011 2020, Postscheckkonto: Berlin 35021 · Die Zeitschrift für Meteorologie erscheint in zwangloser Folge. Bezugspreis für die Z. f. Met.: je Einzelheft M 6,–, Dreifachheft M 18,– (Sonderpreis für die DDR M 4,– bzw. M 12,–) zuzüglich Porto und Versandkosten. Bestellungen an eine Buchhandlung erbeten. Bestellnummer dieses Heftes: 1013/21/5–7. Alleinige Anzeigenannahme DEWAG-Werbung, 102 Berlin, Rosenthaler Str. 28/31 und alle DEWAG-Betriebe in den Bezirksstädten der DDR. Keine Ersatzansprüche durch höhere Gewalt · ***Herstellung:*** IV/2/14 VEB Werkdruck, 445 Gräfenhainichen · Veröffentlicht unter der Lizenznummer 1281 des Presseamtes beim Vorsitzenden des Ministerrates der Deutschen Demokratischen Republik · Kartengenehmigung Nr. 231/69, 816/69, 947/69.

CHRISTOF JUNGE

Ergebnisse der am Geophysikalischen Observatorium Collm in den Jahren 1961 bis 1965 durchgeführten sprengseismischen Messungen

(Veröffentlichungen des Geophysikalischen Instituts der Karl-Marx-Universität, Leipzig, Zweite Serie, Band XIX, Heft 3)

1969. 194 Seiten – 33 Abbildungen – 51 Tabellen – 3 Karten – 8° – 19,– M

Die vorliegende Publikation befaßt sich mit der methodischen Weiterentwicklung der Seismologie in bezug auf eine erweiterte Aussage zum regionalen tektonischen Bau des tieferen Untergrundes der DDR. Sie liefert sowohl für den Seismologen als auch für den angewandten Geophysiker und Geologen sehr bedeutende Erkenntnisse.

Durch die Bearbeitung der seismischen Beobachtungen und Interpretation künstlich erregter seismischer Wellen – Steinbruchsprengungen – werden wertvolle Unterlagen für die weitere Erforschung des Baus der Erdkruste für den südlichen Teil der DDR zur Verfügung gestellt. Dadurch, daß diese Daten auf der Grundlage der verwendeten Methodik ohne nennenswerten zusätzlichen ökonomischen Aufwand erhalten werden konnten (im Gegensatz zu den üblichen tiefenseismischen, sehr aufwendigen Untersuchungen), regt diese Arbeit zur Durchführung weiterer wissenschaftlicher Programme an.

Bestellungen durch eine Buchhandlung erbeten

A K A D E M I E - V E R L A G · B E R L I N

MIX
Papier | Fördert gute Waldnutzung
FSC® C083411

Zeitfracht Medien GmbH
Ferdinand-Jühlke-Straße 7
99095 Erfurt, Deutschland
produktsicherheit@kolibri360.de